单墫
解题研究
丛书

单墫◎著

解题漫谈

图书在版编目（CIP）数据

解题漫谈 / 单墫著. — 上海:上海教育出版社, 2016.11
（单墫解题研究丛书）
ISBN 978-7-5444-7006-3

Ⅰ.①解… Ⅱ.①单… Ⅲ.①数学—解法 Ⅳ.①01-44

中国版本图书馆CIP数据核字(2016)第284034号

策划编辑　刘祖希
责任编辑　张莹莹
封面设计　陆　弦

单墫解题研究丛书
解题漫谈
单　墫　著

出版发行　上海教育出版社有限公司
官　　网　www.seph.com.cn
地　　址　上海市闵行区号景路159弄C座
邮　　编　201101
印　　刷　上海盛通时代印刷有限公司
开　　本　700×1000　1/16　印张 21　插页 1
版　　次　2016年12月第1版
印　　次　2024年8月第7次印刷
书　　号　ISBN 978-7-5444-7006-3/G·5768
定　　价　58.00 元

如发现质量问题，读者可向本社调换　电话：021-64373213

丛书序

数学中充满问题，例如尺规作图的三大问题，希尔伯特(Hilbert)的23个问题，费马(Fermat)大定理，黎曼(Riemann)假设，庞加莱(Poincaré)猜想等等.

数学，正是在不断发现问题，不断解决问题中前进、发展的.

学数学，就要学习发现问题，解决问题.

当然，我们目前讨论的问题，只限于中学阶段可能涉及的问题.

我们希望帮助同学们提高解题能力，帮助教师们教会学生解题，帮助师范院校的教师教会未来的教师学会教解题.

说到解题，不可不说到波利亚(G. Pólya，1887—1985).

波利亚是数学家，也是教育家. 他关于数学教育的文章与著作，特别是《怎样解题》，《数学的发现》(上、下)，为数学解题理论奠定了坚实的基础.

波利亚有很多深刻的思想与独到的见解，真正是解题理论的大成先师.

我国有许多研究解题理论的学者，如过伯祥、张在明、罗增儒等先生.

我也写过一些关于解题的书. 承蒙上海教育出版社青睐，计划将我的有关书籍集中出版发行，其中包括：

1.《解题研究》

2.《解题漫谈》

3.《我怎样解题》

4.《数学竞赛研究教程》(上、下)

等等.

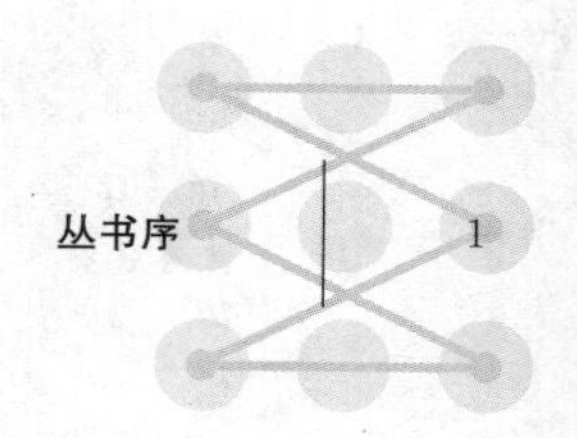

我这几本书，阐释波利亚的解题理论，希望能对学生、教师、教师的教师有所帮助.

波利亚的理论，不是教条，而是实际解题的指南.

因此，我们采用大量实例，特别是自己做过的数学问题，与读者一同讨论如何解题，如何总结解题的经验.

我们特别着重于两类问题.

一是基础问题.这类问题中的数学技巧、方法、思想，往往被人忽视，以为不足道，其实却是至关紧要的.例如，"用字母表示数"就是如此.

很多人在数学学习中遇到困难，原因往往是没有注意打好基础，忽视细节.须知绊倒人的，多半正是那些不起眼的小石头.反过来，如果平时注意加强基础，讲究技巧，在各种考试(如中考、高考)中，一定会减少失误或赢得更多的时间.

二是竞赛问题.它需要更多的创造性，而这正是数学学习中应当特别注意培养与发扬的.波利亚的著作中，对竞赛问题讨论较少，因为在他的时代，竞赛数学远不如今天这样风靡.

关于竞赛问题的解题研究，我们做了一些工作，期待有更多的人参加，共同努力将研究做得更加广泛深入.

特别希望读者朋友参加这项工作，对我们的这几本书提出建议与批评.

感谢上海教育出版社刘祖希先生、张莹莹女士，促成这套书的出版.

前言

这本《解题漫谈》与《解题研究》《我怎样解题》，属于解题系列，精神是一致的：以自己解过的题为例子，加以分析与讨论，着重描述探究的过程，阐述我们怎样解题.

本书分为三个部分：基础部分(60节)，提高部分(50节)，附录.

基础部分的问题，内容较浅，解法比较简单.提高部分，内容较深，解法比较复杂.附录搜集我在《学数学》杂志上发表的一些文章.

怎样提高解题能力？这是一个大家关心的问题.

首先，自己得解一定数量的题，其中有一些稍难的，需要动脑筋，不能依样画葫芦的题.

解题是一种实践性的智力活动，必须勤练才能娴熟，娴熟才能生巧.

有人说："做了很多题，解题能力仍未提高.为什么？"

这多半是由于没有及时做好总结.

每次做完一道不太简单的题，一定要回顾一遍.弄清：需要哪些步骤？哪些是必须的？哪些是多余的(可以去掉)？哪些步骤是关键步骤？有无其他解法？能否解得更好？

这种总结工作，正是提高解题能力的最重要的一环.

如果有朋友在一起讨论更好.

最近在网上看到一个帖子，说不喜欢我，因为我"老是指出别人的解有错"，

“说别人的解不好”.

我想了一想，的确写过几篇纠错的文章. 但数学是一门科学. 科学就要求真，就要纠错.

解题不仅要明辨是非，弄清对错，还应当精益求益，寻求最佳的解法，只有这样，解题能力才能得到提高.

所以我还得写一些文章，写一些书，谈解题中的问题. 有错误就得纠正，有不妥就应当指出，这才是与人为善的态度. 当然，不要进行人身攻击，贬低别人. 好像打球，冲着球(问题)去，而不是冲着人去.

对于自己的错误，当然更不能宽容. 写这本书颇费功夫，改了多次，反复琢磨能不能把解答做得更好一些. 但现在年龄大了，精力不够，常有照顾不周的地方，请读者与朋友多加批评.

目录

基础部分

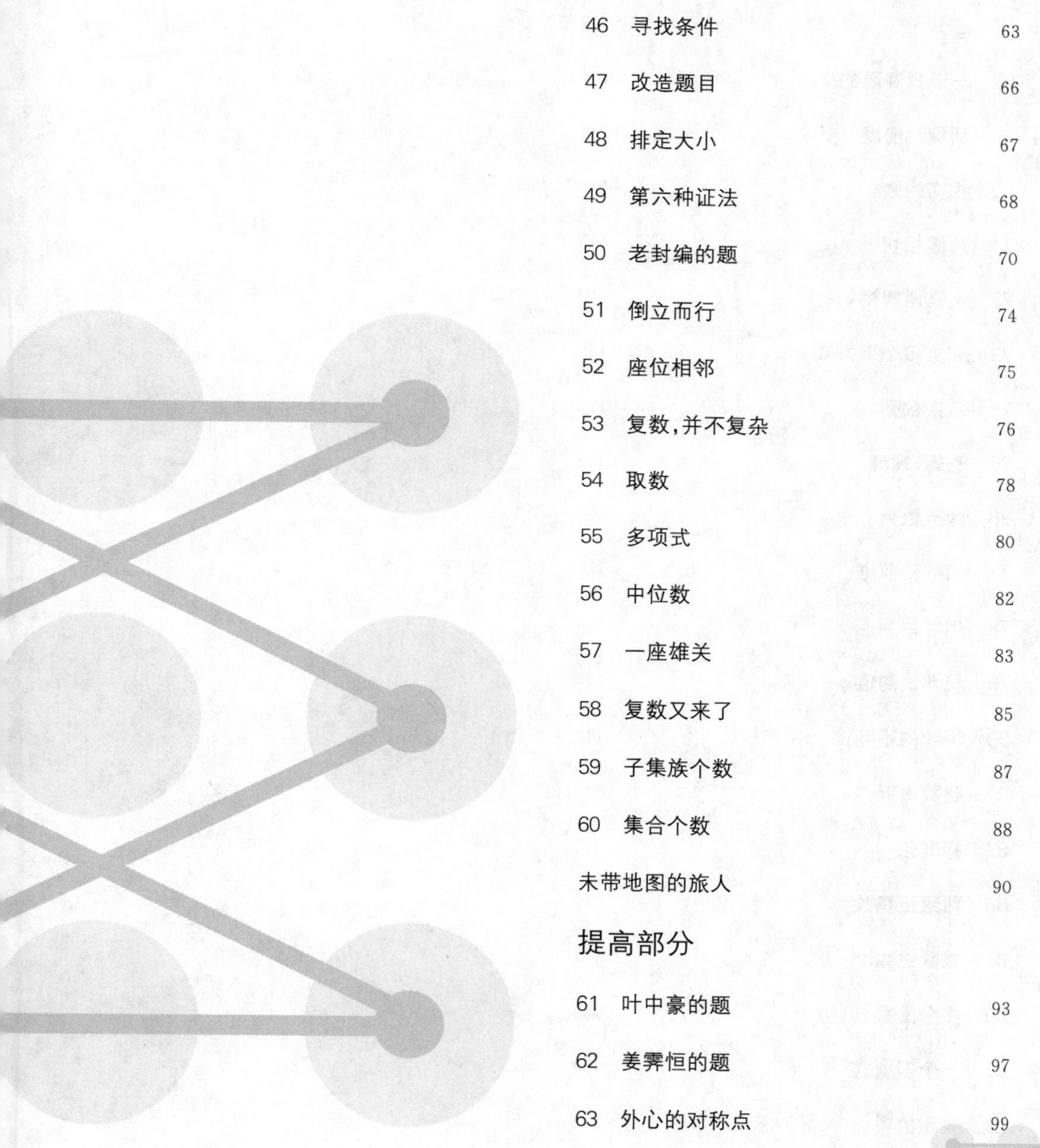

提高部分

附录

基础部分

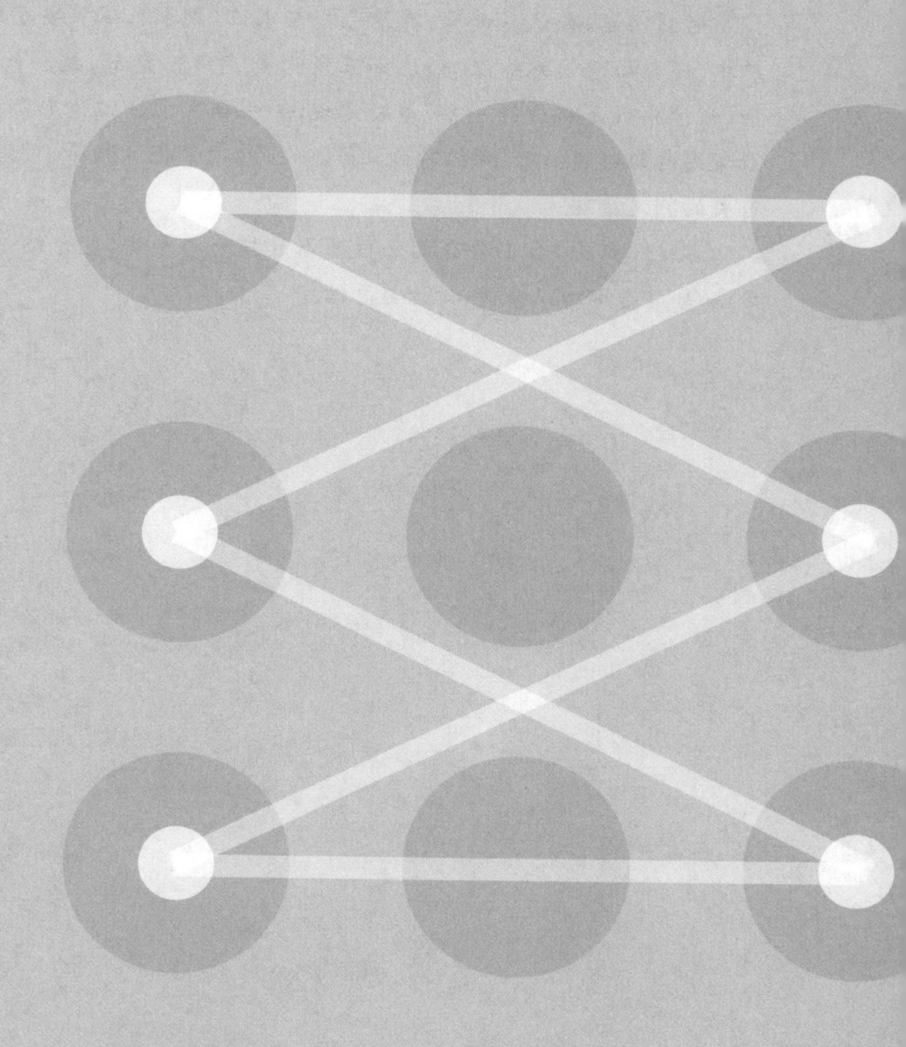

基础部分的问题比较容易,用到的知识较少(很多只需要初中的数学).

基础极为重要.基础未打好就忙于提高,犹如在沙滩上建筑高楼,也像楷书还未学好,就去写狂草,当然不易成功.据我观察,不少高三学生,初中基础并未打好.即使是参加竞赛的选手,也有一些人需要加固基础.

良好的解题习惯应当在打基础时养成(不良习惯也应在这时及早纠正).

遇到问题,要认真读题,弄清已知与求证(或求),不仅要了解其意义,记在胸中,还要知道相关知识,如已知三角形是直角三角形,就应知道两个锐角互余,斜边中线是斜边的一半,勾股定理,……如果求证四边形是平行四边形,就应考虑两组对边平行、两组对边相等、一组对边平行且相等、对角线互相平分等有关的判定定理.

在这一部分,我们要介绍一些基本的技巧与手法,也介绍一些基本的解题方法.每道题都加以分析、讨论与总结.

1 溶液浓度

问题 A 瓶装 180 毫升浓度为 35.5%的某种溶液，B 瓶装 120 毫升浓度为 67.2%的同种溶液. 从 A、B 取出等量的溶液，然后分别倒入 B、A. 混合后两瓶溶液浓度恰好相等. 问：各取出多少毫升溶液？

甲：这个浓度问题，我会做.

师：那你就做一做.

乙：这题我也会做.

师：我把数据改一改，35.5%、67.2%分别改为 32.5%、58.4%. 你做做看.

过了一会，两人都做好了.

甲：答案是 72 毫升.

乙：我的答案也是 72 毫升.

甲：题目数据不同，怎么答案恰好一样. 太巧了.

师：看看你们怎么做的.

甲：我用算术方法.

乙：我用代数方法.

师：进入中学，用代数方法更多. 我们先看看乙的做法.

乙：设各取出 x 毫升，则

$$\frac{(180-x)\cdot 35.5\%+x\cdot 67.2\%}{180}=\frac{(120-x)\cdot 67.2\%+x\cdot 35.5\%}{120},$$

然后去分母、整理，最后得出结果.

甲：不见得比算术方法好.

乙：老师怎么做的？

师：我的方法和你的差不多. 同样设取出 x 毫升. 但将题目中的数据改成字母：A 瓶有 a 毫升浓度为 p 的溶液，B 瓶有 b 毫升浓度为 q 的溶液（$p\neq q$）.

甲：那么方程就是

$$\frac{(a-x)p+xq}{a}=\frac{(b-x)q+xp}{b},$$

去分母、整理，得

$$(a+b)(p-q)x=ab(p-q).$$

因为 $p\neq q$，所以

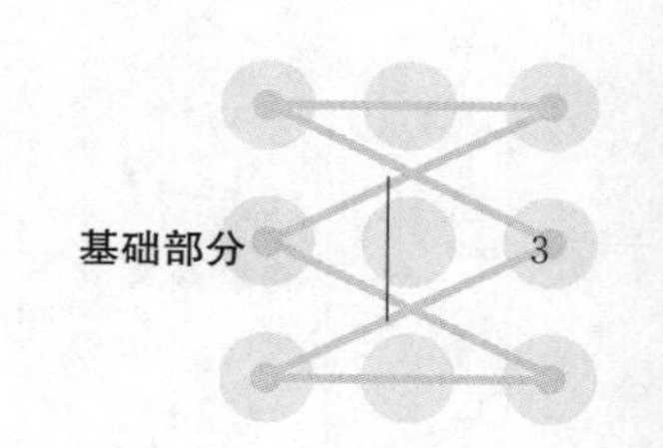

$$x=\frac{ab}{a+b}. \quad ①$$

当 $a=180, b=120$ 时，$x=72$.

乙：这比数的计算简单.

甲：不论 p、q 为什么值，答案都是①.

师：代数就是用字母代替数. 用字母代替数后，不但计算简单(避免了繁琐的数值计算)，而且具有一般性，容易看到规律. 学习代数后，就应当自觉地用字母代替数，力求得出一般的结果.

所谓好的解法，就是简单而又一般的解法.

评注 引入字母后，数学发生了巨大的变化. 研究的对象不仅是数，而且还有字母. 字母可以代表数(起初就是这样)，也可以不代表数(比如代表向量、矩阵等等). 字母自成体系(或称为系统)，可以有各种运算与规则(比如矩阵可以定义乘法，满足结合律，却不满足交换律).

2 力求简单

问题 酒精与水的溶液中，酒精∶溶液总量 $=k:m$. 如果再加 x 个单位的水或者去掉 x 个单位的酒精($x\neq 0$)，那么得到的酒精∶溶液总量的比都相等. 求这新的比的数值.

师：还是浓度问题.

甲：不妨设原溶液中有 k 个单位酒精，$(m-k)$ 个单位水. 由题意，可得

$$\frac{k}{m+x}=\frac{k-x}{m-x}. \quad ①$$

去分母、整理，得

$$x(x+m-2k)=0. \quad ②$$

所以

$$x=2k-m. \quad ③$$

代入①的左边，得新比的值为

$$\frac{k}{m+x}=\frac{k}{2k}=\frac{1}{2}.$$

乙:我设新比的比值为 r,则

$$k=(m+x)r, \quad ④$$

$$k=(m-x)r+x. \quad ⑤$$

④－⑤,得

$$2xr=x. \quad ⑥$$

所以

$$r=\frac{1}{2}.$$

师:不求 x,直接得出 r. 第二种解法稍简单一些.

甲:还有其他解法吗?

师:由题意,在两种情况下,酒精与溶液总量的比相等. 其中第二种情况比第一种,酒精少 x 个单位,水也少 x 个单位,即总量少 $2x$ 个单位. 如果将酒精为 x 个单位,溶液总量为 $2x$ 个单位的溶液加到第二种情况的溶液中,那么就变为第一种情况,而浓度(酒精与溶液总量的比)不变. 所以加入的溶液,浓度与它们也相同,即浓度为 $\frac{x}{2x}=\frac{1}{2}$.

乙:这种解法更加简单.

师:其实这种解法与你们的解法并无实质的差异,只不过省去了一些形式上的演算. 但省去形式上的演算,更多地用脑思考,对发展思维能力是有益的.

很多数学会议休息时,数学家们边喝咖啡边讨论问题. 这时不可能进行纸面上的演算,更需要直接剖析问题的本质.

数学家厄尔迪什(Erdös)曾说:"数学家是将咖啡转变成定理的机器."

3 整数好算

问题 解方程组

$$\begin{cases} \frac{x}{5}+\frac{y}{7}=1, & ① \\ \frac{x}{7}+\frac{y}{5}=3. & ② \end{cases}$$

甲:①+②,得……

师:慢一点. 在①+②之前,最好增加一个步骤.

乙:应当先去分母,将①、②化成

$$\begin{cases} 7x+5y=35, & ③ \\ 5x+7y=3\times 35. & ④ \end{cases}$$

然后再③+④,得

$$12(x+y)=4\times 35,$$

$$3x+3y=35. \quad ⑤$$

甲:③-④,可得

$$x-y=-35. \quad ⑥$$

3×⑥+⑤,得

$$6x=-2\times 35,$$

$$x=-\frac{35}{3}.$$

代入⑥,

$$y=x+35=\frac{70}{3}.$$

师:本题不难. 但第一步先去分母较好,避免了分数运算$\left(⑤不化为 x+y=\frac{35}{3}也是这个原因\right)$. 分数运算容易算错,整数运算比分数运算方便,这是一个显而易见的道理,却被人忽视.

有人说大石头不会将你绊倒,绊倒你的往往是小石头. 反过来说,如果平时就注意这些小石头,那么就不会被绊倒了.

4 从何切入

问题 已知方程组

$$\begin{cases} |x|+x+|y|+y=10, & ① \\ |x|-x+|y|-y=4 & ② \end{cases}$$

恰有两组不同的解,即$(x,y)=(a,b)$与$(x,y)=(c,d)$,a、b、c、d均为实数.求$a+b+c+d$的值.

甲:$x\geqslant 0$时,$|x|-x=0$;$x<0$时,$|x|+x=0$.

所以,在$x\geqslant 0$时,由②得

$$|y|-y=4. \tag{③}$$

从而$y<0$,并且

$$-2y=4,$$
$$y=-2.$$

代入①,得$x=5$,即$(5,-2)$是一组解.

同样,得$x<0$时的另一组解$(-2,5)$.从而,

$$a+b+c+d=5-2+(-2)+5=6.$$

乙:我的解法是①-②,得

$$2(x+y)=6. \tag{④}$$

从而

$$a+b+c+d=2(x+y)=6.$$

师:两种解法都好,切入点不同.甲着眼于解方程,从绝对值的定义切入,解出x、y,从而得出结果.乙则看得更远一步,充分利用了已知条件,从所要求的结果$a+b+c+d$直接切入,得出$a+b+c+d=2(x+y)=6$.乙的做法更好一点.

甲:但是,我得出了x、y的值.

师:一个问题可以有种种不同的切入点."将军欲以巧伏人,盘马弯弓惜不发",就是寻找一个最佳的切入点.

5 立方体的展开

问题 一个纸制的立方体,有6个面,8个顶点,12条棱.沿着棱剪开而不破坏每个面,也不使面与立方体分离,直至可以将它铺在平面上,称为立方体的展开.将立方体展开,需要剪几条棱?为什么?

如果将立方体展开，可以得到多少种不同的图形？

如果将一个无盖的立方体盒子展开，又可以得到多少种不同的图形？

甲：我知道剪 7 条棱可以将立方体展开. 但为什么是 7 条，不太好说.

师：这正是问题的困难所在：证明你的结论.

乙：假定正方体已经展开. 所得平面图形由 6 个正方形组成. 可以看成是由 1 个正方形开始，每次连上 1 个正方形.

显然展开图中每个顶点处至多引出 4 条边. 原立方体每个顶点处引出 3 条棱，因而 4 条边中有 2 条成直角的实际是同一条剪开的棱（如图 1）. 不能在$\angle EAE'$处再连正方形. 所以每连 1 个正方形，应增加 3 条边. 从而 6 个正方形连在一起后，共有

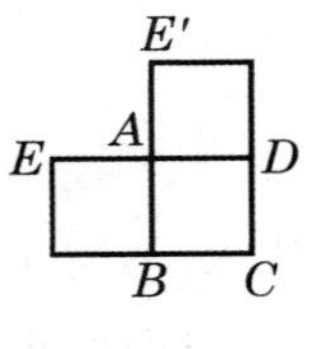

图 1

$$4+3\times5=19$$

条边. 比原立方体的棱多出

$$19-12=7$$

条，即原立方体有 7 条棱被剪（每条被剪的棱变为 2 条边）.

师：很好. 再看另两个问题.

甲：我知道无盖的立方体盒子展开后，有 8 种图形，即

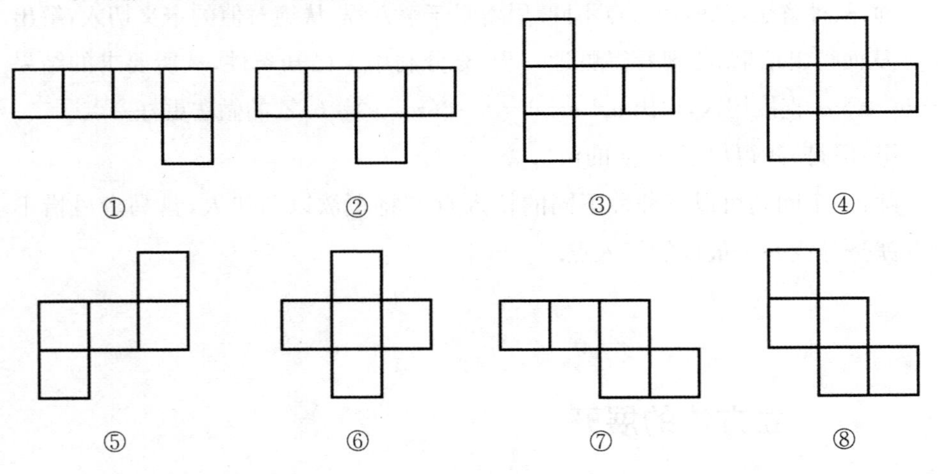

图 2

师：为什么只有这 8 种呢？

甲：说不清楚.

乙：我想再去掉一个面，就可以说明了.

如果去掉底面，那么剩下侧面的4个正方形，展开只有1种情况，即图3的①，再将底面添上，只能产生图2中①、②.

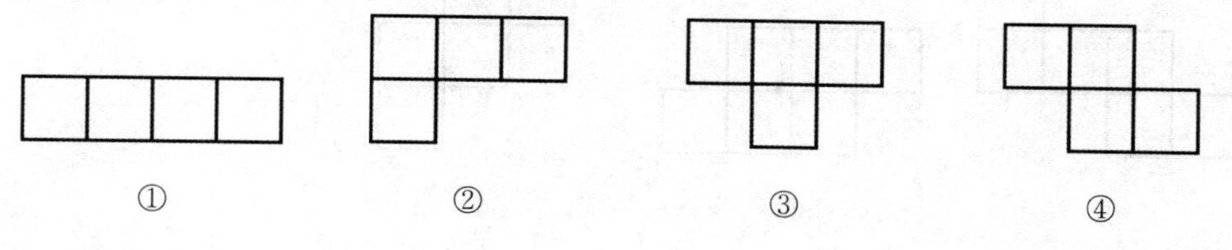

图 3

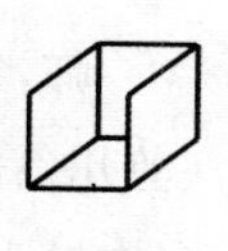

图 4

如果去掉的是正面，那么剩下的4个正方形如图4，展开后，只有图3中②、③、④三种情况. 添上一个面后，变成图2中的③～⑧.

甲：用这个方法也能说明立方体展开，可以得到11种不同的图形.

因为无盖的立方体盒子，展开后有8种，将它们添上1个正方形，就可得到立方体的展开图.

图2中的①，添的正方形在上面，可以得到图5中的①～④. 图2中的②，添的正方形也在上面，可以增加出两个图，即图5的⑤、⑥. 图2的③可在左边或右边添一个正方形，增加的新图是图5的⑦. 图2的④添正方形可增加1个图，即图5的⑧. 图2的⑤添正方形可增加1个图，即图5的⑨. 图2的⑥添正方形不产生新图. 图2的⑦添正方形增加1个图，即图5的⑩. 图2的⑧添1个正方形，增加的新图是图5的⑪.

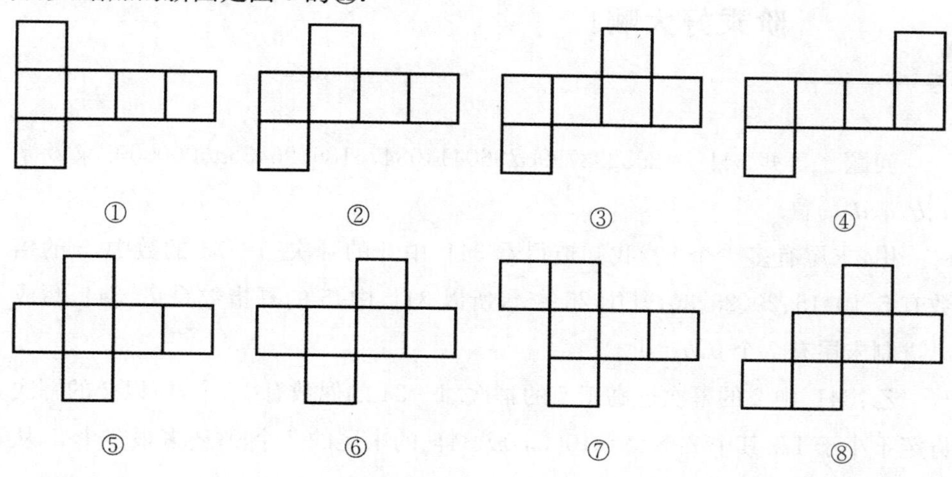

图 5

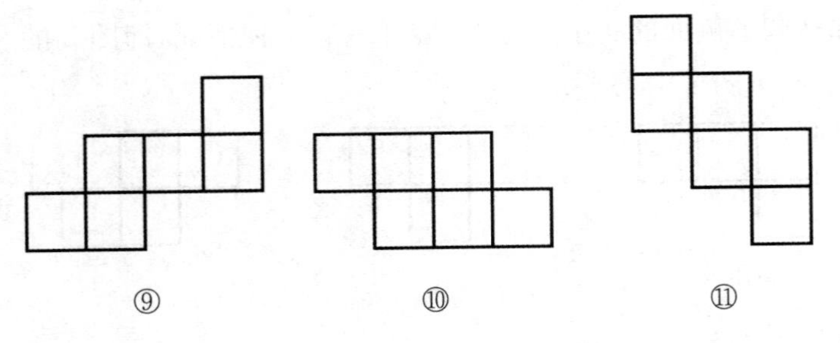

图 5

师：很好. 解决问题或说明问题，有时先退 1 步，再前进. 如一开始的问题(剪几条棱)，退到 1 个正方形，再逐步加正方形.讨论无盖的正方体盒子展开，从多去掉 1 个面的盒子展开图出发，也是如此.

我们还注意到如果 6 个正方形组成的图中，有一个顶点属于 4 个正方形(如图 6 的点 A)，那么这个图一定不是立方体的展开图.

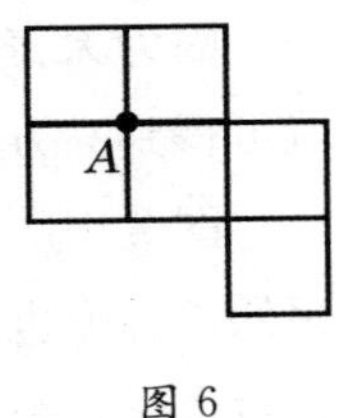

图 6

评注 证明题难于求解题. 猜出剪 7 条棱可以展开立方体，但证明必须剪 7 条却不容易. 学数学，更重要的是学会证明.

6 阶乘好大啊!

问题 已知 $34!=295232799cd96041408476186096435ab000000$. 求数字 a、b、c、d 的值.

甲：末尾有多少个 0? 我知道得看 34! 中 5 的幂次. 1～34 的数中，5 的倍数有 5、10、15、20、25、30，其中 $25=5^2$，所以 34! 中，5 的幂指数是 7. 34! 写成十进制末尾有 7 个 0，$b=0$.

乙：34! 中 2 的幂次远高于 5 的幂次. 1～34 的偶数有 17 个，所以 2 的幂次肯定不小于 17. 其中 $2^7\times5^7=10^7$，形成 34! 的末尾的 7 个 0；还多很多个 2，从而$\frac{34!}{10^7}$被 8 整除.

由 $35a$ 被 8 整除，得 $a=2$(这里 $35a$ 表示三位数$\overline{35a}$，不是 $35\times a$).

甲：再考虑 34！被 9 与 11 整除的特点，利用这些特点求出 c、d.

师：不如直接利用 34！被 99 整除的特点.

乙：这时 $100\equiv 1 \pmod{99}$，所以可以将 34！末尾的 0 去掉，然后从右向左，每两位一节，将各节的数加起来，即有

$$52+43+96+60+18+76+84+40+41+60+d9+9c+79+32+52+29 \equiv 0 \pmod{99}.$$

将上式化简（删去其中和为 99 的数，如 96 与 29 中的两个 9），得

$$dc+69\equiv 0 \pmod{99},$$

所以

$$dc=99-69=30,$$

即 $d=3$，$c=0$（本题中 dc 不是 $d\times c$，而是两位数 $\overline{dc}$）.

师：质数 p 在 n！中的幂指数 α，有两个计算公式：

(1) $\alpha=\left[\dfrac{n}{p}\right]+\left[\dfrac{n}{p^2}\right]+\left[\dfrac{n}{p^3}\right]+\cdots$；

(2) $\alpha=\dfrac{n-S(n)}{p-1}$，$S(n)$ 是 n 在 p 进制中的数字和.

用公式可以得出

$$34!=2^{32}\times 3^{15}\times 5^{7}\times 7^{4}\times 11^{3}\times 13^{2}\times 17^{2}\times 19\times 23\times 29\times 31.$$

但上面的解法并没有用这些公式. 很直接地，算出 5 的幂指数是 7，而 2 的幂指数不必具体算出，只要知道它不小于 $7+3$ 就够了.

真正的专家知道很多的知识，却不卖弄. 在必要时，可以使用这些知识. 在有更简单的方法时，使用更简单的方法.

在求 c、d 时，分别考虑 mod 9、mod 11，不如采用 mod 99 简单.

7 又见阶乘

问题 求所有正整数 a、b、c，使得 a、b、c 满足

$$a!\,b!=a!+b!+c!. \quad ①$$

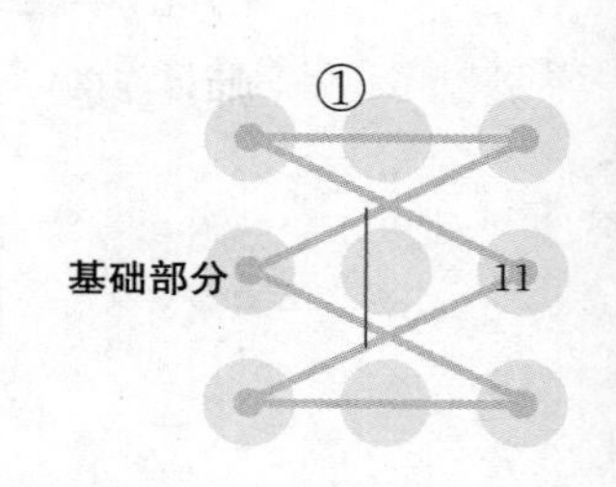

甲：a、b 地位平等，不妨设 $a\geqslant b$. c 与 a、b 的大小不明显.

乙：如果 $c\leqslant a$，那么

$$a!\,b!=a!+b!+c!\leqslant 3\times a!. \tag{②}$$

从而 $b=2$. 但是这时①成为

$$a!=c!+2. \tag{③}$$

从而 $c<a$，并且

$$2=a!-c!\geqslant c\cdot c!.$$

从而 $c=1$，但这时③变为

$$a!=3, \tag{④}$$

不可能成立. 因此，必有 $c>a$.

甲：于是由①，得

$$b!=1+\frac{b!}{a!}+\frac{c!}{a!}. \tag{⑤}$$

⑤的左边是整数，右边 1、$\frac{c!}{a!}$都是整数，所以$\frac{b!}{a!}$也是整数，即 $a=b$.

乙：①成为

$$a!=2+\frac{c!}{a!}. \tag{⑥}$$

$a=3$ 时，$c!=4!$，所以 $c=4$.

$a>3$ 时，$a!$ 被 3 整除，$(a!-2)$不被 3 整除. 而三个连续整数 $a+1$，$a+2$，$a+3$ 的积被 3 整除，所以 c 只能是 $a+1$ 或 $a+2$. 从而

$$a!=a+1+2, \tag{⑦}$$

或

$$a!=(a+1)(a+2)+2. \tag{⑧}$$

甲：$a\geqslant 4$ 时，$a!>2a>a+3$，⑦不成立.

乙：$a\geqslant 4$ 时，$a!$ 被 3 整除. a 被 3 整除时，a^2+1 除以 3 余 1；a 不被 3 整除时，a^2+1 除以 3 余 2. 因此 a^2+1 不被 3 整除. $(a+1)(a+2)+2=(a^2+1)+3a+3$ 不被 3 整除. 所以 $a\geqslant 4$ 时，⑧也不成立.

因此，本题只有一解 $a=b=3$，$c=4$.

师：①是一个不定方程，要求整数解. 这种方程往往只有有限多组整数

解. 我们可以先从较小的数进行验证，同时采用估计的方法得出 a、b、c 的上界，即 $b \leqslant a < c \leqslant a+2$；其中还用到整除性，即将⑥化为⑦、⑧，这一点极为重要.

估计，同余（整除），分解，就是解不定方程最常用的方法.

本题解法很多，似以上面的解法最为简单.

8 等比的值

问题 已知 $k=\frac{a+b-c}{a}=\frac{a-b+c}{b}=\frac{-a+b+c}{c}$. 求 k 的值.

甲：由等比定理，得

$$k=\frac{(a+b-c)+(a-b+c)+(-a+b+c)}{a+b+c}=1.$$

师：分母为 0 的情况不能这样做.

乙：如果 $a+b+c=0$，那么

$$k=\frac{a+b-c}{c}=\frac{(a+b+c)-2c}{c}=\frac{-2c}{c}=-2.$$

师：所以 $k=1$ 或 $k=-2$，切勿漏去后一种情形.

评注 除式的分母不能为 0. 在比中，如果出现分母为 0，那么约定分子也为 0，而比值则不予确定. 这不仅可以用于那些例外的情况（如同将平行直线视作为交点在无穷远一样），而且还带来不少方便. 如下题：

已知 $\frac{x-3}{2}=\frac{3x-5y}{3}=\frac{1-5y}{5}$，求 x、y.

解：$2+3-5=0$，所以相应的"分子"

$$(x-3)+(3x-5y)-(1-5y)=0,$$

即

$$x=1.$$

再代入原式，得 $y=\frac{6}{5}$.

9 最简单的证法

问题 已知 a、b、c 满足 $a+b+c=0$，$abc=8$. 求证：$\frac{1}{a}+\frac{1}{b}+\frac{1}{c}$ 为负数. 请找尽可能简单的证法.

甲：因为 $abc=8$，所以 a、b、c 都不为 0.

因为 $a+b+c=0$，所以 a、b、c 中有正有负.

不妨设 a 为正，c 为负，则

$$\frac{1}{a}>0,\frac{1}{c}<0.$$

$\frac{1}{a}$、$\frac{1}{b}$、$\frac{1}{c}$ 的和是正是负，还不明显.

师：将它们加起来看看.

乙：$\frac{1}{a}+\frac{1}{b}+\frac{1}{c}=\frac{bc+ca+ab}{abc}=\frac{b(a+c)+ca}{8}=\frac{-b^2+ac}{8}<0.$

师：本题并不难. 上面的解法最为简单. 其中 b 的正负不必讨论（当然易知 $b<0$），而 a、c 一正一负.

繁琐的解法各种各样，最简单的就是这一种.

10 别没事找事

问题 已知实数 x、y、z 满足

$$x=6-y, \quad ①$$

$$z^2=xy-9. \quad ②$$

求证：$x=y$.

甲：将①代入②，得

$$z^2=(6-y)y-9=-(y^2-6y+9)=-(y-3)^2. \quad ③$$

左边 $z^2\geqslant 0$，右边 $-(y-3)^2\leqslant 0$，所以

$$z^2=(y-3)^2=0,$$

$$y=3,$$

$$x=6-y=3=y.$$

乙：很简单啊.我在一本书上看到的解答极麻烦.抄录在下面：

“答案提示：要消掉 z 很困难，根据题意，有

$$x+y=6, xy=z^2+9,$$

所以构造一元二次方程

$$t^2-6t+(z^2+9)=0.$$

x、y 应是它的实数根，所以

$$\Delta=36-4(z^2+9)\geqslant 0,$$

解得 $z^2\leqslant 0$，所以只有 $z=0$. 由

$$\begin{cases}x+y=6,\\ xy=9,\end{cases}$$

解得 $x=y=3$.”

构造二次方程，真是没事找事.

师：千万别没事找事.遗憾的是，有相当多的书，上面的解答没事找事.本书不少的问题取自这些书，当然那些糟糕的解答就不一一照录了.如有人愿意将这些解答搜罗起来，加以分析，倒也是一件有趣的事，可以说明我国数学教育界问题不少，教师们极需提高解题能力.

评注 有些人特别强调“方程的观点”“函数的观点”.其实那些观点华而不实，好像阅兵中的正步走，真正作战毫无用处.重要的反倒是具体问题具体分析，根据问题的特点，找出解决的办法.

本题有三个字母 x、y、z，却只有两个方程.这类问题通常需要利用配方产生非负数导出结论.

11 如愿以偿

问题 证明 $7\underbrace{11\cdots1}_{n-1\text{个}}2\underbrace{88\cdots8}_{n-1\text{个}}9$ 是一个平方数.

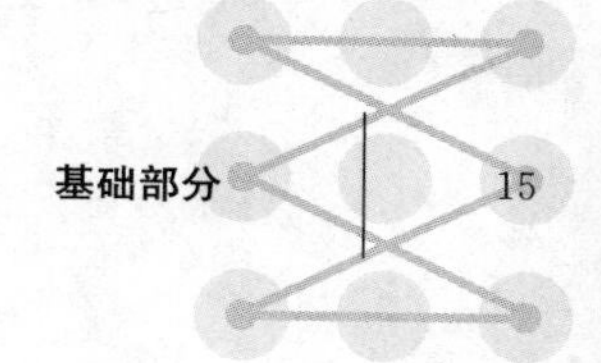

甲:$n=1$ 时,$729=27^2$.

$n=2$ 时,

$$71289=9\times 7921.$$

因为 $90^2=8100>7921>80^2$,所以 7921 至多是 89 的平方.由个位数字 1 表明应是 89^2 或 81^2. 经检验,

$$71289=9\times 89^2=267^2.$$

我猜想

$$7\underbrace{11\cdots 1}_{n-1个}2\underbrace{88\cdots 8}_{n-1个}9=2\underbrace{66\cdots 6}_{n-1个}7^2.$$

师:猜得很好. 如果是填空题,你已得满分. 但作为解答题,还要证明你的猜想.

乙:$7\underbrace{11\cdots 1}_{n-1个}2\underbrace{88\cdots 8}_{n-1个}9=7\times 10^{2n}+\frac{1}{9}(10^{2n}-10^{n+2})+2\times 10^{n+1}+\frac{8}{9}(10^{n+1}-10)+9$.

师:很好. 这一步要细心写好. 10 的幂指数不可弄错.

甲:接下去不难.

$$\begin{aligned}原数&=\frac{1}{9}(64\times 10^{2n}-10^{n+2}+18\times 10^{n+1}+8\times 10^{n+1}+1)\\&=\frac{1}{9}(64\times 10^{2n}+16\times 10^{n+1}+1)\\&=\left(\frac{8\times 10^n+1}{3}\right)^2.\end{aligned}$$

果然是一个平方数.

师:如愿以偿. 反过来说,如果你得不出一个平方数,那么很可能是发生了错误. 需要及时检查、纠正. 自我纠错,也是很重要的.

乙:还应当说明$\frac{8\times 10^n+1}{3}$是一个整数.

甲:这很容易,

$$8\times 10^n+1\equiv 2\times 1^n+1=3\equiv 0 \pmod 3,$$

所以$\frac{8\times 10^n+1}{3}$是整数.

不过,我更喜欢直接作除法:

$$\frac{8\times10^n+1}{3}=8\underbrace{00\cdots0}_{n-1\text{个}}1\div3=2\underbrace{66\cdots6}_{n-1\text{个}}7,$$

正好是我猜想的.

评注 由一些简单的实例,提出猜想,再严格论证,这是科学研究的方法.所谓"大胆地假设,小心地求证"是也.当然,也有时猜想不正确或不完全正确,从而猜想被推翻或被适当修正.

12 化为互质

问题 设 n、d 是自然数,并且 $2n^2$ 被 d 整除.证明:n^2+d 不是平方数.

甲:用反证法,设有

$$n^2+d=x^2,x\in\mathbf{N}. \quad ①$$

接下去怎么导出矛盾呢?

师:当然要用已知条件.

乙:将已知条件写成等式.设

$$2n^2=md,m\in\mathbf{N}. \quad ②$$

由①,得 $d=x^2-n^2$,代入②,得

$$m(x^2-n^2)=2n^2. \quad ③$$

甲:也可以①×m+②,整理,得

$$(m+2)n^2=mx^2. \quad ④$$

乙:④与③是一样的.

师:现在需要约去 n、x 的最大公约数,化为互质的情况.

甲:令 $(n,x)=a$,即 $n=n_1a$,$x=x_1a$,$(x_1,n_1)=1$.④变成

$$(m+2)n_1^2=mx_1^2. \quad ⑤$$

如果 m 是奇数,那么 $(m+2,m)=(2,m)=1$,所以 $m|n_1^2$.

因为 $(n_1,x_1)=1$,所以 $n_1^2|m$.

因此 $m=n_1^2$,$m+2=x_1^2$.相减,得

$$2=x_1^2-n_1^2=(x_1+n_1)(x_1-n_1). \quad ⑥$$

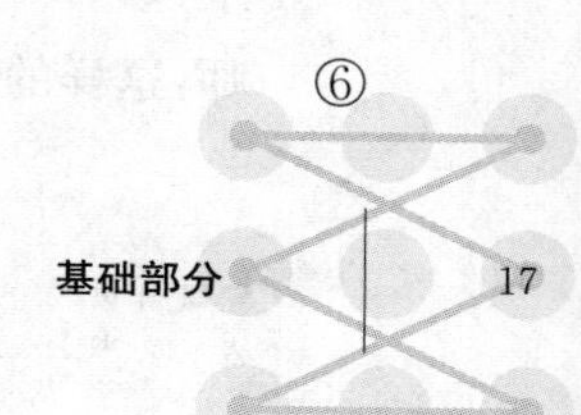

但 x_1+n_1 与 x_1-n_1 奇偶相同，所以，或者 $(x_1+n_1)(x_1-n_1)$ 是奇数，或者是4的倍数. ⑥不可能成立.

如果 m 是偶数，那么 $(m,m+2)=2$. 同理可得

$$\begin{cases}\dfrac{m}{2}=n_1^2, & ⑦\\ \dfrac{m+2}{2}=x_1^2. & ⑧\end{cases}$$

⑦－⑧，得

$$1=x_1^2-n_1^2=(x_1-n_1)(x_1+n_1). \quad ⑨$$

但 $d\geqslant 1$，$x>n$，所以 $x_1>n_1$，⑨的右边 $\geqslant 2$，不可能与1相等.

矛盾说明 n^2+d 不是平方数.

师：化为互质的情况，是很有用的.

上面的解法也说明了两个整数的平方差 x^2-n^2，或者是奇数，或者是4的倍数，但不能是4的倍数加2.

13 是平方数

问题 x、y 为正整数，且 x^2+y^2-x 被 $2xy$ 整除. 求证：x 为平方数.

甲：设 $(x,y)=d$，即 $x=dx_1$，$y=dy_1$，$(x_1,y_1)=1$，则

$$x^2+y^2-x=d^2x_1^2+d^2y_1^2-dx_1 \quad ①$$

被 $2d^2x_1y_1$ 整除. 所以①中的 dx_1 被 d^2 整除，x_1 被 d 整除. 设

$$x_1=dt, \quad ②$$

则将 x^2+y^2-x 及 $2xy$ 都约去 d^2 后，得

$$x_1^2+y_1^2-t \quad ③$$

被 $2dty_1$ 整除. 接下去……

乙：③被 t 整除，所以 y_1^2 被 t 整除. 但 y_1 与 t 互质，所以 $t=1$.

甲：$x=dx_1=d^2t=d^2$，是平方数.

师：这样的问题不需要用二次方程、判别式. 这是个数论问题，应当用数论

的方法做.

乙:上帝的归上帝,凯撒的归凯撒.

14 唯有一个

问题 证明:有而且只有一个正整数 n,使 $2^8+2^{11}+2^n$ 是平方数.

甲:$2^8+2^{11}+2^n=(2^4)^2+2\times2^4\times2^6+2^n$,所以在 $n=12$ 时,$2^8+2^{11}+2^n=(2^4+2^6)^2$,是平方数.

乙:可是这样不能证明“只有一个正整数 n,……”.

甲:哪怎么办?

师:在 $n\geqslant8$ 时,可以先提出 2^8.

甲:$2^8+2^{11}+2^n=2^8(1+2^3+2^{n-8})=2^8(9+2^{n-8})$.

因为 2^8 是平方数,所以 $9+2^{n-8}$ 是平方数. 反之亦然.

由

$$9+2^{n-8}=m^2, \qquad ①$$

得

$$(m+3)(m-3)=2^{n-8},$$

所以

$$\begin{cases} m+3=2^s, & ② \\ m-3=2^t, & ③ \end{cases}$$

其中 s、t 都是非负整数,而且 $s+t=n-8$.

因为 $m+3$ 与 $m-3$ 的差为 6,所以 $m+3$、$m-3$ 同奇偶. 又由②、③可知 $m+3$、$m-3$ 同为偶数. 而且一个被 4 整除,另一个只被 2 整除. 不被 4 整除,当然只能是 $2^t=2$,即 $m-3=2$,$m=5$,$m+3=8$,$t=1$,$s=3$,$n=12$.

乙:$n<8$ 时,

$$2^8+2^{11}+2^n=2^n(2^{8-n}+2^{11-n}+1)$$

恰被 2^n 整除(不被 2^{n+1} 整除),所以 n 可取偶数 2、4、6. 而这时 $2^{8-n}+2^{11-n}+1$ 的值分别为 577、145、37,都不是平方数. 所以只有 $n=12$ 时,$2^8+2^{11}+2^n$ 是平方数.

师：本题找到一个满足要求的 n，不难. 证明只有一个 n 满足要求，需要多费点功夫.

在数学中，前者称为存在性，后者称为唯一性.

甲：是不是唯一性比存在性难证？

师：不一定. 根据我的经验，多数是存在性更难一些.

15 条件太多

问题 设有 $n(\geqslant 2)$ 个互不相等、都不为 0 的实数 $a_1, a_2, \cdots, a_n$，满足下列条件：

(1) 对每个 $i(1\leqslant i\leqslant n)$，$a_i^2$ 仍然是这 n 个数中的某一个.

(2) 这 n 个数中任意两个不同数的积仍是这 n 个数中的某一个.

证明：$n=2$ 且这两个数是 $-1, 1$.

师：条件太多了. 仅用(1)就足够了.

甲：真的？

师：先考虑 $a_1, a_2, \cdots, a_n$ 中的正数.

甲：一定有正数吗？

乙：当然有. 因为 a_i^2 都是正的.

师：考虑正数中最大的，设它为 a_1.

甲：如果 $a_1>1$，那么 $a_1^2>a_1$，但 a_1^2 也在这些数中，与 a_1 的最大性矛盾. 所以每个正数都 $\leqslant 1$.

乙：设最小的正数为 a_k. 如果 $a_k<1$，那么 $a_k^2<a_k$，与 a_k 的最小性矛盾. 所以每个正数都 $\geqslant 1$.

综上所述，只有一个正数，而且就是 1.

甲：负数 a_i 的平方 a_i^2 是正数，所以只能是 $a_i^2=1$，$a_i=-1$，即负数也只有一个，为 -1.

乙：条件(2)果然是多余的.

师：本题用到最大与最小的数，这种方法称为极端性原理.

16 五人合作

问题 A、B、C、D、E 五个人合作完成某一工程.如果仅由 A、B、C 三人合作需 12 小时,仅由 B、C、D 三人合作需 16 小时,仅由 B、C、E 三人合作需 9 小时 36 分,仅由 A、D、E 三人合作需 8 小时,问五个人合作需几小时?

甲:设总工作量为 1. A、B、C、D、E 独自做每小时完成的工作量分别为 a、b、c、d、$e$$\left(\text{即他们独自做分别需}\frac{1}{a},\frac{1}{b},\frac{1}{c},\frac{1}{d},\frac{1}{e}\text{小时完成}\right)$,则

$$\begin{cases} a+b+c=\dfrac{1}{12}, & ① \\ b+c+d=\dfrac{1}{16}, & ② \\ b+c+e=\dfrac{1}{9\frac{3}{5}}, & ③ \\ a+d+e=\dfrac{1}{8}. & ④ \end{cases}$$

五个未知数,只有四个方程.少了一个方程(条件).

乙:只需要求出 $a+b+c+d+e$,不必求出 a,b,c,d,e.我觉得试一试还是有可能解的.

甲:①+④,得

$$2a+b+c+d+e=\frac{1}{12}+\frac{1}{8}, \qquad ⑤$$

可惜多了个 a.

师:这需要很好地观察,由①~④找出需要的 $a+b+c+d+e$.

乙:①+②+③+2×④,得

$$3(a+b+c+d+e)=\frac{3}{8}. \qquad ⑥$$

$$\left(\frac{1}{12}+\frac{1}{16}+\frac{1}{9.6}+\frac{1}{8}=\frac{1}{48}(4+3+5+6)=\frac{18}{48}=\frac{3}{8}\right)$$

所以

$$a+b+c+d+e=\frac{1}{8}.$$

五人合作需 8 小时完成.

师:这种问题,当然是理想化的,假设 1 个人的工作效率永远不变. 实际中,情况可能并不这样. 有可能互相激励,工作效率提高了;也可能互相倚赖,效率反而降低,“三个和尚没水吃”. 日本也有句俚语“木匠多了盖歪房”. 你们两个人合作,效率倒是挺高的.

评注 观察能力的培养极为重要. 培养观察能力的办法,就是多观察. 从各个角度去看,“横看成岭侧成峰,远近高低各不同”. 本题甲得出⑤,与要求的结果不符,只能重新开始. 乙注意到①、②、③中 b、c 的地位平等,a、d、e 也可以放在互相同等的地位(系数相同),再利用④就可以使它们(a、d、e)与 b、c 平等(系数相等)了.

17 1 的变形

问题 a、b 为有理数,$a^5+b^5=2a^2b^2$. 求证:$1-ab$ 是有理数的平方.

甲:a、b 都是有理数,我想乘以公分母将它们化为整数,再用整数的方法进行处理.

师:这道题,要用代数的方法进行恒等变形. 如果能够将 $1-ab$ 化为 a、b 的有理式(分式或整式)的平方,那么由于 a、b 是有理数,结论就得到了. 去分母、化为整数,对于本题,不是非做不可的事. 做了反可能是帮了倒忙,增添麻烦.

乙:怎么恒等变形呢?

师:$1-ab$ 中,ab 已是 a、b 的有理式. 1 不明显与 a、b 相关,但可以利用已知条件,将 1 变为 a、b 的有理式.

甲:由已知 $a^5+b^5=2a^2b^2$,在 $ab=0$ 时,

$$1-ab=1,$$

当然是平方数.

在 $ab\neq0$ 时,

$$1=\frac{a^5+b^5}{2a^2b^2}, \quad ①$$

所以

$$1-ab=\frac{a^5+b^5}{2a^2b^2}-ab. \quad ②$$

好像还不行啊！

师：平方式中，a、b 等字母往往是偶次方. a^5、b^5 都是奇次方，所以不能奏效. 需要将①再变一变.

乙：将①变为

$$1=\left(\frac{a^5+b^5}{2a^2b^2}\right)^2 \quad ③$$

是吧？

甲：由③，

$$\begin{aligned}1-ab&=\left(\frac{a^5+b^5}{2a^2b^2}\right)^2-ab\\&=\frac{(a^5+b^5)^2-4a^5b^5}{(2a^2b^2)^2}\\&=\left(\frac{a^5-b^5}{2a^2b^2}\right)^2.\end{aligned} \quad ④$$

师：1 这个数，看似简单平常，却有种种变形. 本题正是 1 的变形起了关键作用.

评注 ④中 ab 是 2 次的，所以 1 变成的那个式子，分子应当比分母高 2 次，这样通分后，分子的各项次数才能相等（都是 10 次）. 所以 1 应变成 $\left(\frac{a^5+b^5}{2a^2b^2}\right)^2$（分子比分母高 2 次），而不是$\frac{a^5+b^5}{2a^2b^2}$（分子只比分母高 1 次）.

次数有重要的作用. 各项次数相同（齐次），便于处理.

18 变为同分母

问题 已知 $abc=1$. 求证：

$$\frac{a}{ab+a+1}+\frac{b}{bc+b+1}+\frac{c}{ca+c+1}=1. \quad ①$$

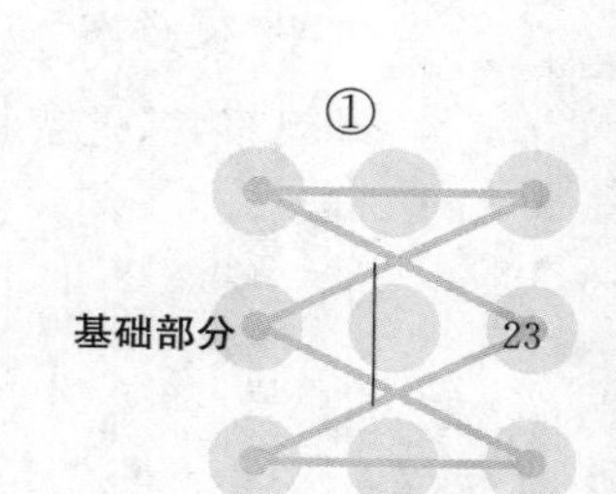

甲:左边如果通分,三个分母相乘,再展开,有 $3\times3\times3=27$ 项,很繁啊!

乙:可移一项到右边,这样左边只有两项.

甲:虽然好一些,但公分母也有 $3\times3=9$ 项啊,还是繁!

师:可以设法不用分母相乘,直接将左边三项变为同分母的分式.

甲:怎么变?

师:保留一个分式的分母不变,例如$\frac{a}{ab+a+1}$不变. 将另两个分式的分母都变为 $ab+a+1$.

乙:$\frac{b}{bc+b+1}$、$\frac{c}{ca+c+1}$的分母如果都变成 $ab+a+1$,那么它们应当变成$\frac{ab}{ab+a+1}$、$\frac{1}{ab+a+1}$. 这样左边三项的和才等于1(右边).

甲:那么从分子看,第二个分式的分子乘以 a,分母也应当乘以 a(值保持不变),即

$$\frac{b}{bc+b+1}=\frac{ab}{a(bc+b+1)}=\frac{ab}{1+ab+a}. \quad ②$$

同样第三个分式分子、分母应同乘以 ab,

$$\frac{c}{ca+c+1}=\frac{abc}{ab(ca+c+1)}=\frac{1}{a+1+ab}. \quad ③$$

由②、③

$$\begin{aligned}&\frac{a}{ab+a+1}+\frac{b}{bc+b+1}+\frac{c}{ca+c+1}\\=&\frac{a}{ab+a+1}+\frac{ab}{1+ab+a}+\frac{1}{a+1+ab}\\=&1.\end{aligned}$$

师:本题如果移一项到右边,反倒有损"轮换性". 不如不移. 用上面的解法好.

乙:关键是要将分母变为相同.

评注 本题也需要很好的观察力.

解题时,应当"好整以暇"、不慌不忙、仔细观察,看清楚了,看准了,然后再下手. 像故事"庖丁解牛"所说,问题"迎刃而解""游刃有余". 反过来,如果不细细观察,只是蛮拼,费力既多,往往不能奏效.

19 盯紧分母

问题 已知 $a+b+c=0$. 化简 $\frac{a^2}{2a^2+bc}+\frac{b^2}{2b^2+ca}+\frac{c^2}{2c^2+ab}$.

甲:直接用 $(2a^2+bc)(2b^2+ca)(2c^2+ab)$ 作公分母,太繁了!

师:是的. 分式运算往往应先将分母因式分解.

甲:现在 $2a^2+bc$ 无法分解啊!

师:当然得利用已知条件 $a+b+c=0$.

乙:将 a 改为 $-(b+c)$,得

$$2a^2+bc=2(b+c)^2+bc=2b^2+3bc+2c^2,$$

还是不能分解.

师:$2a^2+bc$ 中,a 比较多,应当改为 $-(b+c)$,但也不宜全改. 保留一个 a^2 较好. 这样每个分母都含 a、b、c.

甲:$2a^2+bc=a^2+(b+c)^2+bc=a^2+b^2+c^2+3bc$,还是不行!

师:这些尝试、试探都很好,虽然未能奏效. 小结一下,我们发现将 a^2 改为 $(b+c)^2$ 不好,因为这使得 a 与 b、c"失去联系". 如果改用

$$a^2=a\cdot[-(b+c)]=-ab-ac$$

就好些.

乙:分母原来有乘积项 bc,所以也应当变出 ab、ac,即

$$\begin{aligned}2a^2+bc&=a^2-a(b+c)+bc\\&=a(a-b)+c(b-a)\\&=(a-b)(c-a).\end{aligned}$$

甲:$\frac{a^2}{2a^2+bc}+\frac{b^2}{2b^2+ca}+\frac{c^2}{2c^2+ab}$

$$=\frac{a^2}{(a-b)(c-a)}+\frac{b^2}{(b-c)(a-b)}+\frac{c^2}{(c-a)(b-c)}$$

$$=\frac{1}{(a-b)(b-c)(c-a)}[a^2(b-c)+b^2(c-a)+c^2(a-b)].$$

乙: $$a^2(b-c)+b^2(c-a)+c^2(a-b)$$

$$=ab(a-b)-c(a^2-b^2)+c^2(a-b)$$
$$=(a-b)(ab-ac-bc+c^2)$$
$$=(a-b)[a(b-c)-c(b-c)]$$
$$=-(a-b)(b-c)(c-a).$$

所以原式$=-1$.

师:最后的因式分解,也可利用因式定理.即在$a=b$时,

$$a^2(b-c)+b^2(c-a)+c^2(a-b)=b^2(b-c)+b^2(c-b)=0,$$

所以$a^2(b-c)+b^2(c-a)+c^2(a-b)$有因式$a-b$.

由轮换性,又有因式$b-c$,$c-a$.从而$a^2(b-c)+b^2(c-a)+c^2(a-b)$有因式$(a-b)(b-c)(c-a)$.这两个整式都是三次,所以

$$a^2(b-c)+b^2(c-a)+c^2(a-b)=k(a-b)(b-c)(c-a). \quad ①$$

其中k为待定系数,与a、b、c无关.

比较①式两边a^2b的系数,得$k=-1$(或令$a=1,b=0,c=-1$,亦可定出$k=-1$).

评注 本题可先取一组符合要求的数,如$a=1,b=0,c=-1$代入,得出要化简的分式值为-1.不过,要证明在$a+b+c=0$时,恒有$\frac{a^2}{2a^2+bc}+\frac{b^2}{2b^2+ca}+\frac{c^2}{2c^2+ab}=-1$,却不容易.恐怕只能用上面的方法"盯紧分母".

20 瞄准目标

问题 已知$a+c=\frac{b}{x}-dx$,$a-c=\frac{d}{x}-bx$,且$|d|\neq|b|$.

求证:

$$\frac{c^2}{(b-d)^2}-\frac{a^2}{(b+d)^2}=1. \quad ①$$

甲:这种有一定条件的恒等式如何证明?

师:先认真读题,看看已知条件与要证的结论.$|d|\neq|b|$,无非保证分母

$(b-d)^2$，$(b+d)^2$ 均不为 0. 另两个条件中均含有 x，而要证的①中并不含有 x.

甲：所以应当由

$$a+c=\frac{b}{x}-dx, \tag{②}$$

$$a-c=\frac{d}{x}-bx \tag{③}$$

中消去 x. 但 $|b|\neq|d|$，不能用②÷③消去 x.

师：先别急着消去 x. 仔细看看我们的目标，也就是要证明的①. 其中左边的第一个分式 $\left(\frac{c}{b-d}\right)^2$，与 a 无关. 如何将 c 与 a 分开，由②、③得出 c？

乙：②－③，得

$$2c=\frac{b-d}{x}+(b-d)x, \tag{④}$$

即

$$\frac{c}{b-d}=\frac{1}{2}\left(\frac{1}{x}+x\right). \tag{⑤}$$

师：很好. 如何得出①式左边第二个分式中的 a？

甲：与上面类似，②＋③，得

$$2a=\frac{b+d}{x}-(b+d)x, \tag{⑥}$$

即

$$\frac{a}{b+d}=\frac{1}{2}\left(\frac{1}{x}-x\right). \tag{⑦}$$

乙：所以

$$\begin{aligned}\left(\frac{c}{b-d}\right)^2-\left(\frac{a}{b+d}\right)^2&=\frac{1}{4}\left(\left(\frac{1}{x}+x\right)^2-\left(\frac{1}{x}-x\right)^2\right)\\&=\frac{1}{4}\left(2\cdot\frac{1}{x}\cdot x-2\cdot\frac{1}{x}\cdot(-x)\right)\\&=1.\end{aligned}$$

甲：的确多看看①就能发现解法.

评注 解题，无非就是在已知与结论之间架起一座桥梁.

我们可以由已知向结论前进，也可以反过来，由结论开始，追溯原因，一直追溯到已知. 前者(由因及果),称为演绎法. 后者(执果溯因),称为分析法. 当然,也可以两种方法并用,就好像两个人,一个人由东向西,一个人由西向东,在中间某处相会.

本题的关键是瞄准①中两个分式的特点(前一个没有 a,后一个没有 c).

21 没有根式

问题 已知 $a\neq 0$, $an-bm\neq 0$,且

$$ax^2+bx+c=0, \quad ①$$

$$mx^2+nx+p=0. \quad ②$$

求证

$$(cm-ap)^2=(bp-cn)(an-bm). \quad ③$$

甲:③中没有 x,①、②都有 x. 应当由①、②消去 x,从而产生③.

方程①、②只要有一个就可以解出 x. 例如由①得

$$x=\frac{-b\pm\sqrt{b^2-4ac}}{2a}. \quad ④$$

再代入②,……

师:慢一点. ④出现了根式,而③中是没有根式的. 你的解法也能得到结果,但可能比较繁琐.

乙:怎么能避免根式?

师:这正是两个方程的用处. 可以先由①、②消去二次项 x^2.

甲:①×m－②×a,得

$$(bm-an)x+cm-ap=0, \quad ⑤$$

$$x=\frac{cm-ap}{an-bm}. \quad ⑥$$

现在③中的 $cm-ap$, $an-bm$ 都出现了. 所以我很有信心.

将⑥代入①(或②),再化简就可以得出①.

乙:也可由①、②消去常数项 x:

①×p－②×c,得

$$(ap-cm)x^2+(bp-cn)x=0. \quad ⑦$$

在 $x\neq0$ 时,由⑥得 $cm-ap\neq0$,所以由⑦,得

$$x=\frac{bp-cn}{cm-ap}. \quad ⑧$$

由⑥、⑧得

$$\frac{cm-ap}{an-bm}=\frac{bp-cn}{cm-ap}. \quad ⑨$$

即

$$(cm-ap)^2=(bp-cn)(an-bm).$$

甲:的确比将⑥代入简单.不过,$x=0$ 怎么处理呢?

乙:如果 $x=0$,那么①中 $c=0$,②中 $p=0$.③的两边都是 0,当然成立.

师:由方程组(u、v、w 是未知数)

$$au+bv+cw=0, \quad ⑩$$

$$mu+nv+pw=0, \quad ⑪$$

可得

$$\frac{u}{bp-cn}=\frac{v}{cm-ap}=\frac{w}{an-bm}. \quad ⑫$$

(学过行列式,更容易得出⑫)

如果 $v^2=uw$(例如 $u=x^2$,$v=x$,$w=1$),那么由⑫立即得出③.

评注 站得高些,看问题就更加清楚."会当凌绝顶,一览众山小".

22 一个恒等式

问题 求证 $(x+y+z)^3=(-x+y+z)^3+(x-y+z)^3+(x+y-z)^3+24xyz$.

甲:如果展开,项很多,很麻烦啊!

乙:可以改成等价的恒等式

$$(x+y+z)^3-(-x+y+z)^3-(x-y+z)^3-(x+y-z)^3=24xyz. \quad ①$$

甲:还不是一样的麻烦?

乙:我可以利用因式定理. 在 $x=0$ 时,

$$①的左边=(y+z)^3-(y+z)^3-(-y+z)^3-(y-z)^3=0.$$

所以①的左边有因式 x.

同理,①的左边有因式 y、z. 由于①的左边是三次式,所以

$$(x+y+z)^3-(-x+y+z)^3-(x-y+z)^3-(x+y-z)^3=kxyz. \quad ②$$

甲:令 $x=y=z=1$,得

$$k=3^3-1-1-1=24,$$

所以①成立.

师:其实直接展开也并不难.

$$\begin{aligned}(x+y+z)^3&=\sum x^3+\frac{3!}{2!\ 1!}\sum x^2(y+z)+\frac{3!}{1!\ 1!\ 1!}xyz\\&=\sum x^3+3\sum x^2(y+z)+6xyz.\end{aligned}$$

所以

$$\begin{aligned}&(x+y+z)^3-(-x+y+z)^3-(x-y+z)^3-(x+y-z)^3\\=&\sum x^3[1^3-(-1)^3-1^3-1^3]+3\sum x^2y[1-1-(-1)-1]\\&+3\sum x^2z[1-1-1-(-1)]+6xyz(1+1+1+1)\\=&24xyz.\end{aligned}$$

一般地,$\sum(x_1+x_2+\cdots+x_m)^n$ 中 $x_1^{\alpha_1}x_2^{\alpha_2}\cdot\cdots\cdot x_m^{\alpha_m}(\alpha_1+\alpha_2+\cdots+\alpha_m=n)$ 的系数是 $\dfrac{n!}{\alpha_1!\ \alpha_2!\ \cdot\cdots\cdot\alpha_m!}$. 这就是多项式定理.

评注 我们尽量寻找简单的做法,但也不要怕麻烦. 有些问题确实需要用点“蛮力”“硬算”.

当然,随着电脑的发展,很多问题可以编好程序,将这些蛮干的事交给电脑完成.

23 配方更好

问题 求方程

$$5x^2+6xy+2y^2-14x-8y+10=0 \quad ①$$

的实数解.

甲:将方程看作关于 x 的二次方程,整理得

$$5x^2+(6y-14)x+2y^2-8y+10=0, \tag{②}$$

判别式

$$\Delta=(6y-14)^2-20(2y^2-8y+10)=-4(y+1)^2.$$

当且仅当 $y=-1$ 时,$\Delta\geqslant 0$,方程②(从而方程①)有实数解. 所以 $y=-1$,代入原方程,得 $x=2$. 因此所求的解是

$$x=2, y=-1. \tag{③}$$

师:能不能不用判别式?

乙:我更喜欢利用"非负数的和为 0,则每个非负数都是 0",采取配平方的方法:

$$\begin{aligned}&5x^2+6xy+2y^2-14x-8y+10\\&=5\left(x^2+\frac{6}{5}xy-\frac{14}{5}x\right)+2y^2-8y+10\\&=5\left(x+\frac{3}{5}y-\frac{7}{5}\right)^2-5\left[\left(\frac{3}{5}y\right)^2+\left(\frac{7}{5}\right)^2-2\times\frac{3}{5}y\times\frac{7}{5}\right]+2y^2-8y+10\\&=5\left(x+\frac{3}{5}y-\frac{7}{5}\right)^2+\frac{1}{5}(y+1)^2=0.\end{aligned}$$

因此 $y=-1, x=\frac{3}{5}+\frac{7}{5}=2$.

师:配方(乙的解法)更好.

评注 上面的配方法称为拉格朗日(Lagrange)配方法.

这种配方法的要点是先将含有 x 的项 $5x^2$,$6xy$,$-14x$ 放在一起,提出系数 5,配成平方$\left(添上\left(\frac{3}{5}y\right)^2, \left(\frac{7}{5}\right)^2, -2\times\frac{3}{5}y\times\frac{7}{5}\right)$. 然后整理,继续处理剩下的、少了字母 x 的项. 这种方法对更多个字母也同样可行.

拉格朗日是大名鼎鼎的数学家,被当时法国的皇帝拿破仑称为"数学学科中高高耸立的金字塔".

24 又用配方

问题 求方程组

$$\begin{cases} 2x+3y+z=13, & ① \\ 4x^2+9y^2+z^2-2x+15y+3z=82 & ② \end{cases}$$

的实数解.

甲:首先代入消元.由①,得

$$z=13-2x-3y, \quad ③$$

代入②,得

$$4x^2+9y^2+(13-2x-3y)^2-2x+15y+3(13-2x-3y)=82.$$

整理,得

$$4x^2+9y^2+6xy-30x-36y+63=0. \quad ④$$

这个方程有两个未知数,好像上一节的题.

乙:仍然用配方法,将④写成若干个平方的和等于0,从而每个平方均是0.

$$\begin{aligned}&4x^2+9y^2+6xy-30x-36y+63\\&=4x^2+6xy-30x+9y^2-36y+63\\&=\left(2x+\frac{3}{2}y-\frac{15}{2}\right)^2+9y^2-36y+63-\frac{9}{4}y^2-\frac{225}{4}+\frac{45}{2}y\\&=\left(2x+\frac{3}{2}y-\frac{15}{2}\right)^2+\frac{27}{4}(y-1)^2=0. \quad ⑤\end{aligned}$$

从而 $y=1$,$2x+\frac{3}{2}y-\frac{15}{2}=0$,$x=3$. $z=13-2\times3-3\times1=4$.

甲:先将有 y 的配成平方,也可以吧?

师:当然可以,你试试看.

甲:④的左边

$=(9y^2+6xy-36y)+4x^2-30x+63$

$=(3y+x-6)^2+4x^2-30x+63-x^2-36+12x$

$=(3y+x-6)^2+3(x-3)^2$,

于是,$x=3$,$y=1$,$z=4$.

师：做得很好. 这样配，没有出现分数系数，更简单一些.

评注 这类方程个数少于未知数个数，要求实数解的问题，多半在消去一个或一些未知数后，采用配方，化为非负数的和为 0（从而各非负数都是 0）.

25 无需花招

问题 已知 a、b 为实数，求 a^2+ab+b^2-a-2b 的最小值.

甲：我在一本书上看到有人用"函数观点"做，令

$$y=a^2+ab+b^2-a-2b$$

再化为 a 的二次方程，考虑判别式.

乙：很繁啊！我也看到这道题的解法. 书上说有 ab 项，可设 $a=u+v$，$b=u-v$，换元.

师：那些花招全无必要，老老实实地配方就可以了.

甲：我来试试.

$$\begin{aligned}&a^2+ab+b^2-a-2b\\=&\left(a^2+ab-a+\frac{1}{4}b^2+\frac{1}{4}+\frac{1}{2}b\right)+\frac{3}{4}b^2-\frac{3}{2}b-\frac{1}{4}\\=&\left(a+\frac{1}{2}b-\frac{1}{2}\right)^2+\frac{3}{4}(b-1)^2-1.\end{aligned}$$

乙：哦！这是第 23 节说过的拉格朗日配方法.

甲：所以在 $b=1$，$a=0$ 时，有最小值 -1.

乙：这样看来，什么函数观点，什么方程观点，还有换元法，都是花招，没有用.

师：当然，不可一概而论. 就这题而言，确乎如此.

评注 应当用简单的方法解决复杂的问题，而不要用复杂的方法去解决简单的问题. 杀鸡用牛刀，没有必要. 用原子弹炸蚊子，更为可怕，蚊子消灭了，人也没了.

26 何需套路

问题 求$\dfrac{3x^2+6x+5}{\frac{1}{2}x^2+x+1}$的最小值. 什么时候取最小值?

甲:这种题目有固定的套路. 设

$$y=\frac{3x^2+6x+5}{\frac{1}{2}x^2+x+1}, \qquad ①$$

两边同乘$2\left(\frac{1}{2}x^2+x+1\right)$后,整理得

$$(y-6)x^2+2(y-6)x+2y-10=0. \qquad ②$$

②中 $y\neq6$($y=6$ 导致 $2y-10=0$, $y=5$, 矛盾). 所以②是关于 x 的二次方程,它有实根(正是这根导出①中相应的 y 值),所以判别式

$$\Delta=4(y-6)^2-4(y-6)(2y-10)=4(y-6)(-y+4)\geqslant0. \qquad ③$$

即 $4\leqslant y\leqslant6$.

y 的最小值为 4,在 $x=-1$ 时$\left(这时②有等根,即-\frac{2(y-6)}{y-6}\div2=-1\right)$, y 取得最小值.

师:套路很熟,而且解出 $4\leqslant y\leqslant6$ 及 $x=-1$ 的方法都很好. 不过,本题何必非用这种套路呢?

乙:那怎么做!

师:很简单啊,直接做:

$$\begin{aligned}\frac{3x^2+6x+5}{\frac{1}{2}x^2+x+1}&=\frac{6(x^2+2x+2)-2}{x^2+2x+2}\\&=6-\frac{2}{x^2+2x+2}\\&=6-\frac{2}{(x+1)^2+1}\\&\geqslant6-\frac{2}{0+1}\\&=4,\end{aligned}$$

并且在 $x=-1$ 时,取得最小值 4.

甲:这么简单!但如果式子复杂一些,例如求 $\frac{6x^2+10x+38}{x^2+2x+6}$ 的最小值,还能不能像您这样做?

师:试试看.

乙:$\frac{6x^2+10x+38}{x^2+2x+6}=6-\frac{2(x-1)}{x^2+2x+6}$,分子不是常数,而是一次式,有点麻烦.

师:可看成 $u=x-1$ 的函数.

甲:原式$=6-\frac{2u}{(u+1)^2+2(u+1)+6}=6-\frac{2u}{u^2+4u+9}=6-\frac{2}{u+\frac{9}{u}+4}$,

在 $u>0$ 时,原式$\geqslant 6-\frac{2}{2\sqrt{9}+4}=\frac{29}{5}$,

但 u 也可能不是正的.

乙:$u\leqslant 0$ 即 $x-1\leqslant 0$ 时,显然

$$6-\frac{2(x-1)}{x^2+2x+6}\geqslant 6>\frac{29}{5},$$

所以 $\frac{29}{5}$ 是最小值,而且在 $u=3$ 即 $x=4$ 时取得.

评注 有些套路,没有多大用处,反倒束缚思想,不如不学.

学数学,往往要自出机杼.发挥自己的创造力,想出好的解法.不要因循守旧,一味照套.

27 弄巧成拙

问题 已知 $a<0,b\leqslant 0,c>0$,且

$$\sqrt{b^2-4ac}=b-2ac, \quad ①$$

求 b^2-4ac 的最小值.

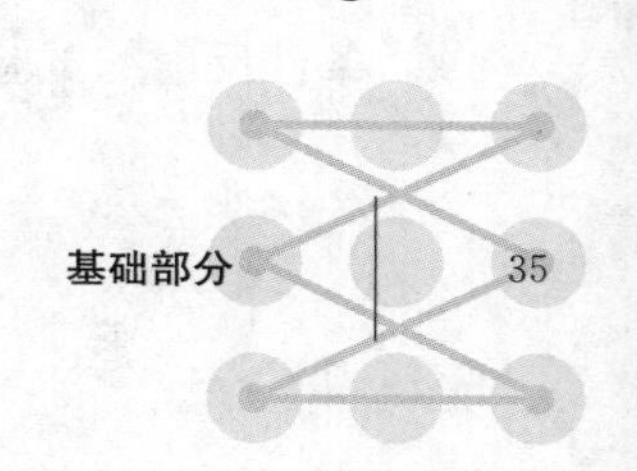

甲：我看到一种方法，说什么“用函数的观点分析题目的条件、结构，从而构造出相应的函数关系式，可以将某些数学问题转化为函数相关的性质来研究.”

乙：说具体些.

甲：我说不清楚，看书吧. 书上这样写着：

令 $y=ax^2+bx+c$，由 $a<0,b\leqslant 0,c>0$，判别式 $\Delta=b^2-4ac>0$，所以这个二次函数的图像是一条开口向下的抛物线，且与 x 轴有两个不同的交点 $A(x_1,0)$，$B(x_2,0)$.

因为 $x_1x_2=\frac{c}{a}<0$，不妨设 $x_1<0<x_2$，于是

$$|x_1|=\left|\frac{-b+\sqrt{b^2-4ac}}{2a}\right|=\frac{b-\sqrt{b^2-4ac}}{2a}=\frac{b-(b-2ac)}{2a}=c,$$

则有

$$\frac{4ac-b^2}{4a}\geqslant c=\frac{b-\sqrt{b^2-4ac}}{2a}\geqslant\frac{-\sqrt{b^2-4ac}}{2a},$$

故 $b^2-4ac\geqslant 4$.

当 $a=-1,b=0,c=1$ 时，b^2-4ac 取最小值 4.

乙：太麻烦了！

甲：下面还有解法二……

师：不必说了. 这样的题目应当直接由①等已知条件直接出发，不必构造什么函数或方程.

由①两边平方，再整理得

$$b-1=ac. \quad ②$$

所以

$$b^2-4ac=b^2-4(b-1)=(2-b)^2\geqslant 4. \quad ③$$

在 $a=-1,c=1$ 时，$b=0$，b^2-4ac 取得最小值 4.

甲：果然简单，那些图像、判别式、……可谓弄巧成拙.

师：一看到 b^2-4ac 就想到判别式，是一种条件反射. 生物学家曾用狗做过条件反射的试验. 人不能与狗混同起来，人应当独立思考.

本题的关键是找出$-ac$的最小值(b^2的最小值显然是0),或将它化为b的表达式,也就是②. 它只需由已知简单变形(①的两边平方)即可得到. 你说的那本书,将问题弄得很复杂,自己昏昏,怎能使读者昭昭. 这样的书实在不如不读.

评注 化简,是数学中最基本的操作. 很多问题(如本题),经过化简,就很简单、清楚. 所以一定要学好基本运算、恒等变形,将有关式子化为最简. 这样的基本功一定要练好、练熟. 至于什么"观点"之类,不要太相信了.

28 一次函数

问题 设$f(x)=ax+\frac{1}{a}(1-x)(a>0)$. 求$f(x)$在$0\leqslant x\leqslant 1$时的最大值与最小值.

甲:化函数为$\left(a-\frac{1}{a}\right)x+\frac{1}{a}$,然后再对$a-\frac{1}{a}$的正负进行讨论.

师:对$a-\frac{1}{a}$的正负进行讨论,有必要吗? 一次函数的最大值与最小值应当一望而知.

乙:是的. 一次函数在定义区间的端点处取最大值与最小值. 显然$f(0)=\frac{1}{a}$,$f(1)=a$. 这两个值,一个是最大值,一个是最小值.

甲:在$a>1$时,$f(1)=a$是最大值,$f(0)=\frac{1}{a}$是最小值. $\left(\frac{1}{a}<1<a\right)$.

在$0<a<1$时,与上一种情况正好相反,$f(1)=a$是最小值,$f(0)=\frac{1}{a}$是最大值.

$a=1$时,$f(x)=1$是常数.

乙:所以毫无必要先讨论$a-\frac{1}{a}$的正负.

评注 一次函数是单调的,而且是严格单调的,除非它退化为常数.

29 变更原点

问题 五个数 $11,10,9,x,y$ 的数学期望为 10，方差为 2. 求 $|x-y|$.

$x_1,x_2,\cdots,x_n$ 的数学期望即平均数 $\frac{x_1+x_2+\cdots+x_n}{n}$，记为 $\bar{x}$，方差即 $\frac{(x_1-\bar{x})^2+(x_2-\bar{x})^2+\cdots+(x_n-\bar{x})^2}{n}$.

师：这是一道江苏省的高考题.

甲：我们现在能做吗？

师：当然能做. 题中有两个概念：数学期望就是平均数. 方差呢？也给出了定义(公式).

乙：可以列出方程组

$$\begin{cases}\dfrac{11+10+9+x+y}{5}=10, & ①\\ \dfrac{(11-10)^2+(10-10)^2+(9-10)^2+(x-10)^2+(y-10)^2}{5}=2. & ②\end{cases}$$

甲：经过化简，变为

$$x+y=20, \qquad ③$$

$$(x-10)^2+(y-10)^2=8. \qquad ④$$

由③得 $y=20-x$，代入④即可解出 x. 进而得出 y 与 $|x-y|$.

师：计划不错. 不过还可以做得更好些.

乙：怎么做？

师：令 $u=x-10,v=y-10$，则③、④就是

$$u+v=0, \qquad ⑤$$

$$u^2+v^2=8. \qquad ⑥$$

甲：哦，$u=-v,u^2+v^2=2u^2$，所以 $u=\pm 2,v=\mp 2$.

师：只需得出 $|u|=2$，不必得出 $u=\pm 2$. 因为 u、v 互为相反数，所以

$$|u-v|=2|u|=2\times 2=4.$$

乙：也不必求 x、y 了. 因为

$$|x-y|=|u-v|=4.$$

师：是的．变换 $u=x-10(v=y-10)$ 可以理解为以原来数轴上的 10 为新原点．这时 x、y 变为 u、v，但 x、y 之间的距离 $|x-y|$ 不变，它与 $|u-v|$ 相等．

这样的平移变换，在概率统计中是常用的．得到数学期望后，往往以这数学期望为新的原点，再将各变量除以方差的平方根，这称为“标准化”．

标准化有助于问题的简化．本题即是一例．

30 列表更好

问题 掷两颗均匀的正八面体骰子．每个骰子的八个面分别刻了 1 至 8．将掷得的两个数的乘积除以 8，余数为 m．求 m 的数学期望．

师：数学期望就是平均值．

甲：情况比较多，掷两颗骰子，共有

$$8\times8=64$$

种情况．

乙：余数 m 可以为 0 至 7．似需要对掷出的点数进行分类，怎么分类好呢？

师：其实不必先分类，直接列一张表，写出各种情况．表可以呈如下形式：

m 第二颗点数 / 第一颗点数	1	2	3	4	5	6	7
1							
2							
3							
4							
5							
6							
7							

甲:为什么只有 7 行 7 列?

乙:点数为 8 时,$m=0$,在计算平均值时不必计入.

甲:表不难填. 如下表,其中有 4 列含 1,2,3,4,5,6,7;2 列含 2,4,6 各 2 个;1 列含 4 个 4.

因此数学期望为

	1	2	3	4	5	6	7
1	1	2	3	4	5	6	7
2	2	4	6	0	2	4	6
3	3	6	1	4	7	2	5
4	4	0	4	0	4	0	4
5	5	2	7	4	1	6	3
6	6	4	2	0	6	4	2
7	7	6	5	4	3	2	1

$$[4\times(1+2+3+4+5+6+7)+4\times(2+4+6)+4\times 4]\div 64$$

$$=\left(\frac{1+7}{2}\times 7+12+4\right)\div 16$$

$$=(7+3+1)\div 4=\frac{11}{4}.$$

乙:本题分类讨论也可以做,但列表更清楚,而且便于叙述.

评注 不必引入过多的符号、式子. 直接列表,直接计算最好.

31 尽信书,不如无书

问题 解方程

$$(2+\sqrt{3})^x+(2-\sqrt{3})^x=4. \quad ①$$

甲:我在一本书上看到这道题. 书上说“直接解方程比较难”,“可以构造一元二次方程用韦达定理来解题”.

师:不要迷信书本.自己想办法解吧.

乙:可以设 $u=(2+\sqrt{3})^x$,则 $(2-\sqrt{3})^x=\frac{1}{u}$.①变为

$$u+\frac{1}{u}=4. \tag{②}$$

去分母,得

$$u^2-4u+1=0, \tag{③}$$

$$u=2\pm\sqrt{3}. \tag{④}$$

由 $(2-\sqrt{3})^x=2\pm\sqrt{3}$,得 $x=-1$ 或 1.

甲:很简单.可见不需要用什么韦达定理.真是"尽信书,不如无书"啊!

评注 设 $u=(2+\sqrt{3})^x$,这称为换元法.其实,换元法不在于形式.不写出字母 u,直接由①两边同乘 $(2+\sqrt{3})^x$ 就可化为

$$(2+\sqrt{3})^{2x}-4(2+\sqrt{3})^x+1=0 \tag{⑤}$$

(也就是③),再直接解出 $(2+\sqrt{3})^x=2\pm\sqrt{3}$,……

32 用判别式?

问题 设 $a<b<c<d$.证明:对任意实数 $t\neq-1$,关于 x 的方程

$$(x-a)(x-c)+t(x-b)(x-c)=0 \tag{①}$$

都有两个不相等的实数根.

甲:①的左边是 $(1+t)x^2+\cdots$,在 $t\neq-1$ 时,是 x 的二次函数.

乙:考虑判别式?

师:用判别式比较麻烦,直接考虑 $x=b$,$x=d$ 的情况就可以了.

甲:$x=b$ 时,①式左边 $=(b-a)(b-c)<0$;$x=d$ 时,①式左边 $=(d-a)(d-c)>0$.

因此,在区间 (b,d) 中,方程①有一个根.

另一个根呢?它是否不在区间 (b,d) 中?

师:不必考虑另一个根在哪里.方程①已有一根,因此必有两个(实数)根.

如果两根相等,那么①的左边恒 $\geqslant0$ 或恒 $\leqslant0$.而现在它既能取正值($x=d$

时)，又能取负值($x=b$ 时). 因此方程的两根不等.

乙:这比用判别式简单多了.

评注 还是直接做好.

33 三次根式

问题 求证:$\sqrt[3]{2+\sqrt{5}}+\sqrt[3]{2-\sqrt{5}}$ 是有理数.

甲:形如$\sqrt{a+\sqrt{b}}$ 的式子，我遇到过. 例如

$$\sqrt{5+\sqrt{24}}=\sqrt{(\sqrt{3}+\sqrt{2})^2}=\sqrt{3}+\sqrt{2}.$$

三次根式不知道怎么办?

师:可设 $\sqrt[3]{2+\sqrt{5}}+\sqrt[3]{2-\sqrt{5}}=x$，然后再三次方，看看有什么办法. 注意 $(a+b)^3=a^3+b^3+3ab(a+b)$.

乙:$x^3=4+3\sqrt[3]{2^2-5}(\sqrt[3]{2+\sqrt{5}}+\sqrt[3]{2-\sqrt{5}})$，

也就是

$$x^3+3x-4=0. \tag{①}$$

甲:①的左边可以分解，

$$(x-1)(x^2+x+4)=0, \tag{②}$$

所以 $x=1$，或

$$x^2+x+4=0. \tag{③}$$

但③没有实根，所以 $x=1$，即

$$\sqrt[3]{2+\sqrt{5}}+\sqrt[3]{2-\sqrt{5}}=1. \tag{④}$$

师:做得很好. 有了④以后，或许可以猜想

$$\sqrt[3]{2+\sqrt{5}}=\frac{1+\sqrt{5}}{2}, \tag{⑤}$$

当然，相应地

$$\sqrt[3]{2-\sqrt{5}}=\frac{1-\sqrt{5}}{2}. \tag{⑥}$$

乙：$(1+\sqrt{5})^3=1+3\sqrt{5}+15+5\sqrt{5}=16+8\sqrt{5}=8(2+\sqrt{5})$.

所以

$$1+\sqrt{5}=2\sqrt[3]{2+\sqrt{5}}, \quad ⑦$$

即⑤成立. 同样⑥成立.

所以也可以由⑤、⑥得出④. 这可以算另一种解法.

甲：这种解法有点"事后诸葛".

乙：事后诸葛比事后不诸葛好. 或许若干次事后诸葛之后，就成为事前诸葛了.

师：说得不错. 这题解法还有两点值得注意.

一是$(a+b)^3$，我们可以展开成$a^3+b^3+3ab(a+b)$，也可以展开成$a^3+3a^2b+3ab^2+b^3$，根据需要而定.

二是证明⑤式时，先在两边同乘以2，这样避免了分数运算. 这一点有人以为不值一提，却方便许多.

甲：我看到又一道题"已知$a\geqslant\frac{1}{8}$，求证

$$\sqrt[3]{a+\frac{a+1}{3}\sqrt{\frac{8a-1}{3}}}+\sqrt[3]{a-\frac{a+1}{3}\sqrt{\frac{8a-1}{3}}}=1."$$

同样可用上面的第一种方法来解.

师：由此及彼，举一反三，是很好的学习方法.

34 不可忽视

问题 设$m\geqslant-1$，关于x的方程

$$x^2+2(m-2)x+m^2-3m+3=0 \quad ①$$

有两个不相等的实数根x_1、x_2，求

$$\frac{mx_1^2}{1-x_1}+\frac{mx_2^2}{1-x_2} \quad ②$$

的最大值.

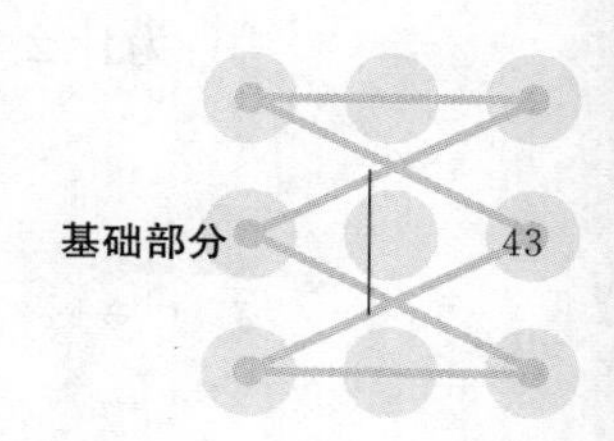

甲：我想有两种办法. 第一种，解方程①求出 x_1、x_2，代入②中，得到一个 m 的函数（含 m 的代数式），再求它的最大值.

第二种，利用韦达定理. 因为②是 x_1、x_2 的对称函数，即将 x_1、x_2 互换，②的值不变.

第二种好一些. 先化简

$$\begin{aligned}\frac{mx_1^2}{1-x_1}+\frac{mx_2^2}{1-x_2}&=m\left(-(x_1+1)+\frac{1}{1-x_1}-(x_2-1)+\frac{1}{1-x_2}\right)\\&=m\left(-(x_1+x_2)-2+\frac{2-(x_1+x_2)}{(1-x_1)(1-x_2)}\right)\\&=m\left(2(m-2)-2+\frac{2+2(m-2)}{(1-x_1)(1-x_2)}\right).\end{aligned}$$

其中用到 $-(x_1+x_2)=2(m-2)$（韦达定理）.

乙：接下去，注意 $(1-x_1)(1-x_2)$ 是 $x^2+2(m-2)x+m^2-3m+3$ 在 $x=1$ 时的值，即

$$1^2+2(m-2)+m^2-3m+3=m(m-1).$$

所以

$$\begin{aligned}&m\left(2(m-2)-2+\frac{2+2(m-2)}{(1-x_1)(1-x_2)}\right)\\&=m\left(2m-6+\frac{2m-2}{m(m-1)}\right)\\&=2m^2-6m+2\\&=2\left(m-\frac{3}{2}\right)^2-\frac{5}{2}.\end{aligned}$$

如果 $m<\frac{3}{2}$，那么 $2\left(m-\frac{3}{2}\right)^2-\frac{5}{2}$ 递减，在 $m=-1$ 时取最大值 $10(=2\times(-1)^2-6\times(-1)+2)$.

甲：m 如果大于 $\frac{3}{2}$ 呢？

乙：不会出现 $m\geqslant\frac{3}{2}$ 的情况.

甲：为什么？

乙:因为方程①有两个不相等的实根,所以判别式

$$\Delta=4(m-2)^2-4(m^2-3m+3)=-4m+4>0,$$

从而

$$m<1. \tag{③}$$

甲:应当在一开始就得出③.

师:先后顺序倒不重要,但③式在本题中是必需的,不可忽视.

乙:如果一开始就解方程,①可化为

$$(x+(m-2))^2=1-m.$$

当然必须有③,并且

$$x_{1,2}=2-m\pm\sqrt{1-m},$$

$$\begin{aligned}\frac{x_1^2}{1-x_1}&=\frac{1}{1-x_1}-1-x_1\\&=\frac{1}{m-1-\sqrt{1-m}}+m-3-\sqrt{1-m}\\&=\frac{m-1+\sqrt{1-m}}{(m-1)^2-1+m}+m-3-\sqrt{1-m}\\&=\frac{m-1+\sqrt{m-1}}{m(m-1)}+m-3-\sqrt{1-m},\end{aligned}$$

$$\begin{aligned}\frac{mx_1^2}{1-x_1}+\frac{mx_2^2}{1-x_2}&=2m\left(\frac{m-1}{m(m-1)}+m-3\right)\\&=2(m^2-3m+1)\\&=2\left(m-\frac{3}{2}\right)^2-\frac{5}{2}.\end{aligned}$$

从而在 $m=-1$ 时,取得最大值 10.

似乎比用韦达定理还简单一些.

师:是简是繁,得亲自试一试才知道,不可人云亦云. 不过,这题必须 $m<1$,这是万万不可大意的.

35 不解风情

问题 已知 s、t 是方程

$$x^2-6x+7=0 \quad ①$$

的两根，且 $s>t$，求

(1) $s-t$；

(2) $\frac{42}{s}+3t^2$.

甲：由①得

$$(x-3)^2=2,$$

所以 $s=3+\sqrt{2}$，$t=3-\sqrt{2}$，

$$s-t=2\sqrt{2}.$$

乙：$\frac{42}{s}+3t^2=\frac{42}{3+\sqrt{2}}+3(6t-7)$

$$=\frac{42(3-\sqrt{2})}{7}+18(3-\sqrt{2})-21=51-24\sqrt{2}.$$

甲：可是这类题目常常有个要求"不解方程"，必须用韦达定理去做.

师：为什么限定"不解方程"？毫无道理！除非解方程求出两根不如用韦达定理简单.现在恰恰是求出根来简单得多，何必自己束缚自己的手脚？

何况(2)中这种关于 s、t 并不对称的函数，必须解方程才能得出结果(有些解法表面上未解方程，实际上还是偷偷地求出 s 或 t 的值).

硬要限定"不解方程"，有点像红楼梦中的薛蟠大爷，不解风情.

36 根的正负

问题 已知一元二次方程

$$x^2+(2k-1)x-k+1=0. \quad ①$$

(1) k 为何值时，方程有一根为正，一根为负？

(2) k 为何值时，方程有两个正根？

(3) k 为何值时，一根大于 1，一根小于 1？

甲：由韦达定理，得

$$x_1x_2=-k+1. \quad ②$$

在一根为正，一根为负时，

$$-k+1<0. \quad ③$$

反过来，在③成立时，一根为正，一根为负. 所以(1)的答案是 $k>1$.

乙：要不要证明判别式 $\Delta>0$？

师：没有必要. 因为现在 ax^2+bx+c 的系数 $a=1$，$c<0$，所以 $\Delta=b^2-4ac>0$ 一定成立. 也就是在首项系数为正，常数项 <0 时，方程一定有实数根，而且一正一负.

甲：如果①有两个正根，那么

$$\Delta=(2k-1)^2-4(-k+1)=4k^2-3\geqslant 0, \quad ④$$

$$x_1+x_2=-(2k-1)>0, \quad ⑤$$

$$x_1x_2=-k+1>0. \quad ⑥$$

反之，如果④、⑤、⑥均成立，那么方程有两个不相等的实数根，而且两根同号(因为⑥)，当然同为正数(因为⑤).

于是，解④、⑤、⑥，得 $k\leqslant-\frac{\sqrt{3}}{2}$. 这是(2)的答案.

乙：1 在两根之间，所以 $y=x^2+(2k-1)x-k+1$ 在 $x=1$ 时的值为负(抛物线 $y=x^2+(2k-1)x-k+1$ 开口向上，当且仅当 x 在两根之间时，y 的值为负)，即

$$1+(2k-1)-k+1<0.$$

所以(3)的答案是 $k<-1$.

甲：(3)中要不要考虑 $\Delta>0$？

师：开口向上的抛物线，如果有一部分在 x 轴下方(有 x 值使 $y<0$)，那么它肯定与 x 轴相交. 不必再考虑 Δ 了.

其实(1)也就是 $y=x^2+(2k-1)x-k+1$ 在 $x=0$ 时的值为负.

评注 关于一元二次方程根的情况,常常借助相应的二次函数的图像(一条抛物线).

37 函数单调

问题 设二次函数 $f(x)=ax^2+bx+c(a>0)$. 方程 $f(x)=x$ 有两个根 x_1、x_2,且 $x_2-x_1>\dfrac{1}{a}$. $t<x_1$ 时,比较 $f(t)$ 与 x_1 的大小.

甲:要不要先将 x_1、x_2 求出来?

师:似无必要,可利用韦达定理及已知条件求出 x_1 的上界.

乙:x_1、x_2 是方程

$$ax^2+(b-1)x+c=0$$

的根,所以

$$x_1+x_2=-\frac{b-1}{a}.$$

又 $x_2-x_1>\dfrac{1}{a}$,所以

$$x_1+\left(x_1+\frac{1}{a}\right)<x_1+x_2=-\frac{b-1}{a},$$

$$x_1<-\frac{b}{2a}.$$

甲:这就是说 x 轴上的点$(x_1,0)$在直线 $x=-\dfrac{b}{2a}$ 的左边,而这条直线正是二次函数 $y=ax^2+bx+c$ 的对称轴. 因为 $a>0$,在对称轴左边,$y=f(x)$严格递减,所以在 $t<x_1$ 时,

$$f(t)>f(x_1)=x_1.$$

乙:的确不需要求出 x_1 与 x_2. 除了利用韦达定理,只需要利用函数的单调性.

评注 x_1、x_2 是方程 $f(x)=x$ 的根,不是 $f(x)=0$ 的根. 这一点不要搞错.

38 先定范围

问题 设 a、b 为实数，且方程

$$x^4+ax^3+bx^2+ax+1=0 \quad ①$$

至少有一个实根. 对于所有这样的数对 (a,b)，求 a^2+b^2 的最小值.

甲：①是"倒数方程"，我有办法将它化成二次方程.

师：你说得不错. 不过，能否先找出一对使①有实根的 (a,b)，这样 a^2+b^2 的最小值至少有一个范围了.

乙：我取 $x=1$，①成为

$$2a+b+2=0, \quad ②$$

取 $a=-1$，$b=0$，则①有解 $x=1$. 而这时

$$a^2+b^2=1. \quad ③$$

所以 a^2+b^2 的最小值 $\leqslant 1$，当然 $|a|$、$|b|$ 都必须 $\leqslant 1$.

师：不妨设 $a\geqslant 0$.

甲：为什么？

乙：因为将 a 换为 $-a$，对①有无实数解毫无影响（若对于 a，①有解 x；则对于 $-a$，①有解 $-x$），对 a^2+b^2 也毫无影响.

甲：现在我把①化为

$$\left(x+\frac{1}{x}\right)^2+a\left(x+\frac{1}{x}\right)+b-2=0, \quad ③$$

设 $u=x+\frac{1}{x}$，则方程

$$u^2+au+b-2=0 \quad ④$$

有实数解，所以

$$a^2\geqslant 4(b-2), \quad ⑤$$

这在 $|b|\leqslant 1$ 时当然满足.

师：慢一点. "①有实数解"与"④有实数解"不完全相同.

甲：有什么不同？

乙：①有实数解 x，导致 $|u|=\left|x+\frac{1}{x}\right|\geqslant 2$. 即④不但有实数解，而且至少

有一个解的绝对值$\geqslant 2$.

甲:那就要用求根公式了.

$$u=\frac{-a\pm\sqrt{a^2-4b+8}}{2},$$

绝对值较大的是(已设$a\geqslant 0$并且$a\leqslant 1$)

$$\frac{1}{2}(\sqrt{a^2-4b+8}+a)\geqslant 2. \quad ⑥$$

⑥化简为

$$a\geqslant\frac{1}{2}(b+2), \quad ⑦$$

所以

$$a^2+b^2\geqslant\frac{1}{4}(b+2)^2+b^2=\frac{1}{4}(5b^2+4b+4)=\frac{5}{4}\left(b+\frac{2}{5}\right)^2+\frac{4}{5}.$$

在$b=-\frac{2}{5}$,$a=\frac{4}{5}$时,a^2+b^2取最小值$\frac{4}{5}$.

乙:事先限定a、b的范围($0\leqslant a\leqslant 1$,$|b|\leqslant 1$),省去不少麻烦.

评注 解题时,常常先对有关情况作些了解,如本题先定a、b的范围.就好像打仗时,先了解周边地形.这种了解不一定非常精确(根据需要而定,可以逐步精确,也可能只需要粗糙的了解即可),但有往往比没有好.

39 中点距离

问题 A、B、C、D四点在同一直线上,B在A的右边,D在C的右边,并且$AB=12$,$CD=6$,$BC=4$.M是AC中点,N是BD中点.求MN.

甲:这题不难.首先

$$AC=AB+BC=12+4=16.$$

乙:C不一定在B的右边.

甲:哦,那么分两种情况.

(1) C在B的右边(如图1).

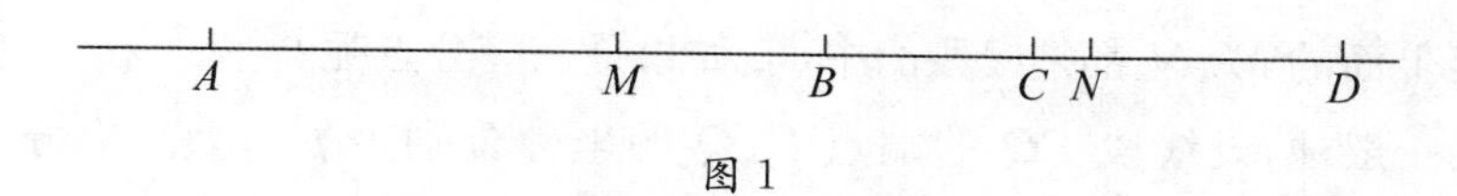

图 1

这时 $AC=16$，$AM=8$. $BD=4+6=10$，$ND=5$.

$$MN=AD-AM-ND=(12+4+6)-(8+5)=9.$$

(2) C 在 B 的左边，也可以类似地解. 结果很巧，也是 9.

师：解得正确. 不过，有几个问题. 第一个问题：如果不知道 BC 的长，还能求出 MN 吗？

乙：我想可以设 $BC=x$. 仍用上面的方法. 或者 x 可以抵消(即结果与 x 无关)，这时应有 $MN=9$；或者结果中含有 x，应当是 x 的一次式.

师：结果应当一般化. 这就是我的第二个问题：如果 $AB=x$，$CD=y$. 求 MN.

甲：还是分两种情况.(如图 2)

师：采用数轴更好.

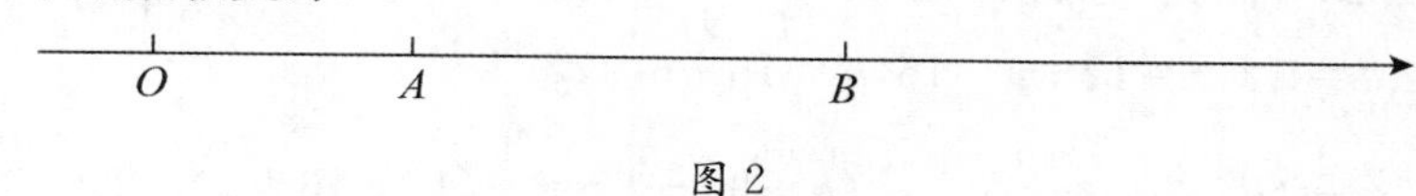

图 2

设在数轴上 A、B、C、D 分别表示数 a、b、c、d(也可以说 A、B、C、D 的坐标分别为 a、b、c、d).

这时 $AB=b-a$ 即用终点坐标减去始点坐标(如果不知道 B 在 A 的左边，那么线段 AB 的长是 $|b-a|$. 但我们更常用"有向线段"，即线段长也有正负. 具体说来，在 $b>a$ 即 B 在 A 右边时，长 $AB=b-a$ 为正；而 $b<a$ 即 B 在 A 左边时，长 $AB=b-a$ 为负. 而 $BA=a-b=-AB$).

AC 中点 M 的坐标是 $\frac{a+c}{2}$，BD 中点 N 的坐标是 $\frac{b+d}{2}$. 所以

$$MN=\frac{b+d}{2}-\frac{a+c}{2}=\frac{1}{2}[(b-a)+(d-c)]=\frac{1}{2}(x+y).$$

乙：在 $x=12$，$y=6$ 时，$MN=\frac{12+6}{2}=9$. 所以并不需要知道 BC 的长，也不必分 C 在 B 的左、右两种情况讨论.

甲：在数轴上，只要知道各点的坐标，它们之间的距离就可以计算出来.

乙：如果数轴上还没有指定原点，那么我可以用点 A(或某一个点)做原点吗？

师：当然可以.

甲:上面的M、N都是线段的中点.如果是三等分点呢?

师:一般地,设线段PQ的端点P、Q的坐标分别为p、q.点X分PQ为$PX:XQ=m:n$,那么点X的坐标就是

$$x=\frac{np+mq}{m+n}, \quad ①$$

这称为分点公式.

注意①中分式的分子是$np+mq$,而不是$mp+nq$.

乙:例如A是原点,B、C、D的坐标分别为b、c、d,点M将AC分成$AM:MC=1:2$,点N将BD分成$BN:ND=2:1$,则M的坐标是$\frac{c}{3}$,N的坐标是$\frac{6+2d}{3}$.

甲:已知A、B、C、D是一条直线上从左到右的4个点,且$AB=12$,$BC=4$,$CD=6$.点M将AC分成$AM:MC=1:2$,点N将BD分成$BN:ND=2:1$,那么$b=12$,$c=12+4=16$,$d=16+6=22$,

$$MN=\frac{1}{3}(b+2d)-\frac{1}{3}c=\frac{1}{3}(b+2d-c)=\frac{1}{3}(12-16+2\times 22)=\frac{40}{3}.$$

师:上面的方法也可以求夹角.例如:$\angle AOB=60°$,$\angle COD=80°$,并且OA到OB、OC到OD都是逆时针方向.OM平分$\angle AOC$,ON平分$\angle BOD$.求$\angle MON$.

乙:
$$\begin{aligned}\angle MON&=\angle AON-\angle AOM\\&=\frac{1}{2}(\angle AOB+\angle AOD)-\frac{1}{2}\angle AOC\\&=\frac{1}{2}(\angle AOB+\angle COD)\\&=\frac{1}{2}(60°+80°)\\&=70°.\end{aligned}$$

评注 解题,不就题论题,而是寻求更一般的解法、更一般的问题.如果能坚持这样,长此以往,视野必然开阔许多,能力必然大大增强.

正、负的概念很有用.不仅数有正负,线段、角也都有正负.善于利用正负,带来很多方便.

40 先抓西瓜

问题 已知$\triangle ABC$.试作一个正三角形$A'B'C'$,$A'\neq A$,$B'\neq B$,$C'\neq C$,并且直线AA'、BB'、CC'交于同一点.

甲:为什么限制$A'\neq A$、$B'\neq B$、$C'\neq C$?如果不限制,就太容易了:我以BC为一边作正三角形$A'BC$(如图1).$\triangle A'BC$就满足要求.

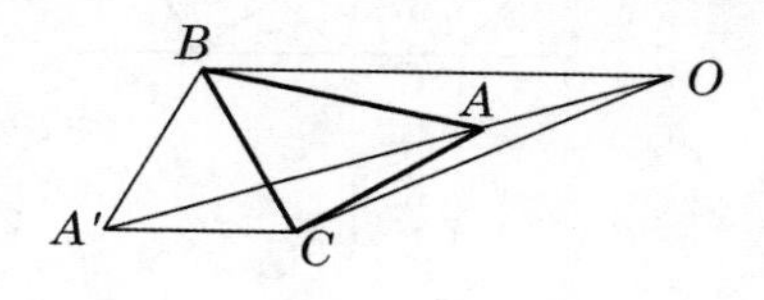

图1

直线AA'上任一点O都可以作为直线$B'B$、$C'C$与$A'A$的交点($B'=B$,$C'=C$).

乙:加上这个限制也不难,我已有一种作法.

甲:我也有一种作法.

师:很好啊,谁先说?

甲:以A为圆心作一个圆,使B、C都在圆外.过B、C作切线,相交于O(如图2).设切点为B'、C'.以$B'C'$为边作正三角形$A'B'C'$,A'一定在OA($B'C'$的中垂线)上.$\triangle A'B'C'$即为所求.

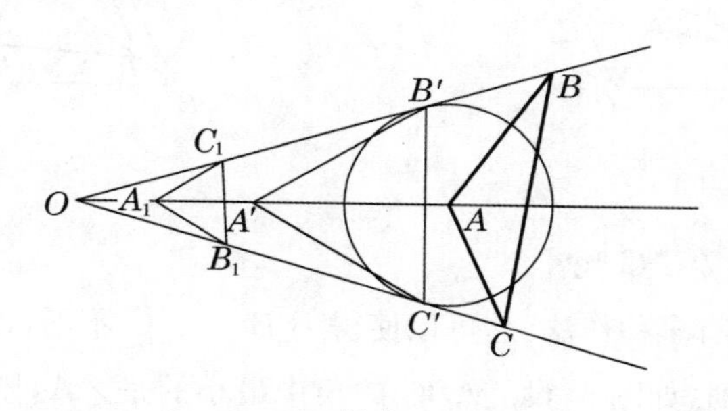

图2

师:B'与B,C'与C会不会重合?

甲:重合也没有关系.在图2中,以O为位似中心,可以将$\triangle A'B'C'$放大或缩小(使得B'可为OB直线上任一个点),例如变成图2中的$\triangle A_1B_1C_1$,从而与原$\triangle ABC$没有重合的顶点.

师:BB'与CC'可能平行,怎么办?

甲:如果$BB' /\!/ CC'$,那么以A为圆心重作一个较小的圆,然后再作切线BB''、CC''.(如图3)

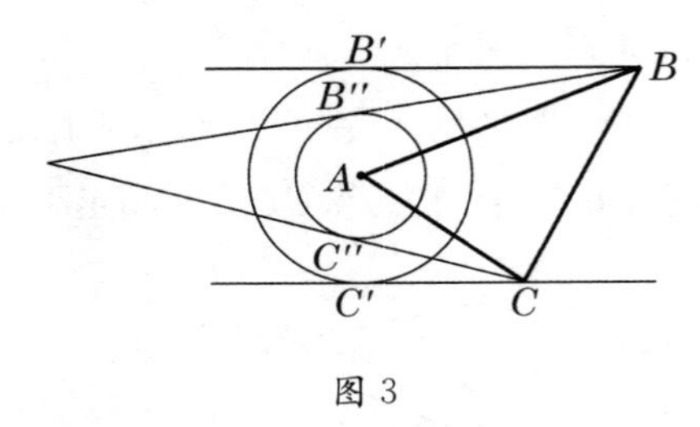

图 3

这时

$$\angle B''BC+\angle C''CB<\angle B'BC+\angle C'CB=180^\circ,$$

所以BB''与CC''一定相交.

师:现在乙说说你的解法.

乙:以A为顶点作一个正三角形$AB''C''$.设$B''B$、$C''C$相交于O(如图4).再以O为位似中心作一位似变换,使得$\triangle AB''C''$变为与$\triangle ABC$无公共顶点的$\triangle A'B'C'$.

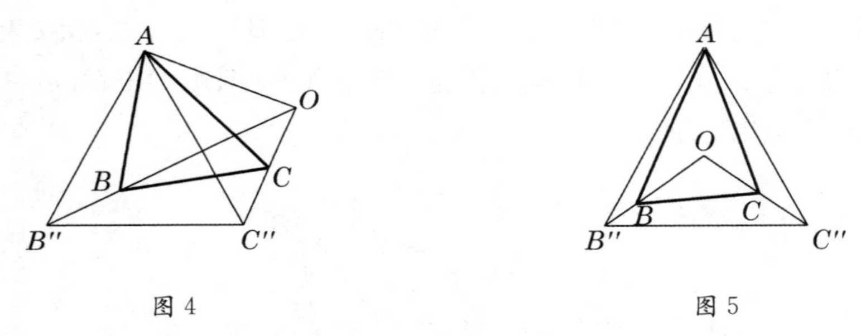

图 4　　　　图 5

甲:如果$B''B /\!/ C''C$呢?

乙:$\triangle AB''C''$有多种作法,总可以使得$B''B$与$C''C$不平行.不过,有一个简单办法就可以做到.如图5,设$\triangle ABC$的角中最小的是$\angle A$,则$\angle A\leqslant 60^\circ$,如果$\angle A<60^\circ$,可以作正三角形$AB''C''$包含$\triangle ABC$.这时

$$\angle BB''C''+\angle CC''B''<\angle AB''C''+\angle AC''B''=120^\circ,$$

所以$B''B$与$C''C$不平行.

甲：如果$\angle A=60°$呢？

乙：这时$\triangle ABC$是正三角形. 任取一点O(不同于A、B、C)，作位似变换，将$\triangle ABC$变为$\triangle A'B'C'$即可.

师：如果两个三角形的对应顶点的连线交于同一点，那么我们就说这两个三角形是互为透视的.

上面的问题对$\triangle A'B'C'$有3个要求：

1. $\triangle A'B'C'$是正三角形.

2. $\triangle A'B'C'$与$\triangle ABC$是透视的.

3. $A'\neq A, B'\neq B, C'\neq C$.

其中要求1、2是主要的，要求3是次要的. 我们应当先抓主要的"西瓜". 次要的"芝麻"，可以暂时忽视.

在解题中，BB'与CC'是否平行，应当考虑. 但它只是"芝麻". 较一般的情况才是主要的西瓜. 考虑问题时，应先抓住西瓜，然后再讨论次要的、枝节的问题，捡起芝麻.

41 拼图游戏

问题 如图1，直角三角形ABC中，有一个内接正方形$CDEF$，E在斜边AB上，$BE=52$，$AE=77$. 求两个三角形$\triangle ADE$、$\triangle BFE$的面积之和.

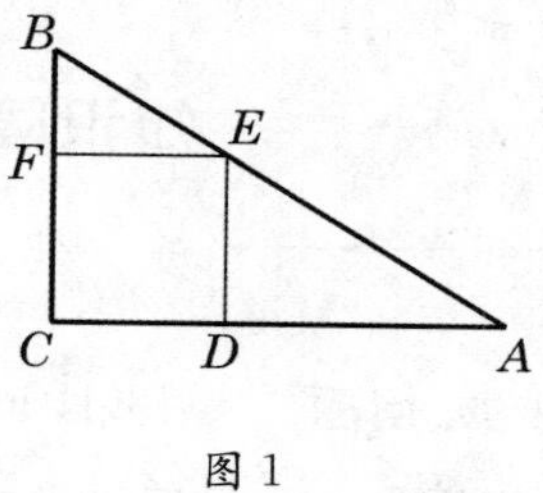

图1

甲：$\triangle ADE$的斜边为已知，但斜边上的高不知道，所以不能直接求出它的面积.

乙：如果知道正方形$CDEF$的边长，那么AD、BF都可以用勾股定理求出，从而两个三角形的面积也都能求出.

师：想法正确，但做起来比较麻烦. 题目要求两个三角形面积之和，并不需要求每一个三角形的面积.

甲：您是说应当将两个三角形拼在一起？

师：是啊！你可以剪一个$\triangle BFE$，将它和$\triangle ADE$拼在一起.

乙：$EF=ED$，所以它们可以重合. 因为$\angle BFE=90^\circ=\angle CDE$，所以$FB$落到$DC$上.

甲：也就是在DC上取G，使$DG=FB$. 连接EG（如图2），则

$$\text{Rt}\triangle DEG\cong\text{Rt}\triangle FEB.$$

乙：换句话说，$\triangle BFE$绕E点反时针旋转90°，变为$\triangle GDE$.

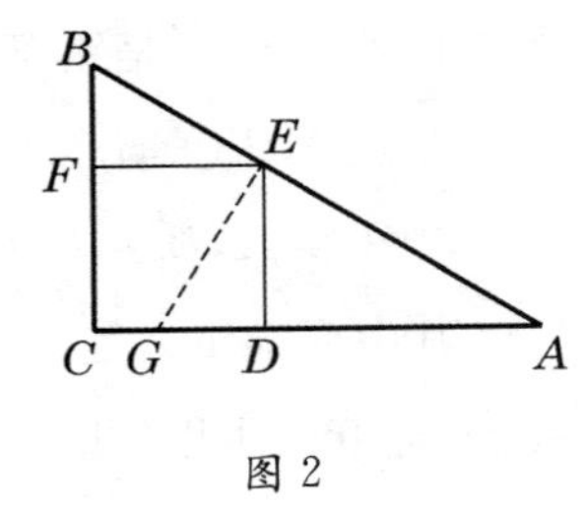

图 2

这时EB变为EG，所以$EG\perp EB$，$\angle GEA=90^\circ$.

甲：$EG=EB=5$，所以

$$S_{\triangle EGA}=\frac{1}{2}\times EG\times AE=\frac{1}{2}\times 52\times 77=2002,$$

即

$$S_{\triangle ADE}+S_{\triangle BFE}=2002.$$

乙：这题远比我想象的简单.

评注 平面几何中常常需要添辅助线. 如何添辅助线，大有讲究.

其实，小时候玩的拼图游戏，对于添辅助线大有帮助. 本题的EG就是将$\triangle BFE$拼到$\triangle ADE$旁而产生的一条线.

42 知识障

问题 如图1，已知$\triangle ABC$是正三角形，四边形$BCDE$是平行四边形，$AD=AC$. 求$\angle AEB$.

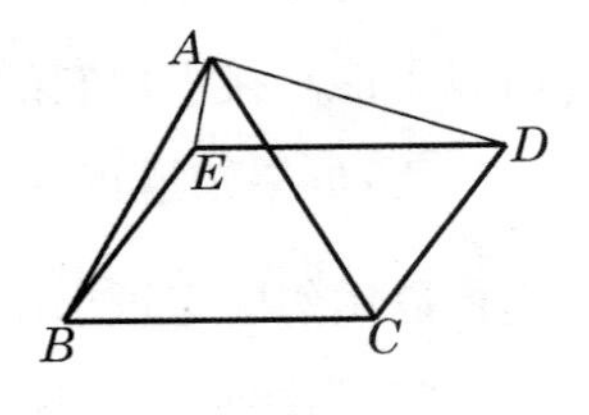

图 1

师：这是一个平面几何问题，A、B、C、D、E在同一平面上，不是立体几何问题.

甲：作平行四边形$AEDF$（如图2），则

$$AF=ED=BC=AC=AB=AD.$$

所以 F、D、C、B 都在以 A 为圆心、AB 为半径的圆上.

因此$\angle CDF \stackrel{m}{=} \frac{1}{2}(360^\circ-\overset{\frown}{CF}) \stackrel{m}{=} 180^\circ-\frac{1}{2}\angle CAF$. 而

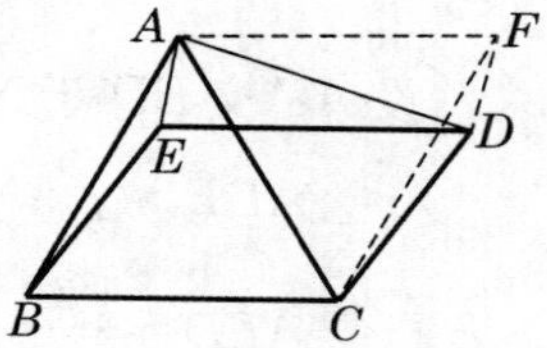

$$CF=AB=AC=AF,$$

$\triangle ACF$ 是正三角形,

$$\angle CAF=60^\circ,$$

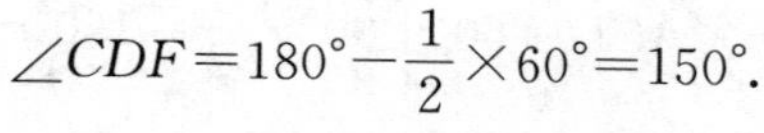

$$\angle CDF=180^\circ-\frac{1}{2}\times 60^\circ=150^\circ.$$

图 2

又 $CF=AB$,$CD=BE$,$DF=EA$,所以

$$\triangle CFD \cong \triangle BAE,$$

$$\angle AEB=\angle FDC=150^\circ.$$

乙:我的证法是将$\triangle ABE$ 绕 A 逆时针旋转 60°,变为$\triangle ACP$(如图 3). 因为$\angle EAP=60^\circ$,$AE=AP$,所以$\triangle APE$ 是正三角形,$PE=PA=AE$,$\angle APE=60^\circ$.

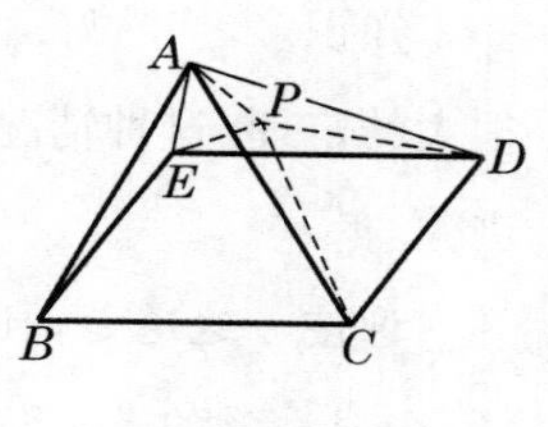

图 3

因为 $AD=AC=BC=ED$,所以$\triangle DAE$ 是等腰三角形,而且直线 DP 是它的对称轴,$\angle EPD=\angle APD=\frac{360^\circ-\angle APE}{2}=150^\circ$.

因为 $PC=EB=CD$,而且 PC 与 EB 夹角为 60°,即 PC 与 CD 的夹角为 60°,$\triangle PCD$ 是正三角形.

$PD=PC=EB$,$PE=EA$,$DE=BC=AB$,所以

$$\triangle PED \cong \triangle EAB,$$

$$\angle AEB=\angle EPD=150^\circ.$$

师:两位的证法都不错,不过有一个共同的毛病.

甲、乙:什么毛病?

师:用到的知识太多. 添了较多辅助线,用了几个全等三角形,有点像“杀鸡用牛刀”.

甲:那您怎么证?

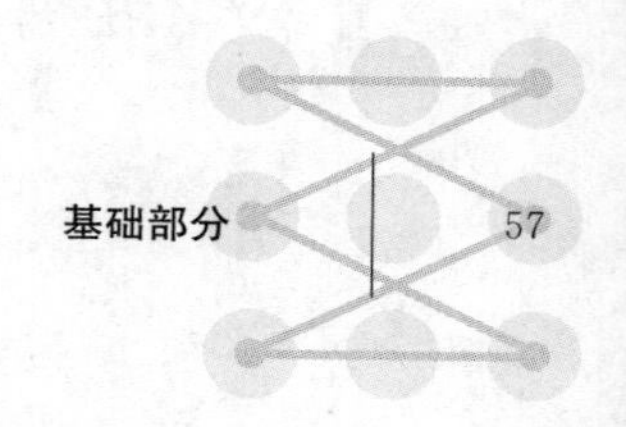

师：在图 1 中，设$\angle CAD=\alpha$. 因为 $AD=AC$，所以

$$\angle ACD=\angle ADC=90^\circ-\frac{\alpha}{2}.$$

设 AC 交 ED 于 N，则$\angle ANE=\angle ACB=60^\circ$，

$$\angle ADE=\angle ANE-\angle CAD=60^\circ-\alpha,$$

$$\angle AED=\frac{180^\circ-\angle ADE}{2}=60^\circ+\frac{\alpha}{2},$$

$$\angle BED=\angle BCD=\angle ACB+\angle ACD=60^\circ+90^\circ-\frac{\alpha}{2}=150^\circ-\frac{\alpha}{2}.$$

$$\angle AEB=360^\circ-(\angle AED+\angle BED)=150^\circ.$$

乙：只需要算角，的确简单不少.

师：我们提倡用尽可能少的知识解决尽可能多的问题.

知识多，当然好. 但要恰当地运用. 不要碰到一个很小的问题，就搬出一个很大的定理. 这种情况仿佛佛教所说的知识障，即过多的知识反而妨碍了修行进德.

评注 这道题，我作过试验，解法很多. 甲、乙的解法都是我搜集的真实解法. 令我奇怪的是，想出种种复杂解法的大有人在，而想出简单解法的却寥若晨星. 原因何在？我想一方面现行教材几乎废弃几何证明，学生只好在培训单位去学习几何的证明. 另一方面，培训单位大多讲难度颇高、证明复杂的奥数题. 因此很多学生眼高手低，基础题的训练不够，遇到题目总往难处去想. 这实在是目前中国数学教育的一大问题.

43 面积之比

问题 设等边三角形 ABC 的内切圆半径为 2，圆心为 I. 点 P 满足 $PI=1$. 求$\triangle APB$ 的面积与$\triangle APC$ 的面积比的最大值.

甲：如图 1，$\triangle APB$ 与$\triangle APC$ 有一条公共边 AP，所以 $S_{\triangle APB}:S_{\triangle APC}=B$ 到直线 AP 的距离：C 到直线 AP 的距离. 这两个距离如何求呢？

师：并不需要求这两个距离，只需求它们的比.

乙：可以引进三角函数来计算，不过，很繁.

师：最好不用三角，保留较多的几何意义.

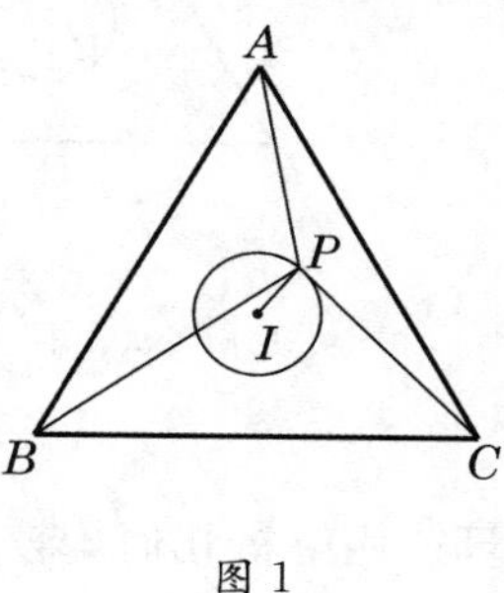

图 1

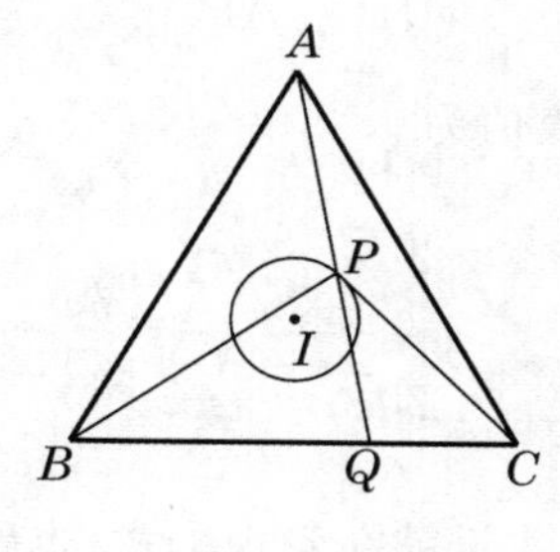

图 2

设直线 AP 交 BC 于 Q（如图 2），则

$$S_{\triangle AQB}=S_{\triangle APB}\cdot\frac{AQ}{AP}.$$

甲：同样

$$S_{\triangle AQC}=S_{\triangle APC}\cdot\frac{AQ}{AP}.$$

乙：所以

$$\frac{S_{\triangle APB}}{S_{\triangle APC}}=\frac{S_{\triangle AQB}}{S_{\triangle AQC}}.$$

甲：而$\triangle AQB$、$\triangle AQC$ 有相同的高（即$\triangle ABC$ 中 BC 边上的高），所以

$$\frac{S_{\triangle AQB}}{S_{\triangle AQC}}=\frac{BQ}{QC},$$

即

$$\frac{S_{\triangle APB}}{S_{\triangle APC}}=\frac{BQ}{QC}. \quad ①$$

这也就是 B 到直线 AP 的距离与 C 到直线 AP 的距离之比.

乙：于是问题化为求$\frac{BQ}{QC}$的最大值. BQ 越大，则 QC 越小，比值$\frac{BQ}{QC}$越大. 因

此在 AP 与$\odot(I,1)$相切时，这比最大（$\odot(I,1)$表示以 I 为圆心，半径为 1 的圆）.

甲：如图 3，AD 是高，AP 与$\odot(I,1)$相切. 易知

$$\mathrm{Rt}\triangle ADQ\backsim \mathrm{Rt}\triangle API,$$

$$\frac{DQ}{IP}=\frac{AD}{AP}=\frac{2\times 3}{\sqrt{4^2-1^2}}=\frac{6}{\sqrt{15}}.$$

所求最大值为

$$\frac{2\sqrt{3}+\dfrac{6}{\sqrt{15}}}{2\sqrt{3}-\dfrac{6}{\sqrt{15}}}=\frac{\sqrt{5}+1}{\sqrt{5}-1}=\frac{3+\sqrt{5}}{2}.$$

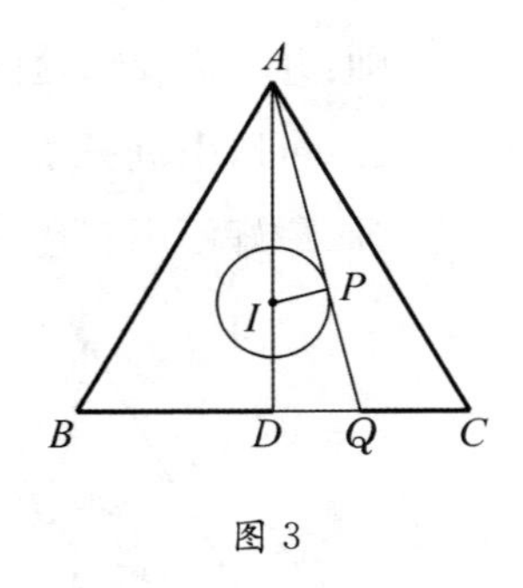

图 3

师：关键就在发现①式. 本题如果纯用三角计算或用解析几何均较麻烦. 几何问题还是应当竭力寻求几何意义.

44 六边形面积

问题 已知边长为 6 的正三角形 ABC. 如图 1，过 A 与 BC 的两个三等分点作直线，交外接圆于 A_1、A_2. 类似地定义 B_1、B_2、C_1、C_2. A_1、A_2、B_1、B_2、C_1、C_2 在圆上顺次出现. 求六边形 $A_1A_2B_1B_2C_1C_2$ 的面积.

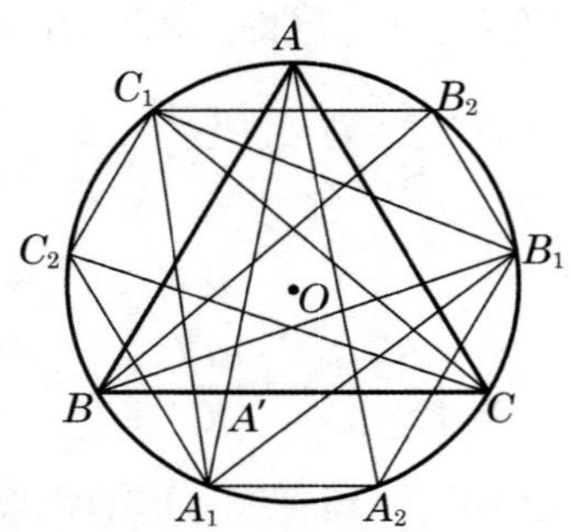

甲：六边形 $A_1A_2B_1B_2C_1C_2$ 由$\triangle A_1B_1C_1$ 与$\triangle A_1A_2B_1$，$\triangle B_1B_2C_1$，$\triangle C_1C_2A_1$ 组成. 我猜$\triangle A_1B_1C_1$ 与$\triangle ABC$ 面积相等. $\triangle A_1A_2B_1$，$\triangle B_1B_2C_1$，

$\triangle C_1C_2A_1$ 这三个三角形面积相等.

乙:绕外心 O 旋转 $60°$,A 变为 B,B 变为 C,C 变为 A,从而 A_1 变为 B_1,B_1 变为 C_1,C_1 变为 A_1. 所以 $\triangle A_1B_1C_1$ 也是 $\odot O$ 的内接正三角形,

$$S_{\triangle A_1B_1C_1}=S_{\triangle ABC}=\frac{\sqrt{3}}{4}\times 6^2=9\sqrt{3}.$$

甲:同样地,旋转将 $\triangle A_1A_2B_1$ 变为 $\triangle B_1B_2C_1$,$\triangle B_1B_2C_1$ 变为 $\triangle C_1C_2A_1$,$\triangle C_1C_2A_1$ 变为 $\triangle A_1A_2B_1$,所以这三个三角形全等. 因此只要计算 $S_{\triangle A_1A_2B_1}$.

乙:设 AA_1 与 BC 交于 A',则 $BA'=2$,$A'C=4$.

在 $\triangle ABA'$ 中,由余弦定理,

$$AA'=\sqrt{6^2+2^2-2\times\cos 60°\times 6\times 2}=2\sqrt{7}.$$

由相交弦定理,

$$A_1A'=\frac{2\times 4}{2\sqrt{7}}=\frac{4}{\sqrt{7}}.$$

再由 $A_1A_2 /\!/ BC$(易证),得

$$A_1A_2=2\times\frac{AA_1}{AA'}=2\times\frac{2\sqrt{7}+\dfrac{4}{\sqrt{7}}}{2\sqrt{7}}=\frac{18}{7}.$$

甲:在 $\triangle A_1A_2B_1$ 中,由余弦定理

$$6^2=A_2B_1^2+\left(\frac{18}{7}\right)^2+\frac{18}{7}\times A_2B_1,$$

所以

$$A_2B_1=\frac{30}{7}.$$

$$S_{\triangle A_1A_2B_1}=\frac{1}{2}\times\frac{18}{7}\times\frac{30}{7}\times\sin 60°=\frac{135}{49}\sqrt{3}.$$

$$S_{A_1A_2B_1B_2C_1C_2}=\frac{\sqrt{3}}{4}\times 6^2+3\times\frac{135}{49}\sqrt{3}=\frac{846}{49}\sqrt{3}.$$

师:这是一道计算题,不难. 但上面的解法不繁,不易做到.

45 芝麻，开门

问题 $\triangle ABC$ 的边长都是整数，周长是 35. 内心 I 与重心 G 的连线与 CI 垂直. 求 AB 的长.

甲：CI 平分 $\angle ACB$.

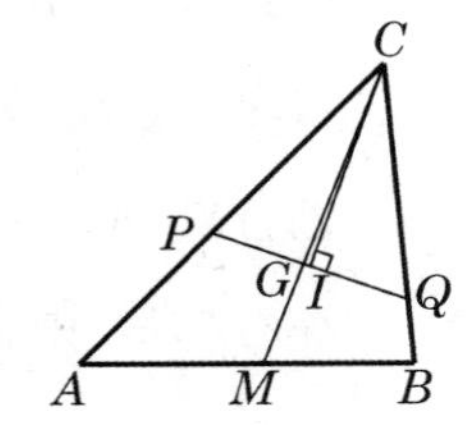

乙：设 GI 交 AC 于 P，交 BC 于 Q，则因为 $IG\perp CI$，所以 $\angle PCQ$ 的角平分线 CI 也是边 PQ 上的高，$\triangle PCQ$ 是等腰三角形，$CP=CQ$.

师：能发现这一点很重要. 这就像喊了一声"芝麻，开门"，大门敞开了. 请进门去，继续研究这个等腰三角形.

甲：等腰三角形底边上的任一点到两腰的距离的和是常数(也就是腰上的高)，我做过这道题. 所以在本题中，

$$I\text{ 到 }CP、CQ\text{ 的距离之和}=G\text{ 到 }CP、CQ\text{ 的距离之和}. \quad ①$$

乙：设 BC、CA、AB 的长分别为 a、b、c，内切圆半径为 r，G 到 CP、CQ 的距离分别为 d_1，d_2. 又设 AB 中点为 M，则①即

$$2r=d_1+d_2, \quad ②$$

并且由于 G 是 $\triangle ABC$ 的重心，$S_{\triangle GCA}=S_{\triangle GBC}=S_{\triangle GAB}$，即

$$\frac{1}{2}d_1b=\frac{1}{2}d_2a=\frac{1}{3}S_{\triangle ABC}. \quad ③$$

又熟知

$$\frac{1}{2}r(a+b+c)=S_{\triangle ABC}. \quad ④$$

甲：于是

$$\frac{2}{a+b+c}=\frac{r}{S_{\triangle ABC}}=\frac{d_1+d_2}{2S_{\triangle ABC}}=\frac{1}{3a}+\frac{1}{3b}, \quad ⑤$$

也就是

$$6ab=35(a+b). \quad ⑥$$

乙：由⑥，得 $35\mid ab$，$6\mid a+b$.

甲：因为 $a<\frac{1}{2}(a+b+c)$，并且 a 是整数，所以 $a<17$. 同样 $b<17$. $35\mid ab$

表明 a、b 中一个被 5 整除，另一个被 7 整除. 不妨设 $5|a$，$7|b$. 所以 $b=7$ 或 14；$a=5$，10 或 15.

乙：$6|a+b$. 表明 a、b 同奇偶，所以

$$\begin{cases}a=5,\\ b=7;\end{cases}\quad \begin{cases}a=10,\\ b=14;\end{cases}\quad \begin{cases}a=15,\\ b=7.\end{cases}$$

显然只有 $a=10$，$b=14$ 适合⑥.

甲：从而 $c=35-a-b=11$，即 $AB=11$.

师：本题不需要利用梅内劳斯等定理. 重点在角平分线是这个角的对称轴. 再利用已知条件 $IG\perp CI$ 得出关于 CI 对称的等腰三角形 CPQ. 这时问题的大门已经打开. 但入门后还要继续发掘题中各个量之间的关系、性质，特别是②. 再加上熟知的有关面积的③、④，问题化成解不定方程⑥，曙光已在前头.

评注 “芝麻，开门！”喊过后，门打开了，但门还会再关上，得抓紧时间取走需要的东西. 在考试中，时间是有限制的，得尽快发现所需要的②、③、④. 这种迅速找寻的能力，也要在平时注意培养，有一点紧迫感，注意学习效率. 不要以为“门开了，就不会关上”，傻乎乎地呆在洞里，等到强盗回来砍头.

46 寻找条件

问题 求所有的正实数对 (a,b)，使得函数 $f(x)=ax^2+b$ 满足：对任意实数 x、y，有

$$f(xy)+f(x+y)\geqslant f(x)f(y). \qquad ①$$

这是 2013 年全国高中数学竞赛一试的解答题 11.

甲：先将 $f(x)=ax^2+b$ 代入①中，得

$$(ax^2y^2+b)+(a(x+y)^2+b)\geqslant(ax^2+b)(ay^2+b),$$

展开成

$$ax^2y^2+a(x^2+y^2)+2axy+2b\geqslant a^2x^2y^2+ab(x^2+y^2)+b^2. \qquad ②$$

乙：对任意实数 x、y，②式成立. 我们应该利用这一点定出 a、b 需要满足的

条件.

师：这是必要条件，还是充分条件？

乙：是必要的. 当然，我们希望它也是充分的.

甲：x、y 可以任意取值. 取什么值好呢？

乙：可取 $x=0$ 或 $y=0$，还有 $x=y$，等等.

甲：在 $x=0$ 时，②成为

$$ay^2+2b\geqslant aby^2+b^2. \quad ③$$

再取 y 很大，应当有

$$a\geqslant ab, \quad ④$$

即

$$1\geqslant b. \quad ⑤$$

师："y 很大，应当有"是什么意思？

甲：就是 y 很大，应当有，说不太清楚.

师：可以有两种办法说清楚.

第一种：如果 $1<b$，那么在

$$y>\sqrt{\left|\frac{2b-b^2}{ab-a}\right|}$$

时，③不成立.

甲：是的. 不过这种说法我不太喜欢，好像把一件简单的事弄得一本正经.

师：第二种：在③的两边同时除以 y^2，再令 $y\to+\infty$，便得到④.

甲：我喜欢这种说法.

师：那好. 今后就这么理解"y 很大，应当有"的意义.

乙：我令 $x=y$ 且很大，由②可以得出

$$a\geqslant a^2, \quad ⑥$$

所以

$$a\leqslant 1. \quad ⑦$$

师：a 能够等于 1 吗？

甲：如果 $a=1$，那么②变成

$$x^2+y^2+2xy+2b\geqslant b(x^2+y^2)+b^2. \quad ⑧$$

取 $x=-y$，得

$$2bx^2+b^2\leqslant 2b. \quad ⑨$$

这在 $x>1$ 时即不可能，所以

$$a<1. \quad ⑩$$

于是

$$a<1, b\leqslant 1. \quad ⑪$$

师：还有什么条件（要求）吗？

乙：②就是

$$a(1-a)x^2y^2+a(1-b)(x^2+y^2)+2axy+2b-b^2\geqslant 0, \quad ⑫$$

仍取 $x=-y$，得

$$a(1-a)x^4-2abx^2+2b-b^2\geqslant 0. \quad ⑬$$

⑬的左边可以看成 $t=x^2$ 的二次函数. 它的首项系数 $a(1-a)>0$，图像是开口向上的抛物线，在 $t=\frac{b}{1-a}\left(x=\pm\sqrt{\frac{b}{1-a}}\right)$ 时，函数取最小值

$$\frac{4ab(1-a)(2-b)-4a^2b^2}{4a(1-a)}. \quad ⑭$$

这最小值应当非负，所以

$$4ab(1-a)(2-b)-4a^2b^2\geqslant 0,$$

即

$$2a+b\leqslant 2. \quad ⑮$$

师：⑪、⑮都是数对 (a,b) 应当满足的必要条件. 它们是不是也是充分条件？

甲：应当也是充分条件. 我可以这样证明：

记 $t=-xy$. 因为 $x^2+y^2\geqslant -2xy=2t$，$a(1-b)\geqslant 0$，所以

$$⑫左边\geqslant a(1-a)t^2-2abt+2b-b^2.$$

而由⑪、⑮，上面这个 t 的二次函数的最小值⑭$\geqslant 0$，所以⑫成立.

师：所以本题的答案是

$$\{(a,b)\mid 0<a<1, 0<b\leqslant 1, 2a+b\leqslant 2\}.$$

评注 本题所求的条件实际上是充分必要条件. 但通常先找一些特殊值定出一些必要条件，然后证明这些条件也是充分的（如果不是，还得增加条件）.

47 改造题目

问题 设实数 a、b、c 满足 $abc>0$，及

$$a+b+c=1. \qquad ①$$

证明

$$ab+bc+ca<\frac{\sqrt{abc}}{2}+\frac{1}{4}. \qquad ②$$

这是 2014 年全国高中数学联赛加试的第一题.

师：这道题的题目不太漂亮，得先改造一下.

甲：改造题目？怎么改造？

乙：在 $a=b=c=\frac{1}{3}$ 时，②的两边不相等. 我觉得应当改成等号能够$\left(\text{在 } a=b=c=\frac{1}{3}\text{ 时}\right)$成立的不等式.

师：是的. 此外②的右边出现了根式，与左边很不协调.

甲：你的意思是将 $\sqrt{abc}$ 改成比它小的有理式，对吧？我将 $\frac{\sqrt{abc}}{2}$ 改成 $\frac{9}{4}abc$，因为 a、b、c 为正数时，

$$\frac{9}{4}\sqrt{abc}\leqslant\frac{9}{4}\left(\frac{a+b+c}{3}\right)^{\frac{3}{2}}=\frac{9}{4}\times\left(\frac{1}{3}\right)^{\frac{3}{2}}<\frac{9}{4}\left(\frac{4}{27\times3}\right)^{\frac{1}{2}}=\frac{1}{2},$$

所以

$$\frac{9}{4}abc<\frac{\sqrt{abc}}{2}.$$

而在 $a=b=c=\frac{1}{3}$ 时，

$$ab+bc+ca=\frac{1}{3},\quad \frac{9}{4}abc+\frac{1}{4}=\frac{1}{12}+\frac{1}{4}=\frac{1}{3}.$$

因此，我觉得②可改为

$$ab+bc+ca\leqslant\frac{9}{4}abc+\frac{1}{4}. \qquad ③$$

不过，万一③不正确，那就前功尽弃了.

乙:③是正确的,它等价于三次齐次的不等式

$$4(ab+bc+ca)(a+b+c)\leqslant 9abc+(a+b+c)^3. \quad ④$$

而化简后,④就是著名的舒尔(Schur)不等式

$$a^3+b^3+c^3-a^2b-a^2c-b^2a-b^2c-c^2a-c^2b+3abc\geqslant 0. \quad ⑤$$

甲:还有 a、b、c 不全为正的情况.

师:因为 $abc>0$,所以 a、b、c 中一正两负. 不妨设

$$a>0>b\geqslant c, \quad ⑥$$

则

$$ab+bc+ca<ac+bc=(a+b)c=(1-c)c<0.$$

所以②或③的左边<或≤右边.

附 Schur 不等式⑤的证明.

不妨设 $a\geqslant b\geqslant c$,

⑤式左边 $=a(a-b)(a-c)+b(b-a)(b-c)+c(c-a)(c-b)$

$\geqslant a(a-b)(a-c)+b(b-a)(b-c)$

$\geqslant a(a-b)(b-c)+b(b-a)(b-c)$

$=(a-b)^2(b-c)$

$\geqslant 0.$

评注 出现在我们面前的题目,并非神圣不可侵犯的对象. 有的题目可以改变,有的应当改变,有的必须改变.

错的题目,必须改变.

有的题目,条件可以减弱;有的题目,结论可以加强. 有趣的是,有的时候,条件减弱或结论加强后,反倒更容易解决. 这是由于题目改变后,本质更加突出,不被次要的因素掩盖. 本题就是一个很好的例子.

真正的解题高手,善于改造题目.

48 排定大小

问题 $f(x)$是整系数多项式,a、b、c 是三个不同的整数. 求证:不可能同时

有 $f(a)=b, f(b)=c, f(c)=a$.

甲:假设有 $f(a)=b, f(b)=c, f(c)=a$. $f(x)-f(b)$ 被 $x-b$ 整除,所以 $f(a)-f(b)$ 被 $a-b$ 整除. 即 $b-c$ 被 $a-b$ 整除.

同理(将 a、b、c 轮换),$c-a$ 被 $b-c$ 整除,$a-b$ 被 $c-a$ 整除.

乙:由 $b-c$ 被 $a-b$ 整除,$a-b$ 被 $c-a$ 整除,得 $b-c$ 被 $c-a$ 整除. 结合 $c-a$ 被 $b-c$ 整除,得

$$b-c=\pm(c-a).$$

因为 $b\neq a$,所以 $b-c\neq-(c-a)$,只能

$$b-c=c-a. \quad ①$$

甲:同理,

$$c-a=a-b. \quad ②$$

如果 $a>b$,那么 $c>a$. 但①导出 $b>c>a$. 矛盾.

如果 $a<b$,那么 $c<a$,但①导出 $b<c<a$. 矛盾.

师:也可以一开始就排定 a、b、c 的大小,三个数的大小关系有 6 种,但条件 $f(a)=b, f(b)=c, f(c)=a$ 是轮换的,所以可设其中一个数为最大(或为最小).

不妨设 a 为最大. 这时有两种可能:

(1) $a>b>c$. 这时

$$0<a-b<a-c=|c-a|$$

与 $a-b$ 被 $c-a$ 整除矛盾.

(2) $a>c>b$. 这时

$$0<c-b<a-b$$

与 $b-c$ 被 $a-b$ 整除矛盾.

甲:(1)、(2)两种情况能否省去一种?

师:对于轮换式,一般说不能省去. 这种地方千万要小心谨慎,不能出错.

49 第六种证法

问题 不用计算器,证明

$$\log_{\frac{1}{4}}\frac{8}{7}>\log_{\frac{1}{5}}\frac{5}{4}. \quad ①$$

师:这道题出现在《学数学》杂志2014年10～12期合刊上,介绍了五种不同的证法,但都用到微积分.

甲:我来试一试.设

$$\log_{\frac{1}{4}}\frac{8}{7}=m,\log_{\frac{1}{5}}\frac{5}{4}=n,$$

则

$$\left(\frac{1}{4}\right)^m=\frac{8}{7},\left(\frac{1}{5}\right)^n=\frac{5}{4}.$$

因为 $\frac{8}{7}<\frac{5}{4}$,所以

$$\left(\frac{1}{4}\right)^m<\left(\frac{1}{5}\right)^n,$$

即

$$5^n<4^m. \quad ②$$

显然由②得 $n<m$,即①成立.

师:一个有难度的问题,忽然很容易地解决了.切勿高兴过早,很可能做错了.

甲:哪里错了?

乙:$\log_{\frac{1}{4}}\frac{8}{7}<0,\log_{\frac{1}{5}}\frac{5}{4}<0$,所以 m、n 都是负数.由②不能导出 $n<m$.

师:是啊!你看 $5^{-1}<4^{-1}$.所以 $5^{-0.99\cdots9}<4^{-1}$(左边的9足够多,则 $5^{-0.99\cdots9}$ 与 5^{-1} 很接近,当然 $<4^{-1}$.实际上,不难看出 $5^{-0.9}<4^{-1}\Leftrightarrow 4^{10}<5^9=625^2\times5\Leftarrow 1024^2<1800000$),但 $-0.99\cdots9>-1$.

在不等式中,出现负数,千万要小心,切勿出错.这道题做错的人非常之多.

甲:怎么做呢?

师:其实也很简单.

首先①的底数是分数,应改为底数为整数的等价不等式

$$\log_4\frac{8}{7}<\log_5\frac{5}{4}. \quad ③$$

其次,将底数化为相同,比如说均以4为底,得等价的

$$\log_4\frac{8}{7}<\log_4\frac{5}{4}\div\log_4 5. \quad ④$$

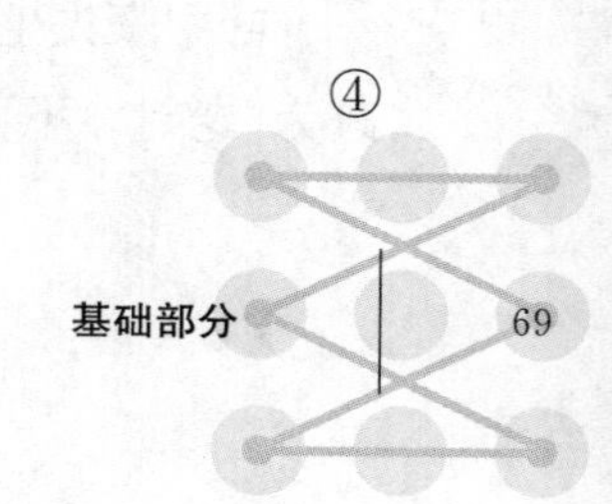

困难在于多出 $\log_4 5$. 仅用恒等变形,无法将它去掉,应当适当放缩.

乙:怎么放缩?

师:利用

$$5^4=625<1024=4^5, \tag{5}$$

得

$$\log_4 5<\frac{5}{4}. \tag{6}$$

于是,④可由不等式

$$\log_4 \frac{8}{7}<\frac{4}{5}\log_4 \frac{5}{4} \tag{7}$$

推出,⑦即

$$\left(\frac{8}{7}\right)^5<\left(\frac{5}{4}\right)^4. \tag{8}$$

⑧已经是一个简单的代数不等式了(其中没有对数符号).

乙:⑧不难证明.

$$5^2\times 7^3=\frac{34300}{4},\quad 4^2\times 8^3=2^{13}=\frac{1024\times 32}{4}=\frac{32768}{4}.$$

所以

$$\left(\frac{5}{4}\right)^2>\left(\frac{8}{7}\right)^3,\quad \left(\frac{5}{4}\right)^4>\left(\frac{8}{7}\right)^6>\left(\frac{8}{7}\right)^5.$$

师:上面的证法纯属初等,也没有特别的技巧. 可见解题,还是尽量用通常的方法,不要想得过于复杂.

评注 不等式证明中一定要注意不等式的方向,不可搞错. 因此,应尽早地将负数改为正数(用移项或两边乘以-1等等办法减少不等式中的负数).

50 老封编的题

叶中豪先生是一位蜚声海内的几何专家. 他年轻时自称“小疯”,年龄渐大,改为“老封”. 下面是他编的一道几何题.

问题 如图1，在$\triangle ABC$中，$AB=AC$. D在AC边上，并且$BD=BC$. 点E在$\triangle ABC$外，与点B在直线AC同侧，并且$EA=ED$，$BE=BA$. 求$\angle BDE$.

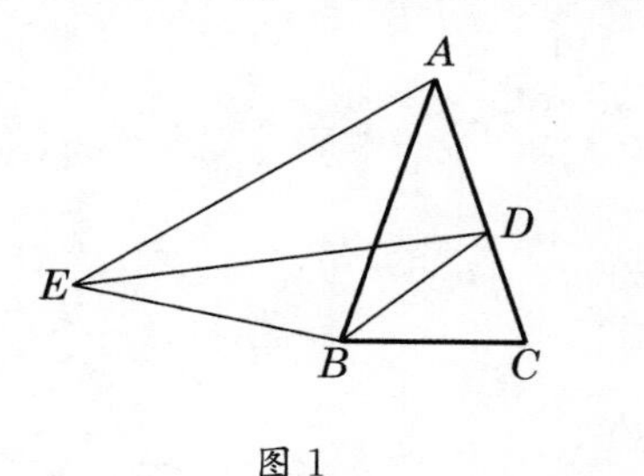

图1

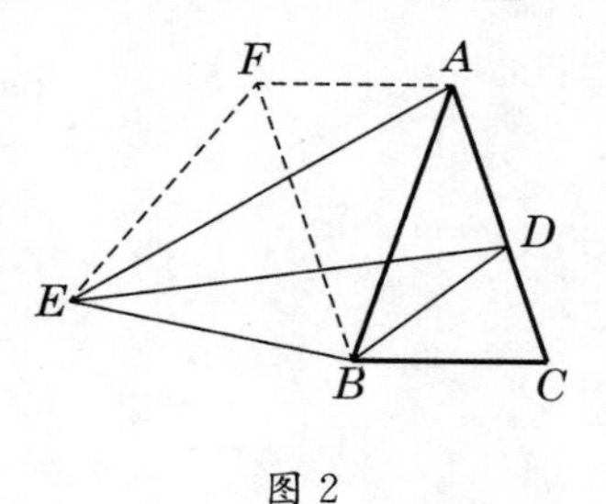

图2

师：本题解法很多.

甲：完成平行四边形$ACBF$（如图2）. 因为$AF=BC=BD$，所以四边形$AFBD$是等腰梯形，对角线$FD=BA=AC=FB$.

等腰梯形$AFBD$底边AD的垂直平分线是这个梯形的对称轴，垂直平分BF. 点E在这条垂直平分线上，所以$EB=EF$（也可用$\triangle EBD\cong\triangle EFA$导出）.

又$BE=BA=AC=BF$，所以$\triangle EBF$是正三角形，$\angle EFB=60°$.

因为$FB=FD=FE$，所以E、B、D都在以F为圆心、FB为半径的圆上. 圆周角是同弧上圆心角的一半，所以

$$\angle EDB=\frac{1}{2}\angle EFB=30°.$$

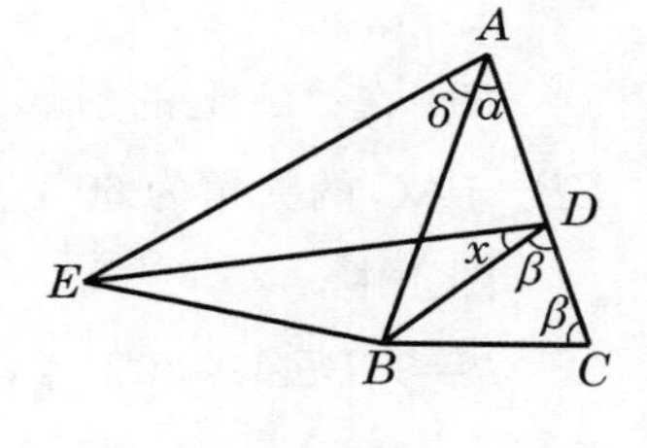

图3

乙：我用三角. 设$AB=1$，则如图3，

$$BC=2\cos\beta,$$

$$CD=2BC\cos\beta=4\cos^2\beta,$$

$$AD=1-CD=1-4\cos^2\beta. \quad ①$$

另一方面，$AE=2\cos\delta$，

$$AD=2AE\cos(\alpha+\delta)=4\cos\delta\cos(\alpha+\delta), \quad ②$$

结合①、②，得

$$1-4\cos^2\beta=4\cos\delta\cos(\alpha+\delta). \quad ③$$

右边用倍角公式$2\cos^2\beta=1+\cos2\beta=1-\cos\alpha$，左边积化和差，得

$$2\cos\alpha-1=2(\cos\alpha+\cos(\alpha+2\delta))$$

即

$$\cos(\alpha+2\delta)=-\frac{1}{2},$$

所以

$$\alpha+2\delta=120^\circ,$$

又

$$\alpha+2\beta=180^\circ,$$

两式相加再除以 2，得

$$\alpha+\delta+\beta=150^\circ,$$

$$x=180^\circ-(\alpha+\delta)-\beta=30^\circ.$$

师：两种解法都不错.

甲：您是怎么解的？

师：我的解法是(如图 4)：设线段 BE 在直线 AC 上的射影是 MN. 因为 $EA=ED$，$BD=BC$，所以 M 是线段 AD 中点，N 是线段 CD 中点.

$$MN=MD+DN=\frac{1}{2}AD+\frac{1}{2}DC=\frac{1}{2}AC=\frac{1}{2}AB=\frac{1}{2}EB.$$

EB 在 AC 上的射影 MN 是 EB 的一半，所以 EB 与 AC 的夹角为 60°，$\angle BEM=30^\circ$.

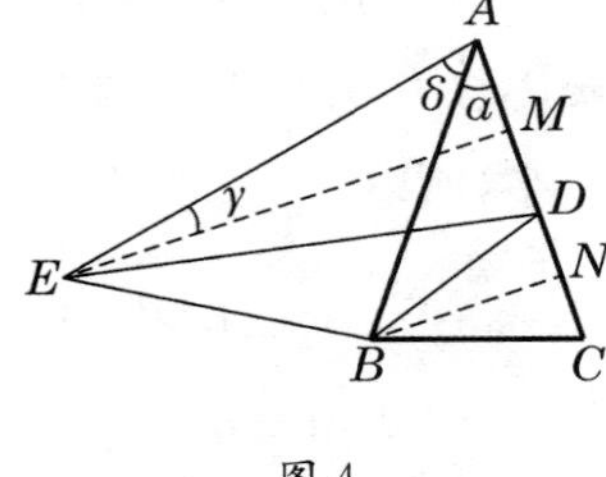

图 4

图 4 中，

$\delta=\angle BEA=30^\circ+\gamma$，

$\alpha=90^\circ-\gamma-\delta=60^\circ-2\gamma$，

$\beta=\frac{1}{2}(180^\circ-\alpha)=60^\circ+\gamma$.

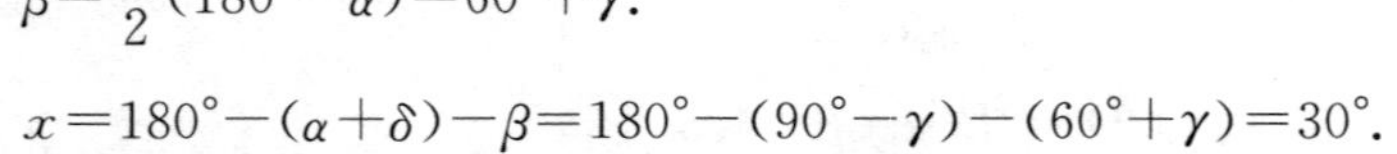

$x=180^\circ-(\alpha+\delta)-\beta=180^\circ-(90^\circ-\gamma)-(60^\circ+\gamma)=30^\circ$.

乙：求出$\angle BEM=30^\circ$是关键的一步.

师：据老封说，他这道题是由 1994 年香港的选拔赛的一道题改编而来，这题是：

如图 5，在$\triangle ABC$ 中，$\angle ABC=2\angle ACB$. 点 P 在$\triangle ABC$ 内且 $AB=AP$，$PB=PC$，求证$\angle ACP=30^\circ$.

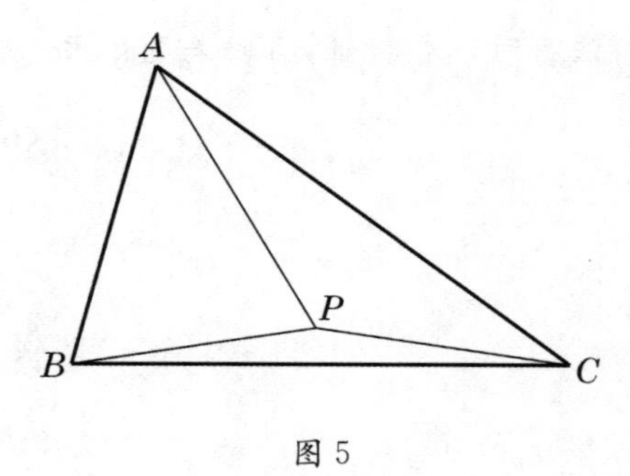

图 5

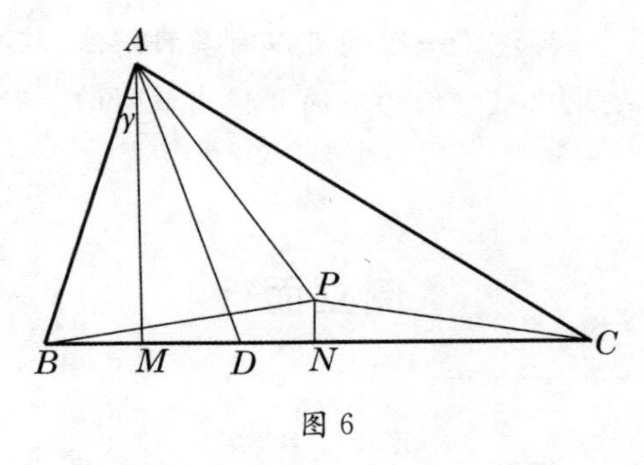

图 6

甲:仿照您的证法,设线段 AP 在 BC 上的射影为 MN(如图 6).

在直线 BC 上取一点 D,使 $AD=AB$,则 M 为 BD 中点,N 为 BC 中点,

$MN=BN-BM=\frac{1}{2}BC-\frac{1}{2}BD=\frac{1}{2}CD$.

因为 $AB=AD$,所以

$$\angle ADB=\angle ABC=2\angle ACD.$$

从而

$$\angle ACD=\angle DAC=\frac{1}{2}\angle ADC.$$

$$DC=DA=AP,\quad MN=\frac{1}{2}AP,$$

$$\angle MAP=30^\circ.$$

设 $\gamma=\angle BAM$,则 $\angle BAP=30^\circ+\gamma$,$\angle ABC=90^\circ-\gamma$,

$\angle ABP=\frac{180^\circ-(30^\circ+\gamma)}{2}$,

$\angle PBC=(90^\circ-\gamma)-\frac{180^\circ-(30^\circ+\gamma)}{2}=\frac{30^\circ-\gamma}{2}$,

$\angle ACP=\frac{1}{2}\angle ABC-\angle PCB$

$=\frac{1}{2}(90^\circ-\gamma)-\frac{1}{2}(30^\circ-\gamma)=30^\circ$.

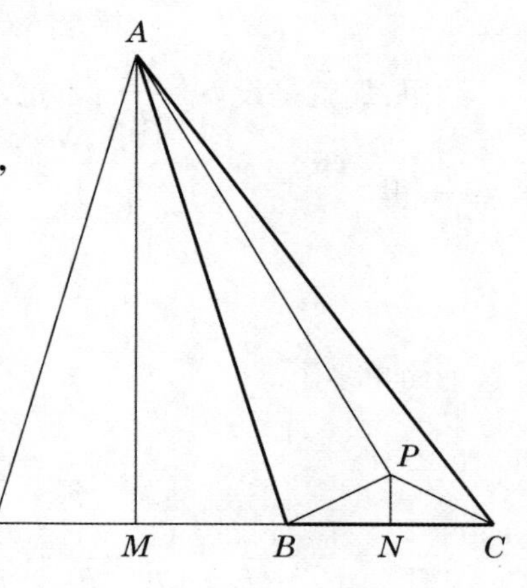

图 7

乙:图 6 中点 D 在线段 BC 上,是否一定是这样?

甲:如果 $\angle ABC$ 是锐角,那么得到图 6. 如果 $\angle ABC$ 是钝角,那么得到图 7.

证明类似.

评注 一道题可以有多种解法.这些解法有时不相轩轾,有时差别很大.希望能比较它们的不同并找出最好的一种.

51 倒立而行

问题 设 $b>0$,数列 $\{a_n\}$ 满足 $a_1=b$,

$$a_n=\frac{nba_{n-1}}{a_{n-1}+n-1}\quad(n\geqslant 2).\qquad ①$$

(1) 求数列 $\{a_n\}$ 的通项公式.

(2) 证明对于一切正整数 n,

$$2a_n\leqslant b^{n+1}+1.\qquad ②$$

甲:$\{a_n\}$ 既不是等差数列,也不是等比数列,从递推公式①看不出它的通项公式是什么.

师:递推公式的分母有三项:a_{n-1},n,-1,即使将 $n-1$ 看作一项,分母也还是二项式.所以用它计算后面的项,有些麻烦.而分子是单项式,只有一项:nba_{n-1},比较简单.

乙:您的意思是将这个分式倒过来?也就是将①写成

$$\frac{1}{a_n}=\frac{a_{n-1}+n-1}{nba_{n-1}}=\frac{1}{nb}+\frac{n-1}{nba_{n-1}}.$$

甲:那就是设 $b_n=\frac{1}{a_n}$,不过左边有 n 与 $n-1$.索性两边乘以 n,令 $c_n=nb_n=\frac{n}{a_n}$,得

$$c_n=\frac{1}{b}+\frac{c_{n-1}}{b}.$$

这下简单多了.

乙:$c_1=\frac{1}{b}$,

$$c_n=\frac{1}{b}+\frac{c_{n-1}}{b}=\frac{1}{b}+\frac{1}{b^2}+\frac{c_{n-2}}{b^2}=\cdots=\frac{1}{b}+\frac{1}{b^2}+\cdots+\frac{1}{b^{n-1}}+\frac{c_1}{b^{n-1}}$$

$$=\frac{1}{b}+\frac{1}{b^2}+\cdots+\frac{1}{b^n}$$

$$=\begin{cases}n, & 若 b=1;\\ \dfrac{b^n-1}{b^n(b-1)}, & 若 b\neq 1.\end{cases}$$

即

$$a_n=\begin{cases}1, & 若 b=1;\\ \dfrac{nb^n(b-1)}{b^n-1}, & 若 b\neq 1.\end{cases}$$

甲:$b=1$ 时,$2a_n=2$,②显然成立.

$b\neq 1$ 时,②即

$$2nb^n\leqslant(b^{n+1}+1)(b^{n-1}+b^{n-2}+\cdots+1). \quad ③$$

用平均不等式,得

③的右边$\geqslant 2\sqrt{b^{n+1}}\cdot n\sqrt[n]{b^{(n-1)+(n-2)+\cdots+1+0}}=2nb^{\frac{n+1}{2}+\frac{n-1}{2}}=$③的左边.

师:《神雕侠侣》中的西毒欧阳锋后来倒立而行,练成一身怪异的武功.遇到分式形式的递推公式,不妨倒一倒,或许会有奇效.

评注 "横看成岭侧成峰,远近高低各不同."许多问题,如果换一个角度看,就能见到许多不同的"风景".

52 座位相邻

问题 100 人坐两排,每排 50 个座位.每个座位坐一个人.一个接一个地入座时,每排除第一个人外,其他人都必须坐在已有人的座位的左邻或右邻.问有多少种不同的坐法?

甲:先将 100 人分为两组,有 C_{100}^{50} 种方法.然后考虑 50 个人怎么逐一坐进第一排.这有点难.

师:可设 n 个人逐个坐进第一排的 n 个座位,除第一个人外,其他人都必须坐在已有人的座位的左邻或右邻,有 a_n 种方法.从 $n=1$ 开始,找出 a_1,a_2,…,a_n.

乙:显然 $a_1=1$,$a_2=2$.3 个人时,第一个人在最左,1 种坐法;在最右,1 种坐法;在中间,第 2 个人可以在他左邻或右邻,有 2 种坐法.共

$$a_3=1+1+2=4$$

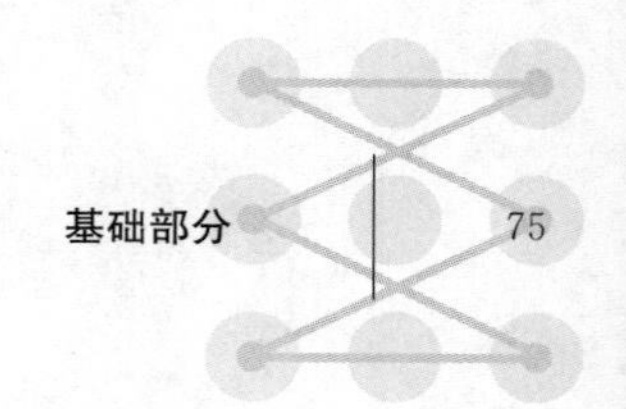

种坐法.

甲:我想一般地,应当有

$$a_n=2^{n-1}. \quad ①$$

怎么证呢?

师:还是从简单具体的例子入手.

乙:假设①已成立. 考虑 $n+1$ 个人. 第一、第二这两个人肯定座位相邻,我把他们"合二而一",当成一个人. 这样,$n+1$ 个人,当成 n 个人的坐法,有 a_n 种坐法. 然后,考虑第一、第二这两个人,可能第一在第二的左面,也可能第二在第一的左面,所以

$$a_{n+1}=2a_n, \quad ②$$

从而

$$a_n=2a_{n-1}=2^2a_{n-2}=\cdots=2^{n-2}a_2=2^{n-1}a_1=2^{n-1}. \quad ③$$

甲:考量简单的情况,我发现最后一个人总是在最左或最右的座位.

乙:为什么?

甲:不妨设第一个人在最后一个人的右边(不一定相邻). 这时第二个、第三个、……每个人要与前面的某个人相邻,所以都在最后一个人的右边,而不被他隔开,即不可能在他左边. 最后一个人必定坐在最左边. 同样,第一个人在最后一个人左边时,最后一个人必定坐在最右边.

因此,也有②、③成立.

评注 与自然数有关的问题,常常可从具体的数(如本题的100)推广至一般的 n. 这样做,不但结论一般,而且可以利用数学归纳法.

53 复数,并不复杂

问题 求复数 a、b,满足 $a^2+b^2\neq 0$,并且

$$\begin{cases} a+\dfrac{10b}{a^2+b^2}=5, & ① \\ b+\dfrac{10a}{a^2+b^2}=4. & ② \end{cases}$$

甲：a、b 是复数，我设 $a=x+y\mathrm{i}$，$b=u+v\mathrm{i}$.

师：别忙. 虽然 a 是复数，没有必要一开始就设 $a=x+y_{\mathrm{i}}$ 或者 $a=r(\cos\alpha+\mathrm{i}\sin\alpha)$，可以直接去求 a. 除非特别需要，才设 $a=x+y\mathrm{i}$ 等等.

乙：如果去分母，变成三次方程组，也很麻烦啊！

师：那就先消去 a^2+b^2，看看如何.

甲：①$\times b$+②$\times a$，得

$$2ab+10=5b+4a, \quad ③$$

a^2+b^2 消去了，接下去怎么办？

师：移项，化成

$$2ab-4a-5b+10=0. \quad ④$$

甲：然后呢？

乙：④的左边可以分解啊，分解成

$$(2a-5)(b-2)=0, \quad ⑤$$

所以

$$a=\frac{5}{2}，或 b=2.$$

将 $a=\frac{5}{2}$ 代入①，解出 $b=2\pm\frac{3}{2}\mathrm{i}$.

将 $b=2$ 代入①，解出 $a=1$，或 $a=4$.

所以本题的解为

$$\begin{cases}a=1,\\ b=2;\end{cases} \quad \begin{cases}a=4,\\ b=2;\end{cases} \quad \begin{cases}a=\frac{5}{2},\\ b=2\pm\frac{3}{2}\mathrm{i}.\end{cases}$$

师：可见本题虽有复数，却不复杂.

乙：如果①$\times a$−②$\times b$，得

$$a^2-b^2=5a-4b, \quad ⑤$$

没有什么效果.

师：⑤不好，破坏了 a、b 的对称性. 不如①$\times a$+②$\times b$，得

$$a^2+b^2+10=5a+4b, \quad ⑥$$

然后将 a^2+b^2 换为 $5a+4b-10$，代入①、②，降低①、②中的次数，可以做下去.

甲:但不如我那样做简单.

师:是的,你的解法简单.

评注 如果设 $a=x+y\mathrm{i}$,$b=u+v\mathrm{i}$,那么字母增多了,更难掌控,实在是走错了路,不可坚持,及早回头为上.

54 取数

问题 从前 $3n(n>1)$ 个正整数中,任取 $n+2$ 个,证明其中必有两个数,它们的差(大数减小数)大于 n,且小于 $2n$.

师:$n+2$ 个能不能减少为 $n+1$ 个?

甲:不能.例如 $1,2,\cdots,n$ 与 $3n$ 这 $n+1$ 个数,其中任两个数的差或小于 n,或$\geqslant 2n$.

但如果再取一个数 $n+1$,那么 $3n$ 与 $n+1$ 的差大于 n 且小于 $2n$(因为 $n>1$,所以 $3n-(n+1)=2n-1>n$).

乙:但要证明任取 $n+2$ 个数,都有两个数的差大于 n 且小于 $2n$,不能靠举例子.

甲:当然,当然.对一般情况,要在 $n+2$ 个数中找出两个差大于 n 且小于 $2n$,我可先找两个数,差大于 n.

设选出的 $n+2$ 个数为(m 是其中最小的)

$$m<a_n<a_{n-1}<\cdots<a_1<a_0\ (m=a_{n+1}),$$

那么

$$a_0\geqslant m+n+1>m+n,$$

所以

$$a_0-m>n.$$

如果 $a_0-m<2n$,那么结论已经成立.所以只需要考虑

$$a_0-m\geqslant 2n$$

的情况.

师:在诸多条件中,先保证满足一个条件,这种想法很好.接下去应当进行

调整,比如说将 a_0 换为较小的数,使差减少.

乙:差 $a_0-m>a_1-m>\cdots>a_n-m$. 因为

$$a_n-m\leqslant a_0-n-m\leqslant 3n-n-m=2n-m<2n,$$

所以必有一个 $a_k(0\leqslant k\leqslant n-1)$,满足

$$a_k-m\geqslant 2n, \quad ①$$

并且

$$a_{k+1}-m<2n. \quad ②$$

甲:如果 $a_{k+1}-m>n$,那么结论成立. 可是,也可能

$$a_{k+1}-m\leqslant n. \quad ③$$

这有点像《爱丽丝漫游奇境记》那样,一会儿太小,一会儿又变得太大.

师:是的. 解题中常会遇到这样的情况. 现在差 $a_{k+1}-m$ 已经小于 $2n$,却不大于 n. 仍需继续努力.

乙:如果①、③都是等号,那么 $m+n$, $m+2n$ 都是所取的数(即 a_{k+1}, a_k),而且它们之间没有所取的数.

因为 $n>1$,所以 $n+2>3$. 除去 m, $m+n$, $m+2n$,还至少要取一个数 a,如果 a 在 m、$m+n$ 之间,那么 $m+2n$ 与 a 的差大于 n、小于 $2n$. 如果 a 大于 $m+2n$,那么 a 与 $m+n$ 的差大于 n,而小于 $2n$($a-(m+n)\leqslant 3n-(m+n)=2n-m<2n$). 所以 a, m, $m+n$, $m+2n$ 中有两个数满足要求.

师:①、③不都是等号呢?

甲:这时①、③相减,得

$$a_k-a_{k+1}>n. \quad ④$$

如果 $a_k-a_{k+1}<2n$,那么 a_k、a_{k+1} 满足要求.

乙:如果

$$a_k-a_{k+1}\geqslant 2n, \quad ⑤$$

那么在 a_{k+1} 与 a_k 之间至少有 $2n-1$ 个整数(不包括 a_{k+1} 与 a_k),这些数都没有取. 取的数的个数

$$\leqslant 3n-(2n-1)=n+1,$$

与已知不符. 所以⑤不会发生.

师:情况虽多,耐心地做,如同剥茧抽丝,总能全部解决.

评注 如果 $a_0-m\geqslant 2n$,上面的解法是将 a_0 换为较小的数,使差减小;同

样也可以将 m 换为较大的数，使得差减小. 这种“同理”或“同样可得”，本身是一个很好的练习，请试一试. 我们将解法写在下面，请先不要看，如果做好再对一对（不必完全相同）.

因为 $a_0-a_1=(a_0-m)-(a_1-m)<3n-n=2n$，所以必有 $k(1\leqslant k\leqslant n)$，同时满足

$$a_0-a_{k+1}\geqslant 2n, \tag{6}$$

$$a_0-a_k<2n. \tag{7}$$

如果 $a_0-a_k>n$，那么 a_0、a_k 满足要求.

设 $a_0-a_k\leqslant n$，则由⑥，得

$$a_k-a_{k+1}\geqslant n. \tag{8}$$

在⑧中等号成立时，$a_k=a_{k+1}+n$，$a_0=a_k+n$. 若 $m<a_{k+1}$，则

$$a_k-m>a_k-a_{k+1}=n,$$

并且

$$a_k-m<a_k=a_0-n\leqslant 3n-n=2n.$$

若 $m=a_{k+1}$，则 $a_1\neq a_k$，

$$a_1-a_{k+1}>a_k-a_{k+1}=n,$$

并且

$$a_1-a_{k+1}<a_0-a_{k+1}=2n.$$

在⑧中等号不成立时，因为在前 $3n$ 个自然数中取了 $n+2$ 个，所以

$$a_k-a_{k+1}\leqslant 3n-(n+2)+1=2n-1<2n.$$

从而 a_k、a_{k+1} 即为所求.

55 多项式

问题 对正整数 n，求一个有理系数的多项式 $P(x)$，使得

$$P(\sqrt[n]{2})=\frac{1}{1+\sqrt[n]{2}}. \tag{1}$$

甲：①就是

$$(1+\sqrt[n]{2})P(\sqrt[n]{2})=1, \tag{②}$$

所以方程

$$(1+x)P(x)=1$$

有一个根为$\sqrt[n]{2}$. 我们知道

$$x^n-1=1 \tag{③}$$

有一个根为$\sqrt[n]{2}$,所以可取

$$P(x)=\frac{x^n-1}{1+x}. \tag{④}$$

师:能保证$\frac{x^n-1}{1+x}$是多项式吗?

乙:如果 n 是偶数,那么

$$(x+1)(x^{n-1}-x^{n-2}+x^{n-3}-\cdots+x-1)=x^n-1.$$

所以这时取

$$P(x)=x^{n-1}-x^{n-2}+\cdots+x-1,$$

则

$$(\sqrt[n]{2}+1)P(\sqrt[n]{2})=(\sqrt[n]{2})^n-1=1,$$

即①成立.

甲:如果 n 是奇数,那么 $x^{2n}-1$ 被 x^2-1 整除,更被 $x+1$ 整除,令

$$P(x)=\frac{x^{2n}-1}{3(x+1)}, \tag{⑤}$$

则

$$(1+\sqrt[n]{2})P(\sqrt[n]{2})=\frac{1}{3}[(\sqrt[n]{2})^{2n}-1]=1.$$

即①式成立.

乙:能否不必分 n 为奇、偶,统一处理?

师:当然可以,这就是甲最后的解法,不论 n 为奇为偶,全都适用.

评注 得出的④满足①,却不一定是多项式. 也就是说它只满足两个要求中的一个,但不要紧,我们可以"调整". 将 n 改为 $2n$,则 $P(x)=\frac{x^{2n}-1}{x+1}$是多项式,但又不满足①. 再作调整,即增加一个系数$\frac{1}{3}$,则两个要求同时满足.

因此，如前面已经说过那样，在需要同时满足几个要求时，可以暂时先放弃一些要求，然后再进行调整.

调整，也是解题中常用的方法.

56 中位数

问题 实数 $x_1, x_2, \cdots, x_{101}$ 满足

$$x_1+x_2+\cdots+x_{101}=0, \quad ①$$

它们的中位数为 m. 求满足

$$\sum_{i=1}^{101} x_i^2 \geqslant cm^2 \quad ②$$

的最大实数 c.

甲：中位数就是"位置在中间的数". 设

$$x_1 \geqslant x_2 \geqslant \cdots \geqslant x_{101},$$

则 $m=x_{51}$.

乙：不妨设 $m \geqslant 0$，否则将所有 x_i 变号，并将 $-x_{102-i}$ 记为 x_i.

甲：显然

$$\sum_{i=1}^{51} x_i^2 \geqslant 51m^2, \quad ③$$

当然③中的和只是前 51 个 x_i^2 的和，②中的和更大，它是 101 个 x_i^2 的和. 因此 $c \geqslant 51$.

这后 50 个平方的和如何估计？

乙：我想利用柯西(Cauchy)不等式

$$\sum_{i=52}^{101} x_i^2 \geqslant \frac{1}{50}\left(\sum_{i=52}^{101} x_i\right)^2. \quad ④$$

因此，先要估计 $\sum_{i=52}^{101} x_i$.

师：很好. 设后 50 个 x_i 的平均值为 v，即

$$v=\frac{1}{50}\sum_{i=52}^{101} x_i, \quad ⑤$$

找一找 v 与 m 的关系.

甲:由①,得

$$51m+50v\leqslant(x_1+x_2+\cdots+x_{51})+(x_{52}+x_{53}+\cdots+x_{101})=0, \quad ⑥$$

所以 $v\leqslant0$,并且

$$-50v\geqslant51m. \quad ⑦$$

由④、⑦,得

$$\sum_{i=52}^{101}x_i^2\geqslant\frac{1}{50}(50v)^2\geqslant\frac{1}{50}(51m)^2=\frac{51^2}{50}m^2, \quad ⑧$$

$$\sum_{i=1}^{101}x_i^2\geqslant51m^2+\frac{51^2}{50}m^2=\frac{5151}{50}m^2. \quad ⑨$$

乙:取 $x_1=x_2=\cdots=x_{51}=m$,$x_{52}=x_{53}=\cdots=x_{101}=-\frac{51}{50}m$,则⑨中等号成立. 所以 c 的最大值为$\frac{5151}{50}$.

评注 “不妨设 $m\geqslant0$”,“设后 50 个 x_i 的平均值为 v”(引进适当记号或字母). 这些地方看似“轻描淡写”非常简单,却不可忽略.

57 一座雄关

问题 从(−400,−400)到(400,400)的、沿着与坐标轴平行的直线 $y=$整数或 $x=$整数,向右或向上的路径中,不经过正方形区域

$$I=\{(x,y)\mid|x|\leqslant10,|y|\leqslant10\}$$

的占几分之几?

师:本题需要先知道一个较为简单的问题:

从点(0,0)到点 (a,b)($a\geqslant0$,$b\geqslant0$,且 a、b 为整数)的右上路径有多少条?

这里的右上路径,指沿着与坐标轴平行的直线 $y=$整数或 $x=$整数,向右或向上的路径.

甲:这个问题我会解,答案是 C_{a+b}^a. 解法如下:

每条右上路径由 $a+b$ 段组成,每段长为 1,其中 a 段是横的(向右),b 段是

竖的(向上). 因此每条右上路径就是一个由 a 个横(段)与 b 个竖(段)组成的序列. 例如图 1 是

横横竖横竖竖竖横竖

$(a=4, b=5)$. 图 2 是

竖横横横竖竖横竖竖

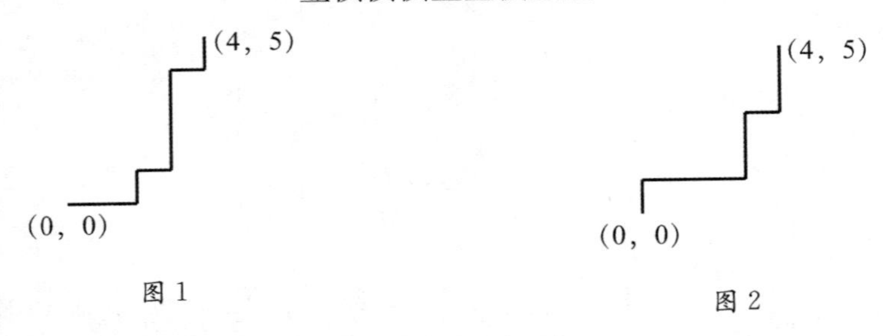

图 1　　　　图 2

所以,从 $(0,0)$ 到 (a,b) 的右上路径有 C_{a+b}^{b} 条.

从 $(-400,-400)$ 到 $(400,400)$ 的右上路径的条数是

$$C_{400-(-400)+400-(-400)}^{400-(-400)}=C_{1600}^{800}.$$

乙:设经过正方形区域 I 的右上路径有 x 种,则不经过 I 的占

$$1-\frac{x}{C_{1600}^{800}}.$$

甲:关键是怎样求 x.

师:考虑下图(如图 3).

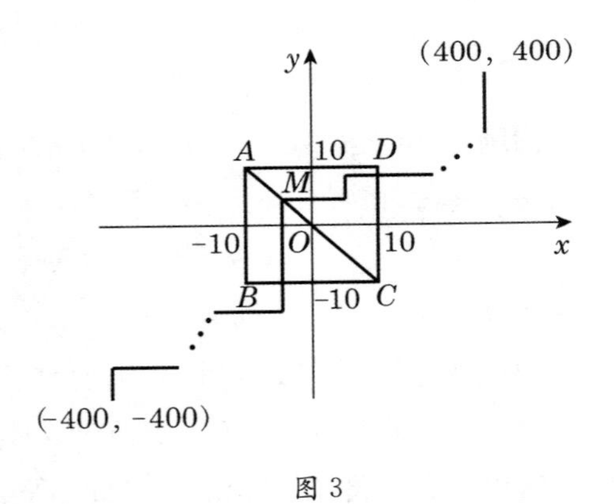

图 3

在正方形 I 中,连接对角线 AC (点 $A(-10,10)$, $C(10,-10)$). 每一条经过 I 的右上路径必须与 AC 相遇于一点,才能继续右上. 相遇后,路径向右或向上,与 AC 不再相遇. 所以每条经过 I 的右上路径恰经过 AC 上一个点.

甲:设这点为 $M(-n,-n)$ $(-10\leqslant n\leqslant 10)$,则由 $(-400,-400)$ 到 M 的右上路径有

$$C_{n-(-400)+(-n)-(-400)}^{n-(-400)}=C_{800}^{n+400}=C_{800}^{400-n}.$$

同样,由 M 到 $(400,400)$ 的右上路径也有 C_{800}^{400-n} 种.

因此，

$$x=\sum_{n=-10}^{10}(\mathrm{C}_{800}^{400-n})^2,$$

不经过 I 的右上路径占

$$1-\frac{\sum\limits_{n=-10}^{10}(\mathrm{C}_{800}^{400-n})^2}{\mathrm{C}_{1600}^{800}}.$$

乙：对角线 AC 就像一道雄关.

师：好像“两京锁钥无双地，万里长城第一关”的山海关.

评注 基础务必打好. 一道困难的题不能解决，多半是由于一道较为容易的题没有做好. 反过来，如果这些预备工作(例如本题从$(0,0)$到(a,b)的右上路径的条数是 C_{a+b}^{a})都做好了，那么难题的难度也就大大下降.

很多难题，都是由一些并不很困难的题组成的.

58 复数又来了

问题 确定所有的复数 α，使得对任意复数 z_1、z_2($|z_1|<1$, $|z_2|<1$, $z_1\neq z_2$)，均有

$$(z_1+\alpha)^2+\alpha\overline{z_1}\neq(z_2+\alpha)^2+\alpha\overline{z_2}. \quad ①$$

甲：虽说是任意复数 z_1、z_2，实际上却有$|z_1|<1$, $|z_2|<1$ 及 $z_1\neq z_2$ 的限制.

乙：我想先看看例外的情况，即什么时候①的两边相等，我们有

$$\begin{aligned}&(z_1+\alpha)^2+\alpha\overline{z_1}-(z_2+\alpha)^2-\alpha\overline{z_2}\\=&(z_1-z_2)(z_1+z_2+2\alpha)+\alpha(\overline{z_1}-\overline{z_2})\\=&(z_1-z_2)(z_1+z_2+2\alpha)+\alpha\overline{z_1-z_2}. \quad ②\end{aligned}$$

如果 z_1-z_2 是虚数 $b\mathrm{i}$(b 为正实数)，那么$\overline{z_1-z_2}=-(z_1-z_2)$，②式即

$$(z_1-z_2)(z_1+z_2+\alpha).$$

因为 $z_1 \neq z_2$，所以上式为 0 必须

$$z_1+z_2+\alpha=0, \tag{③}$$

于是，由

$$z_1=-\frac{\alpha}{2}+\frac{b}{2}\mathrm{i}, z_2=-\frac{\alpha}{2}-\frac{b}{2}\mathrm{i}. \tag{④}$$

给出的 z_1、z_2 使①的两边相等.

甲：对④给出的数，我们有

$$|z_1| \leqslant \frac{|\alpha|}{2}+\frac{b}{2}.$$

所以在

$$|\alpha|<2, b<2-|\alpha| \tag{⑤}$$

时，$|z_1|<1$. 这时也有 $|z_2|<1$.

师：上面已得出 $|\alpha|<2$ 时，可以找到一组 z_1、z_2（由④给出，其中正实数 b 满足⑤），使得①不成立（两边相等）. 所以

$$|\alpha| \geqslant 2 \tag{⑥}$$

是对任意满足 $|z_1|<1$，$|z_2|<1$，$z_1 \neq z_2$ 的复数 z_1、z_2，均有①成立的必要条件.

⑥是否也是充分条件？

甲：应当也是吧.

乙：由②，在 $|\alpha| \geqslant 2$，$|z_1|<1$，$|z_2|<1$，$z_1 \neq z_2$ 时，

$$\begin{aligned}
& |(z_1+\alpha)^2+\alpha\overline{z_1}-(z_2+\alpha)^2+\alpha\overline{z_2}| \\
=& |(z_1-z_2)(z_1+z_2+2\alpha)+\alpha\overline{z_1-z_2}| \\
\geqslant & |(z_1+z_2)(z_1+z_2+2\alpha)|-|\alpha\overline{z_1-z_2}| \\
=& |z_1-z_2|(|z_1+z_2+2\alpha|-|\alpha|) \\
\geqslant & |z_1-z_2|(2|\alpha|-|z_1|-|z_2|-|\alpha|) \\
=& |z_1-z_2|(|\alpha|-|z_1|-|z_2|) \\
>& |z_1-z_2|(2-1-1)=0.
\end{aligned}$$

所以 $|\alpha| \geqslant 2$ 也是充分条件.

本题的答案就是 $|\alpha| \geqslant 2$.

评注 复数的模有以下性质：

(1) $|z_1|+|z_2|\geqslant|z_1-z_2|\geqslant|z_1|-|z_2|$;

(2) $|\overline{z}|=|z|\geqslant z$ 的实部.

命题"对任意复数 z_1、z_2 均有$(z_1+\alpha)^2+\alpha\overline{z_1}\neq(z_2+\alpha)^2+\alpha\overline{z_2}$"的否命题是"存在某些复数 z_1、z_2,使得$(z_1+\alpha)^2+\alpha z_1=(z_2+\alpha)^2+\alpha\overline{z_2}$",即不等改为相等,全称的"任意"改为特称的"某些". 当然,反过来,如有特称也相应地改为全称.

59 子集族个数

问题 集合$\{1,2,\cdots,2016\}$的非空的子集族具有性质:

(1) 如果子集 M 有子集在这族中,那么 M 也在这个族中.

(2) 如果子集 M、N 在这族中,那么 $M\cap N$ 也在这个族中.

这样的子集族有多少个?

甲:由(2),如果子集 M、N 都在这个集族中,那么 $M\cap N$ 也在这个集族中. 继续作 $M\cap N$ 与族中其他子集的交,仍在这个族中,所以这个子集族 $\mathscr{A}$ 中应当有子集 $\bigcap\limits_{M\in\mathscr{A}}M$.

记这个子集为 A. 由(1),一切含 A 的子集都在 $\mathscr{A}$ 中. 因而 $\mathscr{A}$ 就由一切含 A 的子集构成.

乙:所以 $\mathscr{A}$ 与 A 一一对应. 因为$\{1,2,\cdots,2016\}$有 2^{2016} 个子集,所以满足(1)、(2)的子集族也是 2^{2016} 个.

评注 解法有几点值得注意:

1. 用了极端性原理. 在每个符合要求的子集族 $\mathscr{A}$ 中,必有一个最小的元素,即 $\bigcap\limits_{M\in\mathscr{A}}M$,它是 $\mathscr{A}$ 中任一元素 M 的子集.

2. 用了对应原理,即每个子集族 $\mathscr{A}$ 与它的最小元 $\bigcap\limits_{M\in\mathscr{A}}M$ 一一对应. 有 $\mathscr{A}$,当然就有 $\bigcap\limits_{M\in\mathscr{A}}M$. 反过来,任给一子集 A,所有含 A 的子集组成的族 $\mathscr{A}$,满足 $\bigcap\limits_{M\in\mathscr{A}}M=A$.

3. $\{1,2,\cdots,2016\}$的全体子集所成集族 $\mathscr{A}$,满足 $\bigcap\limits_{M\in\mathscr{A}}M=\varnothing$.

60 集合个数

问题 设$S=\{1,2,\cdots,100\}$. 求最大的整数k,使得S有k个互不相同的非空子集,具有性质:对这k个子集中任意两个不同子集,若它们的交非空,则它们交集中的最小元素与这两个子集中的最大元素均不相同.

师:100可改为更一般的大于2的、自然数n,$S=\{1,2,\cdots,n\}$.

甲:S的含有1的子集有2^{n-1}个,其中不仅含1的有$2^{n-1}-1$个. 这$2^{n-1}-1$个子集中任两个的交集非空,并且交集中的最小元素是1,与这两个子集中的最大元素均不相同. 所以

$$k\geqslant 2^{n-1}-1. \quad ①$$

乙:另一方面,设有k个非空子集具有所说的性质.

如果其中有$\{1\}$,那么其他$k-1$个非空子集均不能含有1(否则它与$\{1\}$的交集为$\{1\}$,交集中最小元素即1,与$\{1\}$中最大元素相同). 不含1的非空子集共$2^{n-1}-1$个,因而$k-1\leqslant 2^{n-1}-1$. 但$\{2\}$与$\{2,3\}$不能同在这$k-1$个子集中,所以$k\leqslant 2^{n-1}-1$.

甲:如果其中没有$\{1\}$呢?

师:可将所说的那k个子集按最大元素分类.

乙:最大元素为2的集有$\{2\}$,$\{1,2\}$两个. 这两个不能同在上述k个子集中(否则它们的交集为$\{2\}$,交集中最小元素为2,与$\{2\}$,$\{1,2\}$的最大元素相同).

一般地,设最大元素为$a(2\leqslant a\leqslant n)$. 这样的子集为$\{a\}\cup P$,其中$P$是$M=\{1,2,\cdots,a-1\}$的子集. $\{a\}\cup(M-P)$也是最大元素为a的子集,但$\{a\}\cup P$与$\{a\}\cup(M-P)$不能同在上述那k个集中.

$M=\{1,2,\cdots,a-1\}$有2^{a-1}个子集,可以两两配对,P与$M-P$配成一对,从而$\{a\}\cup P$与$\{a\}\cup(M-P)$也两两配对,配成2^{a-2}对.

每一对$\{a\}\cup P$与$\{a\}\cup(M-P)$不能同在上述那k个集中,因此至多2^{a-2}个最大元素为a的集(每对至多1个)在上述那k个集中. 从而

$$k\leqslant 1+2+2^2+\cdots+2^{n-2}=2^{n-1}-1.$$

甲:因此k的最大值为$2^{n-1}-1$. $n=100$时,最大值为$2^{99}-1$.

师：本题有几点值得注意：

1. 将 100 推广为更一般的 n.

2. 分类的思想. 将子集按照最大元素分类，以便计算.

3. 配对的思想. 每一对至多选一个到所述的 k 个子集中.

未带地图的旅人

解题就像旅行.

“已知”就是出发点,目的地则是要证明的结论或者要求出的结果.

从出发点到目的点,可能有很多条路,但我们不知该走哪一条路.

想起作家萧乾的一本书《未带地图的旅人》.

我们没有地图.

怎么办?

首先,要仔细研究我们的目的地,它在哪里?应当朝着哪个方向前进?哪条路最有可能到达?哪条路能最快地到达?

我们应当像唐玄奘那样有决心:一定要到达西天,不达目的决不罢休.

我们应当有信心:别人能够到达,我们也一定能够到达.

我们应当有耐心:坚持下去,决不半途而废.

我们要寻路.

路在何方?

路在脚下,跟着感觉走.

根据自己的感觉,拟一个计划,试一试,看看好不好走.

目前的问题,是基础的问题,比较简单,不必想得过于复杂,甚至想入非非.在解题过程中,应当是“脚步越来越轻越来越快活”.如果越来越困难,那么多半已走错了路,不要坚持,及早回头为好,切忌顽固坚持一条道走到黑.

回头再认真看看题目.看看求证的结论(或要求的结果),想想自己如何偏离了目的地;看看已知条件,想想有哪些“装备”还没有利用.

学好数学的关键是对数学的感觉.解题也是如此.在解题中,要努力培养自己的感觉(题感),是接近了目标,还是越来越远?不要一味蛮拼.

冷静一下,再重新出发,说不定“众里寻他千百度,蓦然回首,那人却在灯火阑珊处”.

提高部分

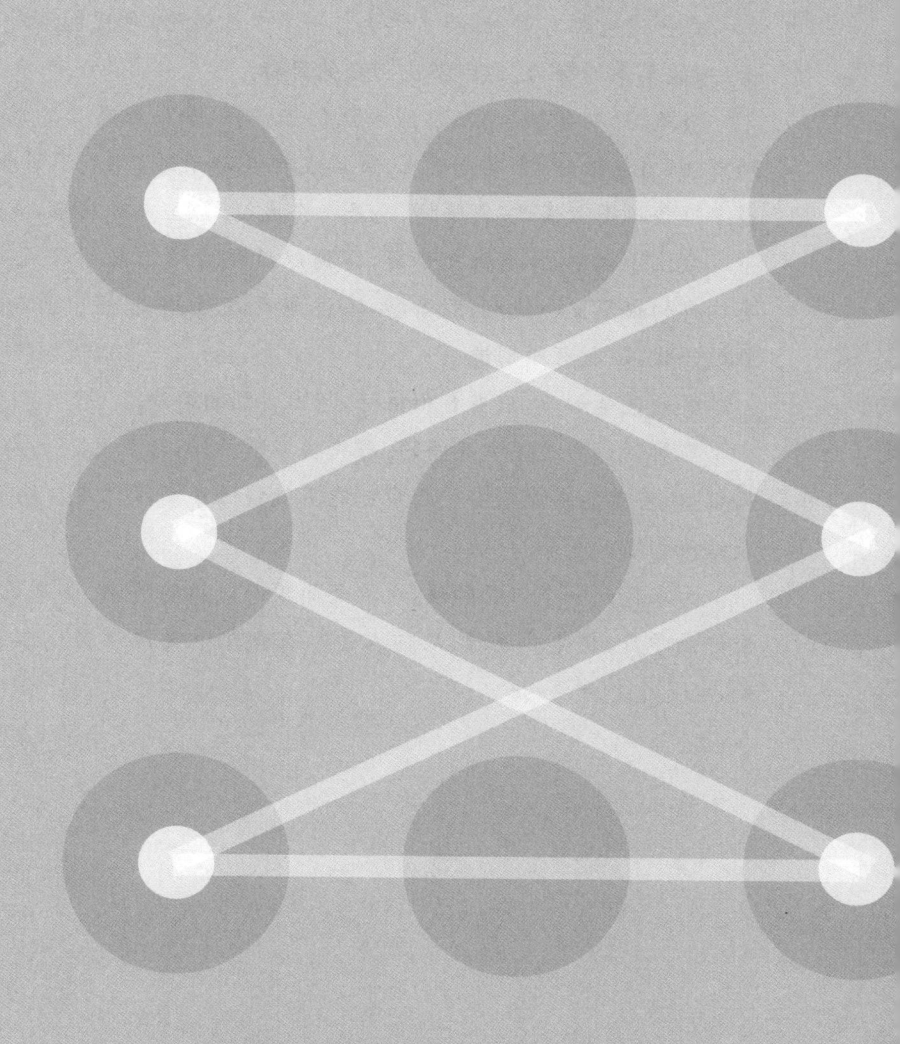

提高部分用到的知识较多，但大多属于高中课本范围. 虽有少数超过课本范围的，也可以边做题边学习，不必在短时间内恶补许多知识.

重要的并不是知识，而是解题的能力，特别是创造力. 而学习数学，尤其是学习竞赛数学，主要目的就在培养创造力.

能力的提高需要通过实践. 这一部分提供的问题，就是供读者实践的.

每一道题都有甲、乙两名学生与一名老师讨论. 希望您也加入其中，一同探索. 通过共同的努力，达到解决问题的目标.

当然，你的想法、思路可能和他们不一样，如果循着你的思想前进，得出新的解法，当然很好. 如果走下去，最后发现此路不通，到不了目标，那也很好. 知道了这条路走不通，不再坚持，也是一个成绩. 应当回过头来，重新开始.

武侠小说中，常有武功秘笈，得到以后照着修练就可以武功大进. 其实，哪有这样的秘笈！即使有，照着学，不过亦步亦趋，不能超出前人窠臼. 应当一代胜过一代，不断有所创造.

解题也是如此，应当自出机杼，想出自己的解法.

当然创造力是逐步提高的. 首先要不断总结，琢磨已有的解法，从细微处开始留心，看看能不能省去一两步？能不能换一个角度考虑？能不能将条件减弱或结论加强？等等.

力求找到一个好的解法，也就是简单而一般的解法. 如果已有好的解法，也应仔细学习，研究其思路，从何入手？有哪几个关键步骤？善于吸取别人的长处，也是十分重要的.

61 叶中豪的题

前面已经说过几何专家叶中豪经常造出一些新题. 有些陈题经过他的推广,不仅面目一新,证明也大不相同. 这里再举一个例子.

先看第一个问题.

问题 1 已知:圆 O 为 $\triangle ABC$ 的外接圆;I 为 $\triangle ABC$ 的内心,AI 又交外接圆于 M. $ID\perp BC$,D 为垂足. MD 又交外接圆于 K(如图 1).

求证:$\angle IKA=90^\circ$.

甲:我知道 M 是$\overset{\frown}{BC}$的中点,而且 $MB=MI$.

师:这些都不难证明,都很有用. 现在就可以直接引用.

乙:$\angle AKM\overset{m}{=}\frac{1}{2}(\overset{\frown}{AB}+\overset{\frown}{BM})\overset{m}{=}\angle C+\frac{1}{2}\angle BAC=90^\circ+\frac{1}{2}(\angle C-\angle B)$.

所以只需证

$$\angle MKI=\frac{1}{2}(\angle C-\angle B).$$

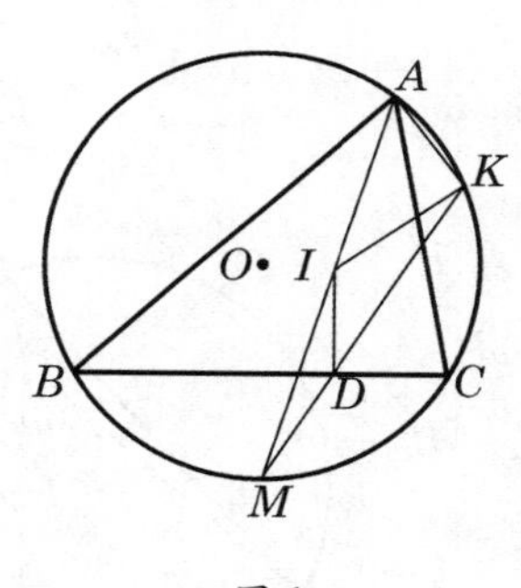

图 1

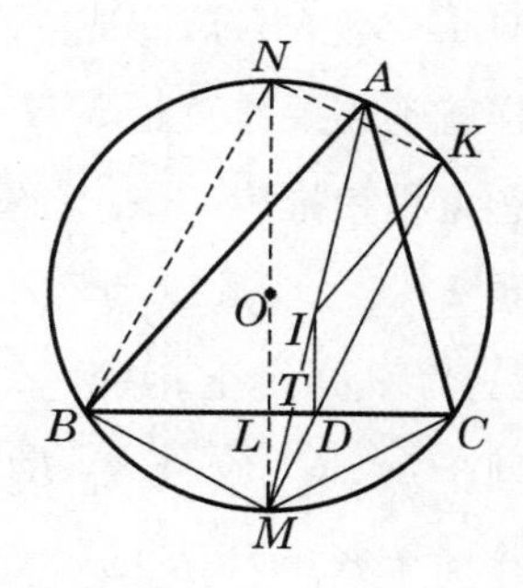

图 2

甲:作直径 MN,交 BC 于 L,如图 2,则

$$\angle MID=\angle NMA\overset{m}{=}\frac{1}{2}\overset{\frown}{AN}=\frac{1}{4}(\overset{\frown}{AB}-\overset{\frown}{AC})=\frac{1}{2}(\angle C-\angle B). \quad ②$$

因此只需证明

$$\angle MID=\angle MKI. \quad ③$$

乙:连接 BN、KN. $\angle MBN=90^\circ=\angle MLD=\angle MKN$,所以易知 $\triangle MBL\backsim\triangle MNB$,$\triangle MLD\backsim\triangle MKN$,

$$MI^2=MB^2=ML\cdot MN=MD\cdot MK, \quad ④$$

即

$$\frac{MI}{MK}=\frac{MD}{MI}, \quad ⑤$$

所以$\triangle MID \backsim \triangle MKI$. ③成立.

师：很好. 有些地方可略作变更.

设AM交BC于T，则

$$\angle MID=90^\circ-\angle ITD$$

$$\overset{m}{=}90^\circ-\frac{1}{2}\overset{\frown}{BM}-\frac{1}{2}\overset{\frown}{AC}$$

$$\overset{m}{=}90^\circ-\frac{1}{2}\angle A-\angle B$$

$$=\frac{1}{2}(\angle C-\angle B).$$

而M为$\overset{\frown}{BC}$中点，所以$\angle MCD=\angle MKC$，$\triangle MCD \backsim \triangle MKC$，

$$MC^2=MD\cdot MK.$$

从而$\triangle MID \backsim \triangle MKI$，③成立.

这样就不需要作直径MN了.

本题可稍稍推广一下.

问题 2 已知：圆O为$\triangle ABC$的外接圆，设点P、Q在角A的平分线上，并且$\angle ABP=\angle QBC$. AP又交外接圆于M，交BC于T. $PD\perp BC$，D为垂足. MD又交外接圆于K(如图 3).

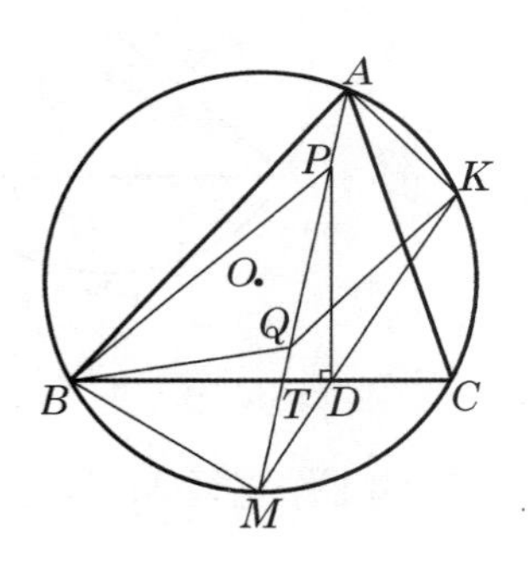

图 3

求证：$\angle QKA=90^\circ$.

甲：原来的一个点I，现在变成了两个点P、Q.

乙：我知道满足$\angle ABP=\angle QBC$，$\angle BAP=\angle QAC$的一对点P、Q称为等角共轭点，它们还满足$\angle BCQ=\angle PCA$.

甲：与证明$MB=MI$类似，我们有

$$\angle BPM=\angle BAP+\angle ABP=\angle PAC+\angle QBC=\angle QBM,$$

所以$\triangle MBP \backsim \triangle MQB$，

$$MB^2 = MQ \cdot MP. \qquad ⑥$$

同样，有$MB^2 = MD \cdot MK$（上页中的⑤）. 所以

$$MQ \cdot MP = MD \cdot MK. \qquad ⑦$$

$$\triangle MQK \backsim \triangle MDP,$$

$$\angle MKQ = \angle MPD = 90° - \angle ATD = \frac{1}{2}(\angle C - \angle B),$$

$$\angle AKQ = 90°.$$

师：叶中豪先生又将问题2进一步推广.

问题3 已知P、Q是$\triangle ABC$中一对等角共轭点. $PD \perp BC$，垂足为D. AP又交外接圆于M. $PD \perp BC$，MD又交外接圆于K（如图4）.

求证：$\angle QKA = 90°$.

甲：这才是真正的重头戏.

乙：前面的方法还能用吗？

师：应当能用. 当然，现在AP与AQ是两条线了，需要作较多的修改. 特别是要利用几组相似的三角形.

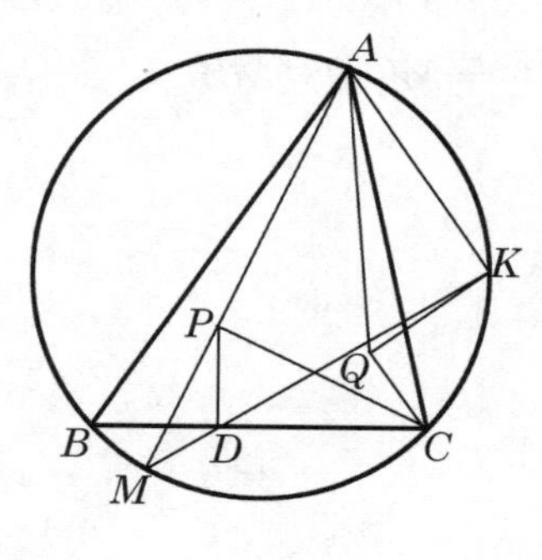

图4

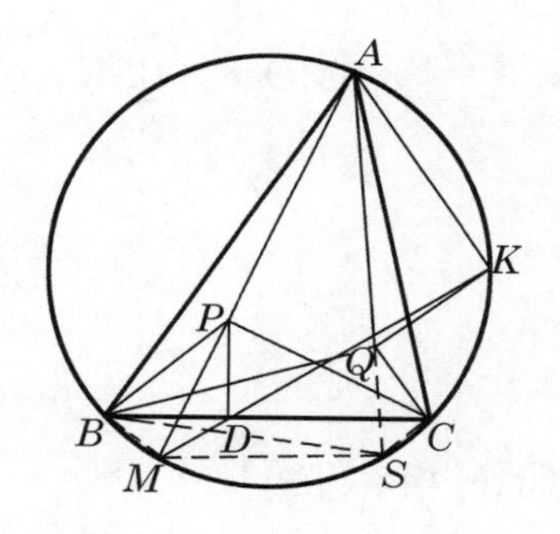

图5

设AQ又与外接圆相交于S（如图5），则因为$\angle BAP = \angle QAC$，所以

$$\overset{\frown}{BM} = \overset{\frown}{SC}.$$

四边形$BMSC$是等腰梯形，$MS /\!/ BC$.

甲：前面证明的$\triangle MQK \backsim \triangle MDP$，现在应变成

$$\triangle SQK \backsim \triangle MDP. \qquad ⑧$$

如果⑧成立，那么$\angle QKS = \angle DPM$，

从而

$$\angle AKQ=\angle AKS-\angle QKS=(180^\circ-\angle ABS)-\angle DPM$$
$$=180^\circ-\angle ABC-\angle CBS-(90^\circ-\angle PBD-\angle BPM)$$
$$=90^\circ-\angle ABC-\angle QAC+\angle PBD+\angle ABP+\angle BAP$$
$$=90^\circ.$$

于是只要证⑧. 这需要再找一些相似三角形.

乙:$\angle QSK=\angle DMP$,所以要证⑧,只需证(与⑦类似的)

$$\frac{MP}{MD}=\frac{SK}{SQ}. \tag{⑨}$$

因为$\angle BMP=\angle QSB$,

$\angle PBM=\angle PBC+\angle CBM=\angle ABQ+\angle PAC=\angle ABQ+\angle BAQ=\angle BQS$,

所以

$$\triangle BMP\backsim\triangle QSB,$$
$$\frac{MP}{MB}=\frac{SB}{SQ}. \tag{⑩}$$

甲:因为

$$\angle BMD=\angle BSK,\angle SKB\overset{m}{=}\frac{1}{2}\overset{\frown}{BS}=\frac{1}{2}\overset{\frown}{MC}\overset{m}{=}\angle MBD,$$

所以

$$\triangle BMD\backsim\triangle BSK,$$
$$\frac{MB}{MD}=\frac{SK}{SB}. \tag{⑪}$$

⑩、⑪相乘得⑨.

乙:我有另一种证法,采用三角.

设$QE\perp AC$、$QF\perp AB$,E、F为垂足(如图6),则

$$\frac{BF}{CE}=\frac{QF\cot\angle QBF}{QE\cot\angle QCE}=\frac{AQ\sin\angle BAQ\cot\angle QBF}{AQ\sin\angle QAC\cot\angle QCE}$$
$$=\frac{\sin\angle CAP\cot\angle PBC}{\sin\angle BAP\cot\angle PCB}=\frac{\sin\angle CAP\cdot BD\div PD}{\sin\angle BAP\cdot CD\div PD}$$
$$=\frac{\sin\angle CKM\cdot BD}{\sin\angle BKM\cdot CD}=\frac{KB}{KC}.$$

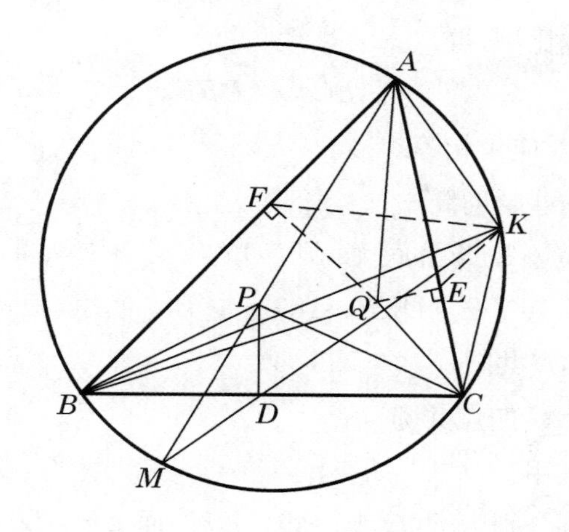

图 6

又$\angle FBK=\angle ECK$，所以$\triangle FBK\backsim\triangle ECK$，$\angle BFK=\angle CEK$，从而

$$\angle AFK=\angle AEK,$$

A、F、E、K 四点共圆. 这个圆当然就是以 AQ 为直径的. 过 A、F、E 的圆. 所以 $\angle AKQ=90°$.

师：这也是一个很好的证明.

评注 将原有的问题推广，产生出新的问题，这是创造性的一种体现.

问题推广后，原来的解法有的还要继续使用，有的需要适当修改. 也可能原来办法完全不行，需要寻找新的、更有创造性的解法.

62 姜霁恒的题

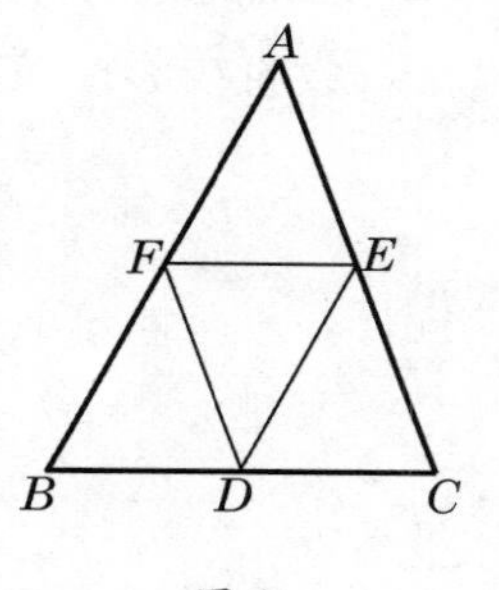

图 1

问题 如图 1，在$\triangle ABC$ 中，点 D、E、F 分别在边 BC、CA、AB 上，并且 $AB=2DE$，$BC=2EF$，$CA=2FD$. 试问是否一定有 $EF\parallel BC$？

这是辽宁沈阳东北育才学校实验班姜霁恒同学 2013 年（当时初二）提出的问题.

甲：由对应边成比例，得

$$\triangle ABC \backsim \triangle DEF, \quad ①$$

从而两个三角形的对应角相等.

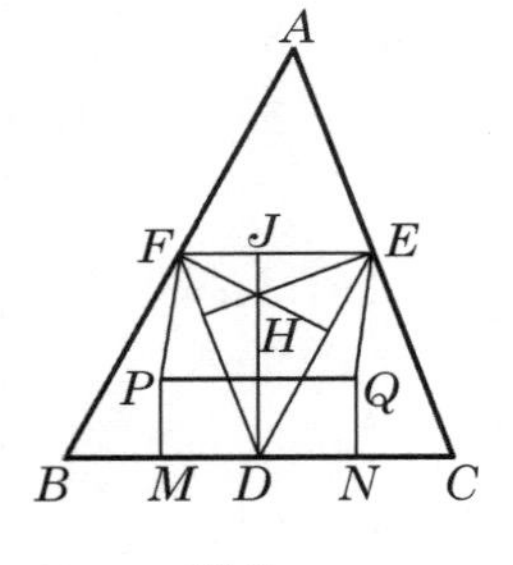

图 2

乙：我想要添一些辅助线.

如图 2，设 H 为$\triangle DEF$ 的垂心，则易知

$$\angle DHF=180^\circ-\angle DEF=180^\circ-\angle B.$$

所以 F、B、D、H 四点共圆.

同理，E、H、D、C 四点共圆.

甲：共圆有什么用？

乙：设两圆圆心分别为 P、Q，则 $PQ \perp DH$. 而 $EF \perp DH$，所以 $PQ /\!/ EF$.

$$\text{又} \angle PFE=\angle PFD+\angle DFE=90^\circ-\angle B+\angle C,$$

$$\angle FEQ=90^\circ-\angle C+\angle B,$$

所以

$$\angle PFE+\angle FEQ=180^\circ,$$

从而 $PF /\!/ QE$，四边形 $PFEQ$ 是平行四边形，$PQ=EF$.

设 M、N 分别为 BD、DC 中点，则 $PM \perp BD$，$QN \perp DC$，并且

$$MN=MD+DN=\frac{1}{2}BD+\frac{1}{2}DC=\frac{1}{2}BC=EF=PQ.$$

因为 MN 是 PQ 在 BC 上的射影，所以 $MN \leqslant PQ$，等号成立表明 $PQ /\!/ MN$.

从而 $EF /\!/ PQ /\!/ BC$.

甲：我想用面积证.

仍设 H 为$\triangle DEF$ 的垂心. 又记 BC、CA、AB 分别为 a、b、c，H 到 BC、CA、AB 的距离分别为 h_1、h_2、h_3. HD、HE、HF 分别为 h'_1、h'_2、h'_3.

设直线 DH 交 EF 于 J，则

$$S_{\triangle DHF}+S_{\triangle DEH}=\frac{1}{2}FJ \cdot DH+\frac{1}{2}JE \cdot DH=\frac{1}{2}EF \cdot DH=\frac{a}{4}h'_1.$$

同样，

$$S_{\triangle HEF}+S_{\triangle DHF}=\frac{c}{4}h'_3,$$

$$S_{\triangle DEH}+S_{\triangle HEF}=\frac{b}{4}h'_2.$$

三式相加,得

$$2S_{\triangle DEF}=\frac{1}{4}(ah'_1+bh'_2+ch'_3). \quad ②$$

又因为①,并且相似比为 2,所以

$$4S_{\triangle DEF}=S_{\triangle ABC}=\frac{1}{2}(h_1a+h_2b+h_3c). \quad ③$$

由②、③

$$ah'_1+bh'_2+ch'_3=ah_1+bh_2+ch_3. \quad ④$$

因为 $h_1\leqslant h'_1, h_2\leqslant h'_2, h_3\leqslant h'_3$,所以由④,得

$$h_1=h'_1, h_2=h'_2, h_3=h'_3,$$

并且 $HD\perp BC$. 从而 $EF/\!/BC$.

师:这道题的解法很多.

评注 一个初中学生,能想出这样的问题,很了不起.

本题的关键在取$\triangle DEF$ 的垂心 H,H 其实就是$\triangle ABC$ 的外心(当然在证明中不能利用这一点).

$\odot P$、$\odot Q$ 相交于D,过 D 作直线,分别又交两圆于 B、C,则 BC 的最大值是 $2\times PQ$,当且仅当 $BC/\!/PQ$ 时,BC 取最大值. 这一点不难证明,也可用于本题的解法之中.

63 外心的对称点

问题 $\triangle ABC$ 的外心为 O、垂心为 H. B 关于 AC 的对称点为 E,C 关于 AB 的对称点为 F. 求证:$\triangle HEF$ 的外心 K 与 O、A 共线,并且 $OA=AK$.

甲:先画图. 如图,作$\odot O$ 及它的内接三角形 ABC;作高相交于 H;延长高到高的两倍,得到 E、F. 这些都不难作. 但$\triangle HEF$ 的外心 K,作起来要费点事.

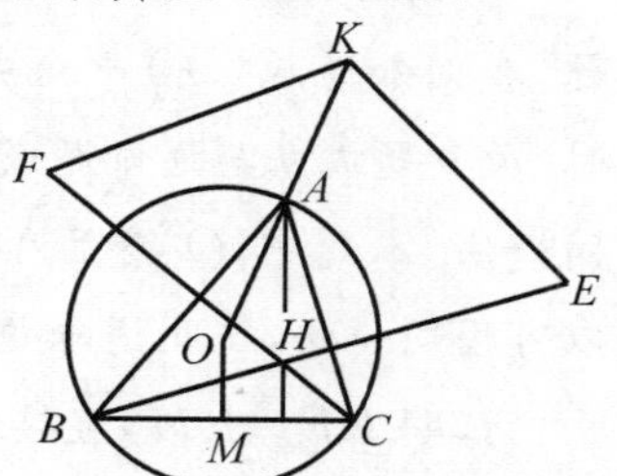

乙:作 O 关于 A 的对称点,它就是 K.

甲：你这是把结论当作已知了.

师：可将原来问题改为："设 O 关于 A 的对称点为 K，求证 K 是 $\triangle HEF$ 的外心". 这种改变常常能化难为易，有助于问题的解决.

乙：只需证 $KE=KH=KF$.

师：设 $\angle BAO=\beta$，$\angle OAC=\gamma$，$OA=1$，$AC=b$，$AB=c$，$AH=h$，BC 中点为 M，则熟知

$$\angle BOM=\frac{1}{2}\angle BOC=\angle BAC=\beta+\gamma.$$

$$h=2\times OM=2\cos(\beta+\gamma).$$

甲：这就成为一道计算题了. 熟知 $\angle OAH=\beta-\gamma$. 由余弦定理，

$$\begin{aligned}KH^2&=KA^2+AH^2+2\times KA\times AH\cos\angle OAH.\\&=1+h^2+2h\cos(\beta-\gamma)\\&=1+4\cos(\beta+\gamma)[\cos(\beta+\gamma)+\cos(\beta-\gamma)]\\&=1+8\cos(\beta+\gamma)\cos\beta\cos\gamma.\end{aligned}$$

$$\begin{aligned}KE^2&=KA^2+AE^2+2KA\times AE\cos\angle OAE\\&=1+c^2+2c\cos(\beta+2\gamma)\\&=1+(2\cos\gamma)^2+4\cos\gamma\cos(\beta+2\gamma)\\&=1+4\cos\gamma[\cos\gamma+\cos(\beta+2\gamma)]\\&=1+8\cos(\beta+\gamma)\cos\beta\cos\gamma.\end{aligned}$$

所以 $KE=KH$.

同理 $KF=KH$.

师：也就是 $\odot HEF$ 的半径平方 $KH^2=R^2+b^2+c^2-a^2$，其中 a、b、c 是 $\triangle ABC$ 的边长，R 为 $\odot ABC$ 的半径.

评注 解决问题的办法之一就是不断变更你的问题，直到它变得容易处理.

本题将结论当作已知，将已知（的一部分）改为结论，即改证原命题的逆命题. 我们知道原（逆）命题成立时，逆（原）命题不一定成立. 但在有某种唯一性时，原命题成立与逆命题成立是同一件事，可以改证逆命题成立. 这种方法便是同一法. 本题中，O 关于 A 的对称点是唯一的，$\triangle HEF$ 的外心也是唯一的. 所以可用同一法，证明逆命题. 通常逆命题比较容易证明时，常采用这种方法.

证明 $KE=KH$，直接计算，无需多费脑筋. 当然，也有很好的纯几何证明.

64 西摩松线

问题 如图1，P 在 $\triangle ABC$ 的外接圆上．过 P 作 BC、AB 的垂线，垂足分别为 D、F．过 P 作 DF 的垂线，过 A 作 BC 的平行线，相交于 H．Q 为 BC 中点．证明

$$AH=2QD. \quad ①$$

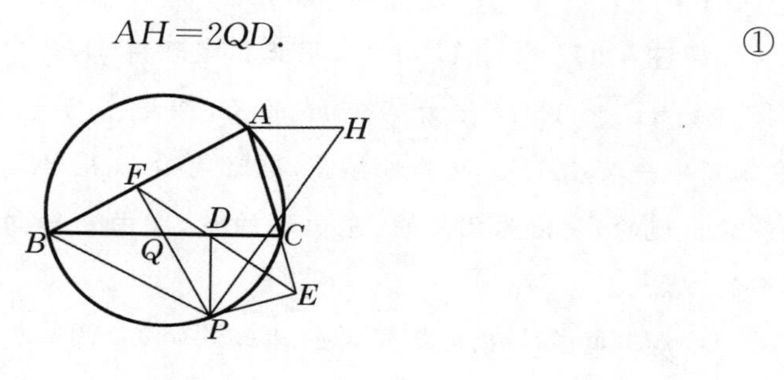

图1

甲：我知道 DE 是点 P 的西摩松线：如果过 P 作 AC 的垂线，垂足为 E（如图2），那么三个垂足 D、E、F 在一条直线上．

乙：由 $\angle PDB=\angle PFB=90°$，得 P、D、F、B 四点共圆，所以 $\angle PDE=\angle PBA$．

设 O 为 $\triangle ABC$ 的外心，则

$$\angle DPH=90°-\angle PDE=90°-\angle PBA=90°-\frac{1}{2}\angle POA=\angle OPA,$$

$$\angle APH=\angle DPH-\angle DPA=\angle OPA-\angle DPA=\angle OPD. \quad ②$$

因为 $PH\perp DE$，$PD\perp AH$，所以

$$\angle AHP=\angle PDE=\angle PBA. \quad ③$$

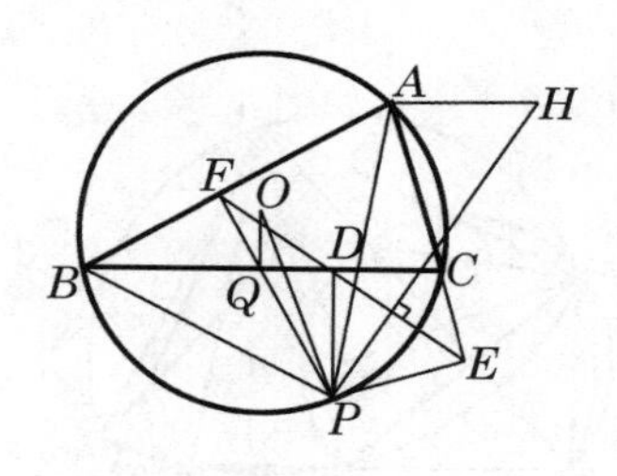

图2

甲:利用正弦定理,可得

$$AH=\frac{AP}{\sin\angle AHP}\cdot\sin\angle APH \tag{④}$$

$$=\frac{AP}{\sin\angle ABP}\cdot\sin\angle OPD$$

$$=2OP\sin\angle OPD \tag{⑤}$$

$$=2QD.$$

评注 AH 在$\triangle APH$ 中,用正弦定理得④,其中 AP 已是$\odot O$ 的弦,需要将$\angle APH$、$\angle AHP$ 化为不含 H 的角,即用②与③. 通常将未知的、后出现的(本题中先有$\triangle ABC$ 及其外接圆,这时圆心 O 及 BC 中点 D 也随之出现,H 是最后出现的)量化为已知的、先出现的量,即由未知向已知靠拢. 这是计算中常用的方法.

已知三角形的边、角是基本量. 未知量如都能用基本量表示,则问题基本解决.

65 对称性

问题 如图,已知三角形 ABC,Ω 是外接圆,O 是外心. 以 A 为圆心的一个圆 Γ 与线段 BC 交于两点 D 和 E,点 B、D、E、C 互不相同,并且按此顺序排列在直线 BC 上. F 和 G 是 Γ 和 Ω 的两个交点,并且点 A、F、B、C、G 按此顺序排列在 Ω 上. K 是三角形 BDF 的外接圆和线段 AB 的另一个交点. L 是三角形 CGE 的外接圆和线段 CA 的另一个交点. 直线 FK 和 GL 不相同,且相交于点 X. 证明:X 在直线 AO 上.

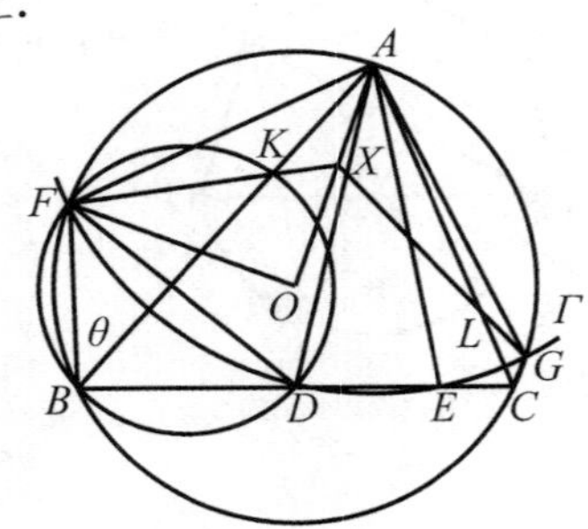

甲：可以改设 FK 交 OA 于 X，计算 OX. 然后设 GL 交 OA 于 X'，计算 OX'. 得出 $OX=OX'$.

师：一个可行的计划. 不过，由于弦 $AF=AG$，所以 O 到 AF、AG 的距离（弦心距）相等，AO 平分 $\angle FAG$.

线段 AF、AG 关于直线 AO 对称，所以本题只需证明

$$\angle AFK=\angle AGL \quad ①$$

即可.

乙：$\angle ABF=\theta \overset{m}{=} \frac{1}{2}\overset{\frown}{AF}=\frac{1}{2}\overset{\frown}{AG}=\angle ACG$.

$$\begin{aligned}\angle AFK &=\angle AFD-\angle KFD=\frac{180^\circ-\angle FAD}{2}-\angle ABC\\ &=90^\circ-\angle ABC-\frac{1}{2}(\angle FAB+\angle BAD)\\ &=90^\circ-\angle ABC-\frac{1}{2}(\angle ACB-\theta+\angle ADC-\angle ABC)\\ &=90^\circ-\frac{1}{2}(\angle ABC+\angle ACB)+\frac{1}{2}\theta-\frac{1}{2}\angle ADC. \quad ②\end{aligned}$$

甲：同样，

$$\angle AGL=90^\circ-\frac{1}{2}(\angle ABC+\angle ACB)+\frac{1}{2}\theta-\frac{1}{2}\angle AEC. \quad ③$$

显然 $\angle ADC=\angle AEC$，所以

$$\angle AFK=\angle AGL.$$

FK 与 GL 的交点 X 在对称轴 AO 上.

师：角关于它的角平分线对称. 利用这种对称性，常常有事半功倍的效果.

评注 解题时最好先拟一个计划. 当然可能有多个想到的计划（如本题的计算 OX 与 OX'，证明 $\angle AFK=\angle AGL$ 等方案），应加以比较，选择一个最为简便的可行计划. 当然，在计划执行中，也会遇到困难，需要适当修正方案，甚或完全推倒重来.

本题的字母 $K(G)$ 出现得最晚，所以在上面乙的推导中，努力将它去掉，得出不含 K 的式子（见②）. 同样，甲得到不含 G 的式子（③右边）. 从而产生①.

66 有与没有

问题 我们称平面上一个有限点集 S 是平衡的，如果对 S 中任意两个不同的点 A、B，都存在 S 中一点 C，满足 $AC=BC$. 我们称 S 是无中心的，如果对 S 中任意三个不同的点 A、B、C，都不存在 S 中一点 P，满足 $PA=PB=PC$.

(1) 证明：对每个整数 $n\geqslant 3$，均存在一个由 n 个点构成的平衡点集.

(2) 确定所有的整数 $n\geqslant 3$，使得存在一个由 n 个点构成的平衡且无中心的点集.

甲：(1)不难. 正三角形 ABC 的三个顶点组成的点集显然是平衡的.

让这个三角形绕点 A 转动，得到$\triangle AB_1C_1$、$\triangle AB_2C_2$、…、$\triangle AB_kC_k$，不难使这些点 B、C、B_1、C_1、…、B_k、C_k 互不相同（例如转过的度数为 $60a$，这里 a 是无理数），$\{A,B,C,B_1,C_1,\cdots,B_k,C_k\}$就是一个平衡点集，元数为 $2k+3(k=0,1,\cdots)$.

让$\triangle ABC$ 绕点 A 转动，成为$\triangle ACD$，则 D 与上述 $2k+3$ 个点组成元数为 $2k+4(k=0,1,\cdots)$的平衡点集.

乙：但你这方法不适用于(2). 因为你的例子中，A 到其他点的距离均相等. A 可以称为中心，而(2)要求无中心.

甲：我改用正 $2n+1$ 边形 $A_1A_2\cdots A_{2n+1}$ 的 $2n+1$ 个顶点. 对任一对顶点 A_i、A_j，在直线 A_iA_j 的两侧共有 $2n-1$ 个顶点，必有一侧是奇数个顶点，这奇数个点关于 A_iA_j 的中垂线对称，在中垂线上的那点（自身对称）到 A_i、A_j 的距离相等. 所以这 $2n+1$ 个点组成平衡点集.

另一方面，到其中三点距离相等的点，一定是这正 $2n+1$ 边形的中心，但中心却不在这 $2n+1$ 个顶点内. 所以点集无中心.

因此，对所有奇数 $n\geqslant 3$，都存在 n 个点构成的平衡而无中心的点集.

师：n 为偶数呢？

甲：不容易构造. 是不是不存在偶数个点构成的平衡而无中心的点集？

师：如果构造困难，那么就应当考虑是否所构造的对象根本不存在. 反过来，如果难以证明所说的对象不存在，那么就应当考虑这种对象是存在的，而且可以构造出来.

某一年选拔国家队，有一道题问具有某种性质的函数是否存在. 余嘉联同学(后来在IMO中获金牌)先努力证明这个函数不存在,花了很多时间,没有结果.离交卷只剩1刻钟时,他忽然想或许这函数存在,于是很快就构造出来了.

甲:在$n\geqslant 4$是偶数时,没有n个点构成的平衡且无中心的点集?

师:你试试看,能否证明.

甲:当然用反证法.设n是偶数$\geqslant 4$,S是n个点的集,平衡且无中心.

师:利用"平衡"与"无中心"的定义.

甲:对S中任意两点A、B,都有S中的点P,满足

$$PA=PB.$$

要证明有一个这样的P是中心,即对A、B及另一个S中的点C,有

$$PA=PB=PC.$$

乙:可以通过计数来证.n个点形成C_n^2个点对.反过来,S中的n个点,每个平均充当到

$$C_n^2\div n=\frac{n-1}{2}$$

个点对距离相等的角色.

甲:因为n是偶数,$\frac{n-1}{2}$不是整数,必有一点P到

$$\left\lceil\frac{n-1}{2}\right\rceil=\frac{n}{2}$$

个点对距离相等(这里$\lceil x\rceil$为天花板函数,即$\lceil x\rceil$是不小于x的最小整数).

这$\frac{n}{2}$个点对中必有2个点对有公共元素$\left(\text{去掉 }P\text{ 的 }n-1\text{ 个点,至多组成 }\frac{n-2}{2}\text{ 个无公共元素的点对}\right)$.不妨设公共元素为$A$,这两个点对是$(A,B)$、$(A,C)$,则

$$PA=PB=PC,$$

即P为中心.矛盾.

矛盾表明$n\geqslant 4$为偶数时,没有n个点构成的平衡而无中心的点集.

师:证明某种对象不存在往往用反证法.证明某种对象存在,可用构造法或者抽屉原理等方法.

评注 本题利用计数的方法产生矛盾.

67 三分之一

问题 $\triangle ABC$ 的面积为 1. X 为 $\triangle ABC$ 中一点. 证明:总可以过 X 作三条线段 DG、EH、IF, D、E 在 BC 上, I、H 在 AB 上, G、F 在 AC 上,使得

$$S_{\triangle XDE}+S_{\triangle XFG}+S_{\triangle XHI}\leqslant\frac{1}{3}. \tag{①}$$

甲:X 在什么地方?如果 X 是重心,那么可以过 X,分别作 $DG /\!/ AB$, $EH /\!/ AC$, $IF /\!/ BC$.(如图 1)

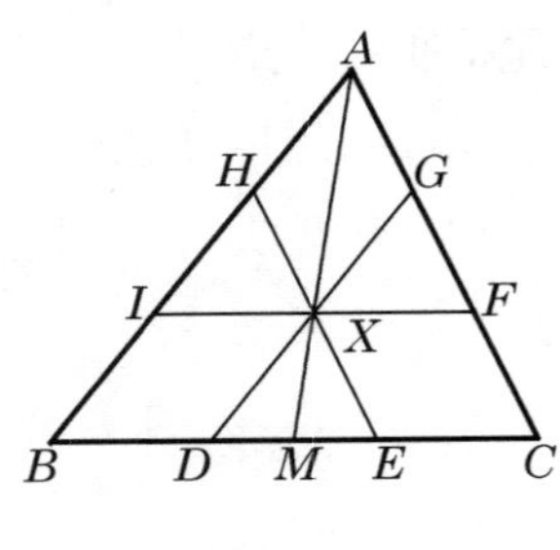

图 1

这时设 M 为 BC 中点,则 AM 过 X,并且被 X 分为 $2:1$. 所以 $MD=\frac{MX}{MA}\cdot MB=\frac{1}{3}MB$, $ME=\frac{1}{3}MC$, $DE=\frac{1}{3}BC$.

$$S_{\triangle XDE}=\frac{1}{9}S_{\triangle ABC}=\frac{1}{9}.$$

$$S_{\triangle XDE}+S_{\triangle XFG}+S_{\triangle XHI}=3\times\frac{1}{9}=\frac{1}{3}. \tag{②}$$

但是 X 不一定是重心.

乙:设三边边长分别为 a、b、c,中点分别为 L、M、N.

如果 X 在 $\triangle AMN$ 内,那么过 X 作 $IF /\!/ BC$,交另两边于 I、F(如图 2), AX 交 BC 于 D. 取 $E=D$, $G=H=A$,则

$$S_{\triangle XDE}+S_{\triangle XFG}+S_{\triangle XHI}=0+S_{\triangle XFA}+S_{\triangle AXI}=S_{\triangle AIF}\leqslant S_{\triangle ANM}=\frac{1}{4}<\frac{1}{3}. \tag{③}$$

甲:E、D 应当是两个点,G、H 也是两个点.

乙:我们在 D 点的右边很接近 D 的地方取 E, EX 交 AB 于 H,仍取 $G=$

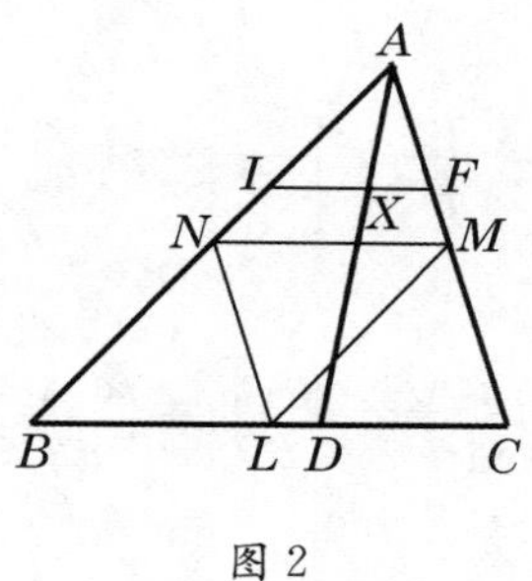

图 2

A,则③式左边增加很少($S_{\triangle XDE}$很小). 当然仍小于$\frac{1}{3}$.

甲:X 在$\triangle BLN$ 或$\triangle CLM$ 内的情况类似. 只剩下 X 在$\triangle LMN$ 内的情况.

乙:这时延长 AX 到 Y(图 3),使 $XY=AY$. 过 X、Y 作 $XR/\!/YF/\!/AB$,分别交直线 AC 于 R、F. 因为 X 在$\triangle LMN$ 内,所以 R 在线段 AM 内. $AF=2AR$,所以 F 在线段 AC 内. 作直线 $YI/\!/AC$,交 AB 于 I. 同样 I 在线段 AB 内. $\square AIYF$ 的对角线 IF 与 AY 的交点是 AY 的中点 X,X 也是 IF 的中点.

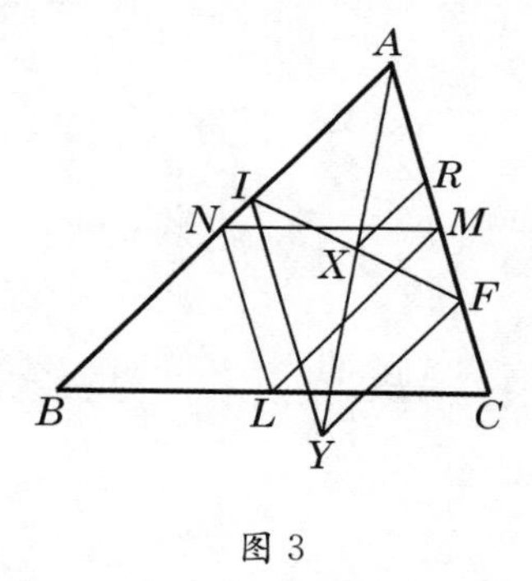

图 3

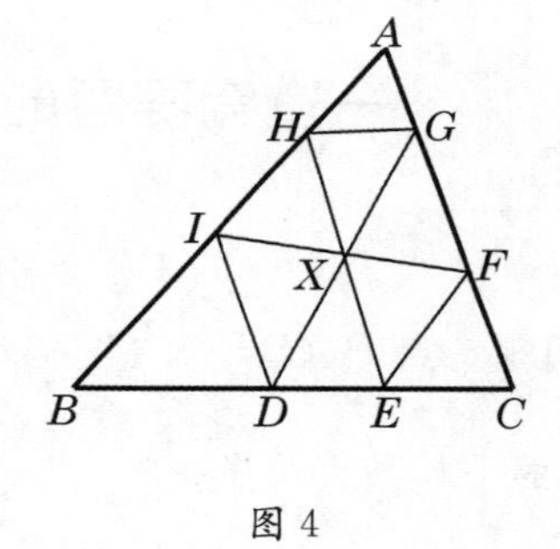

图 4

同样作出在 BC 边上的点 D、E,在 AC 边上的点 G,在 AB 边上的点 H,使得 X 是线段 DG、EH 的中点(图 4)

这时 $GH/\!/BC$,$EF/\!/AB$,$DI/\!/AC$,并且 $GH=DE$,$EF=IH$,$DH=GF$. 从而

$$S_{\triangle XFG}=S_{\triangle XID},S_{\triangle XHI}=S_{\triangle XEF},S_{\triangle XDE}=S_{\triangle XGH}.$$

设 $GH=a_1$,$EF=b_1$,$DI=c_1$,则

$$a=BC=BD+DE+EC=\frac{b_1}{b}a+a_1+\frac{c_1}{c}a.$$

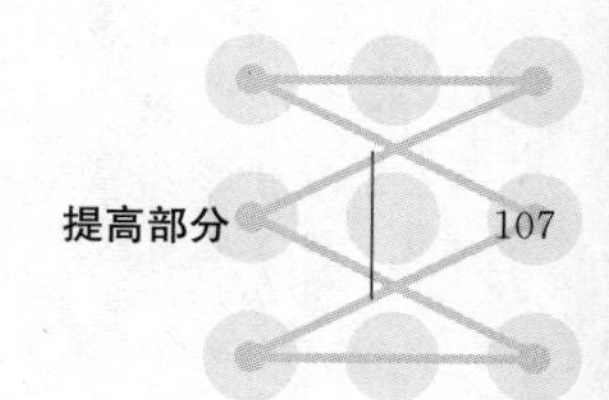

所以

$$\frac{a_1}{a}+\frac{b_1}{b}+\frac{c_1}{c}=1.$$

从而

$$S_{\triangle AGH}+S_{\triangle BDI}+S_{\triangle CEF}=\left(\frac{a_1}{a}\right)^2+\left(\frac{b_1}{b}\right)^2+\left(\frac{c_1}{c}\right)^2\geqslant\frac{1}{3}\left(\frac{a_1}{a}+\frac{b_1}{b}+\frac{c_1}{c}\right)^2=\frac{1}{3}.$$

因此

$$S_{\triangle XFG}+S_{\triangle XHI}+S_{\triangle XDE}=\frac{1}{2}[1-(S_{\triangle AGH}+S_{\triangle BDI}+S_{\triangle CEF})]\leqslant\frac{1}{3}.$$

评注 一个问题往往可以(往往需要)分为若干种情况处理. 可以先处理容易的情况,以增强信心. 每一种情况,其实均增加了一个有利的条件可以利用. 如本题,“X 在$\triangle AMN$ 内”是条件,“X 在$\triangle LMN$ 内”也是条件. 所以,枚举法(分情况讨论)的本质,就是给自己增加条件.

68 一道竞赛题的推广

问题 点 P、Q、R 都在$\triangle ABC$ 的边上,并将$\triangle ABC$ 的周长分为三等份. 问 $\frac{S_{\triangle PQR}}{S_{\triangle ABC}}$ 的下界最大是多少?

甲:我知道下界不是$\frac{1}{4}$,应当是$\frac{2}{9}$,因为 1988 年全国高中联赛有一道题:

P、Q 在$\triangle ABC$ 的AB 边上,R 在AC 边上,并且 P、Q、R 将$\triangle ABC$ 的周长分为三等份. 证明:

$$\frac{S_{\triangle PQR}}{S_{\triangle ABC}}>\frac{2}{9}. \quad ①$$

现在的问题是这道竞赛题的一般化.

师:先看看这道竞赛题怎么证.

乙:证法不只一种. 纯用几何的可见《数学奥林匹克竞赛题解精编》(南京大

学出版社，1999 年版第 388 页).

解析几何的证法如下：

以 A 为原点，AB 为 x 轴，建立直角坐标系(如图 1).

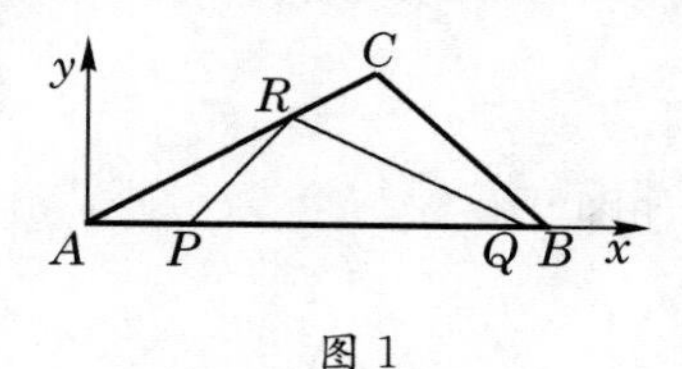

图 1

设$\triangle ABC$ 的三边的长分别为 a、b、c. 设 Q、P 的横坐标分别为 q、p，则

$$q-p=\frac{1}{3}(a+b+c),$$

$$AR=PQ-AP=q-2p.$$

从而

$$\frac{y_R}{y_C}=\frac{AR}{AC}=\frac{q-2p}{b}.$$

由于

$$2S_{\triangle PQR}=y_R(q-p),$$

$$2S_{\triangle ABC}=cy_C.$$

所以

$$\frac{S_{\triangle PQR}}{S_{\triangle ABC}}=\frac{y_R(q-p)}{cy_C}=\frac{(q-p)(q-2p)}{bc}.$$

因为 $p=q-\frac{1}{3}(a+b+c)\leqslant c-\frac{1}{3}(a+b+c)$，所以

$$\begin{aligned}q-2p&=\frac{1}{3}(a+b+c)-p\\&\geqslant\frac{2}{3}(a+b+c)-c\\&>\frac{2}{3}(a+b+c)-\frac{1}{2}(a+b+c)\\&=\frac{1}{6}(a+b+c),\end{aligned}$$

$$\frac{S_{\triangle PQR}}{S_{\triangle ABC}}>\frac{2}{9}\times\frac{(a+b+c)^2}{4bc}>\frac{2}{9}\times\frac{(b+c)^2}{4bc}\geqslant\frac{2}{9}.$$

而且在 $b=c$，Q 与 B 重合，$a\to 0$ 时，$p\to\frac{1}{3}q$，面积比$\to\frac{2}{9}$.

甲：因此可设 P、Q、R 分别在 AB、BC、CA 上，只需证明这时①式成立（如图 2）.

师：仍可采用解析几何.

乙：建立直角坐标系，如图 2.

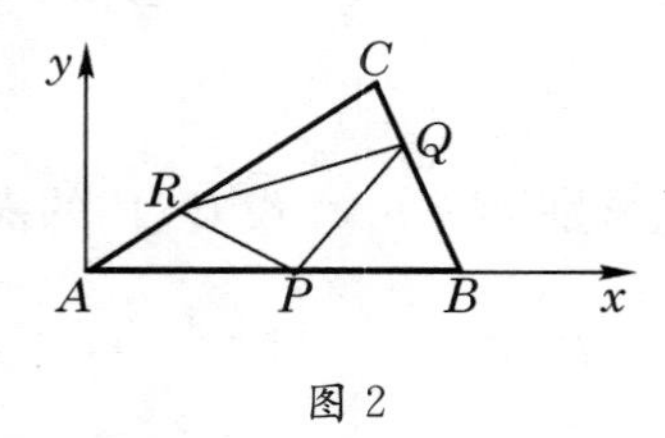

图 2

设$\triangle ABC$ 的边长为 a、b、c. 令 $t=\frac{1}{3}(a+b+c)$.

设 P 点横坐标为 p，则 $AR=t-p$，$PB=c-p$，$BQ=t+p-c$，所以

$$\frac{x_R}{x_C}=\frac{y_R}{y_C}=\frac{t-p}{b},\frac{y_Q}{y_C}=\frac{t+p-c}{a}=\frac{c-x_Q}{c-x_C}.$$

$$x_Q=c-\frac{t+p-c}{a}(c-x_C)=\frac{t+p-c}{a}x_C+\frac{c(a+c-t-p)}{a}.$$

$$2S_{\triangle ABC}=y_CC, \tag{②}$$

$$2S_{\triangle PQR}=\begin{vmatrix}1 & p & 0\\ 1 & \frac{t+p-c}{a}x_C+\frac{c(a+c-t-p)}{a} & \frac{t+p-c}{a}y_C\\ 1 & \frac{t-p}{b}x_C & \frac{t-p}{b}y_C\end{vmatrix}$$

$$=\begin{vmatrix}1 & p & 0\\ 1 & \frac{c(a+c-t-p)}{a} & \frac{t+p-c}{a}\\ 1 & 0 & \frac{t-p}{b}\end{vmatrix}\cdot y_C. \tag{③}$$

问题化为证明

$$\begin{vmatrix} 1 & p & 0 \\ 1 & \dfrac{c(a+c-t-p)}{a} & \dfrac{t+p-c}{a} \\ 1 & 0 & \dfrac{t-p}{b} \end{vmatrix} > \frac{2}{9}c. \qquad ④$$

④式左边是 p 的二次函数，乘以 ab 后成为

$$\begin{aligned} & p^2(c+b+a)-p[c(a+c-t)+ct-b(t-c)+at]+\cdots \\ = & p^2(a+b+c)-p[c(a+b+c)+at-bt]+\cdots, \end{aligned}$$

在 $p=\dfrac{c(a+b+c)+at-bt}{2(a+b+c)}=\dfrac{3c+a-b}{6}$ 时，取最小值. 于是只需证明

$$\begin{vmatrix} 1 & \dfrac{3c+a-b}{6} & 0 \\ 1 & \dfrac{c(3a+c-b)}{6a} & \dfrac{3a+b-c}{6a} \\ 1 & 0 & \dfrac{a+3b-c}{6b} \end{vmatrix} > \frac{2}{9}c. \qquad ⑤$$

$$\left(t+p=\frac{5c+3a+b}{6}, t-p=\frac{a+3b-c}{6}\right)$$

⑤即

$$\begin{vmatrix} 1 & 3c+a-b & 0 \\ a & c(3a+c-b) & 3a+b-c \\ b & 0 & a+3b-c \end{vmatrix} > 8abc, \qquad ⑥$$

展开行列式，整理得⑥等价于

$$-a^3-b^3-c^3+a^2b+ab^2+b^2c+bc^2+c^2a+ca^2-2abc>0, \qquad ⑦$$

即

$$(a+b-c)(b+c-a)(c+a-b)>0. \qquad ⑧$$

而⑧显然成立.

评注 用解析几何解决几何问题，可以说是最不动脑的方法. 不过，代数的计算需要坚实的功底. 如本题行列式的化简与展开.

69 新编几何题

问题 已知四边形 $ABCD$，过对角线 AC 的中点 O 作 AC 的垂线，并在这垂线上 O 点的两侧分别取 E、F，使 $OE=OF=OA$. 过对角线 BD 的中线 O_1 作 BD 的垂线，并在这垂线上 O_1 的两侧分别取 G、H，使 $O_1G=O_1H=O_1B$. 证明以下两个命题等价：

(1) 四边形 $ABCD$ 是平行四边形，或者 $AC\perp BD$ 并且 $AC=BD$.

(2) $DF\parallel BE$ 并且 $AH\parallel CG$.

师：这是我们自编的几何题.

甲：(1)推(2)不难. 如果四边形 $ABCD$ 是平行四边形，那么，O 与 O_1 重合，BD、EF 互相平分，四边形 $BEDF$ 是平行四边形，所以 $DF\parallel BE$. 同理 $AH\parallel CG$.

乙：如果 $AC\perp BD$ 并且 $AC=BD$，那么 $BD \underline{\underline{\parallel}} EF$，所以四边形 $BEDF$ 是平行四边形，$DF\parallel BE$. 同样 $AH\parallel CG$.

甲：(2)推(1)难一些. 假设 $DF\parallel BE$，$AH\parallel CG$，往证四边形 $ABCD$ 是平行四边形，或者 $AC\perp BD$ 并且 $AC=BD$.

乙：可以假定四边形 $ABCD$ 不是平行四边形，往证 $AC\perp BD$，并且 $AC=BD$.

师：增加这一假定很好. 要证明的目标只剩下一个："$AC\perp BD$ 并且 $AC=BD$."

甲：图不很好画，不知从何下手.

乙：能不能利用复数？

师：很好的想法，可以试试.

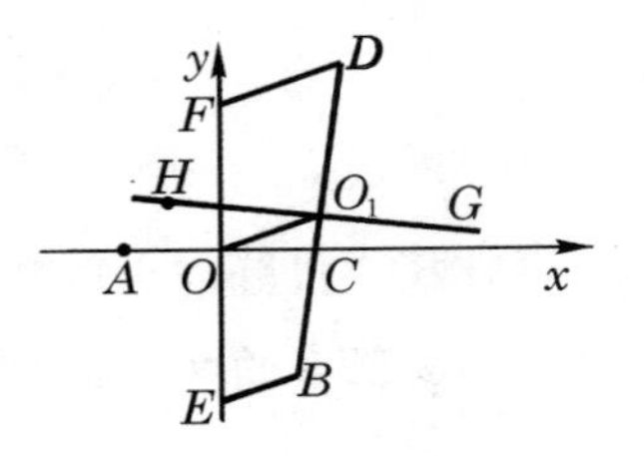

甲：以 O 为原点，直线 AC 为实轴，直线 EF 为虚轴，$OC=1$. 各点表示的复数就用这点表示.（如图）

我们有 $C=1, A=-1, E=-\mathrm{i}, F=\mathrm{i}$.

因为 $DF\parallel BE$，所以 $OO_1\parallel DF$，我们有

$$D-F=D-\mathrm{i}=\lambda O_1\ (\lambda \text{ 为实数}).$$

因为 O_1D 绕 O_1 反时针旋转 90°便得到 O_1H，所以

$$H-O_1=\mathrm{i}(D-O_1),\tag{①}$$

$$H=O_1+\mathrm{i}(D-O_1)=O_1+\mathrm{i}(\mathrm{i}+\lambda O_1-O_1).\tag{②}$$

乙：同样，由 $AH // CG // OO_1$，得

$$H-A=H+1=\mu O_1,(\mu \text{ 为实数})\tag{③}$$

由②、③，

$$O_1+\mathrm{i}(\mathrm{i}+\lambda O_1-O_1)=-1+\mu O_1,\tag{④}$$

化简，得

$$1+\mathrm{i}(\mu-1)=\lambda.\tag{⑤}$$

甲：由④到⑤时，应注意四边形 $ABCD$ 不是平行四边形，所以 $O_1\neq O$，即 O_1 不是零，可以在等式两边同时约去 O_1.

师：是. 应当注意这一点.

乙：因为 λ 是实数，所以由⑤得

$$\mu-1=\lambda-1=0.$$

甲：$\lambda=1$，即表示 OO_1 不但与 DF 平行，而且相等，所以 $BE \mathrel{\underline{/\!/}} DF$，四边形 $BDFE$ 是平行四边形，从而 $BD \mathrel{\underline{/\!/}} EF$，即(1)成立.

师：复数解几何题，有时效果很好. 当然，也不是每道几何题都需要用复数来解.

评注 逆时针旋转角度 α，就是将有关复数(向量)乘以 $\mathrm{e}^{\mathrm{i}\alpha}$，如①式. 所以在与旋转有关的问题中，使用复数往往是方便的.

70 相交的圆

问题 设$\odot O_1$、$\odot O_2$ 相交于 A、B. 点 G 在两圆之外，且不在直线 O_1O_2 上，直线 GO_1 交$\odot O_1$ 于 C、D，直线 GO_2 交$\odot O_2$ 于 E、F.

证明：当且仅当 $DF // CE$ 时，

$$\angle DGB=\angle AGF.\tag{①}$$

甲：如果①成立，那么$\angle O_1GO_2$ 与$\angle AGB$ 的角平分线是同一条线.

师：你这发现很有用.

乙：看来得用有关角平分线的定理.

作$\angle O_1GO_2$的平分线交O_1O_2于T(如图).

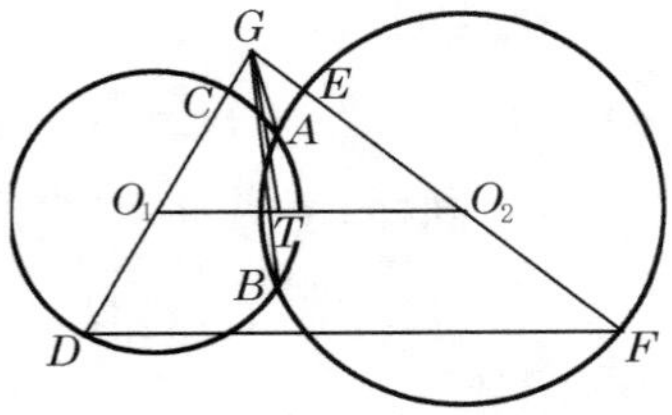

满足$\frac{PO_1}{PO_2}=\frac{O_1T}{O_2T}$的点$P$的轨迹是一个圆心在直线$O_1O_2$上的圆.

师：这圆叫做阿氏(Apollonius)圆.

甲：因为GT平分$\angle O_1GO_2$，所以

$$\frac{GO_1}{GO_2}=\frac{O_1T}{O_2T}, \quad ②$$

G、T都在上述阿氏圆上.

乙：如果$DF/\!/CE$，那么四边形$CDFE$是梯形，O_1O_2是梯形的中位线，从而$CE/\!/O_1O_2$，

$$\frac{GO_1}{GO_2}=\frac{CO_1}{EO_2}=\frac{r_1}{r_2}=\frac{AO_1}{AO_2}=\frac{BO_1}{BO_2}, \quad ③$$

其中r_1、r_2分别为$\odot O_1$、$\odot O_2$的半径.

③表明A、B都在上述阿氏圆上. 点T在线段AB的垂直平分线O_1O_2上，所以$TA=TB$. 在这阿氏圆上，$\overset{\frown}{TA}=\overset{\frown}{TB}$，

$$\angle TGA=\angle TGB, \quad ④$$

所以

$$\angle DGB=\angle DGT-\angle TGB=\angle TGF-\angle TGA=\angle AGF. \quad ⑤$$

甲：反过来，若①成立，则④成立.

仍有$TA=TB$，所以由正弦定理

$$\frac{TG}{\sin\angle GAT}=\frac{TA}{\sin\angle AGT}=\frac{TB}{\sin\angle TGB}=\frac{TG}{\sin\angle GBT}. \quad ⑥$$

从而

$$\sin\angle GAT=\sin\angle GBT. \quad ⑦$$

由⑦得

$$\angle GAT=\angle GBT, \quad ⑧$$

或

$$\angle GAT+\angle GBT=180°. \quad ⑨$$

如果⑧成立，那么$\triangle GAT\cong\triangle GBT$，$GA=GB$，$G$在直线$O_1O_2$上，与已知

矛盾.

所以⑨成立. G、A、T、B 四点共圆. 这圆圆心在 AB 的垂直平分线 O_1O_2 上,又过 G、T 两点,所以它就是前面所说的那个阿氏圆,从而

$$\frac{GO_1}{GO_2}=\frac{AO_1}{AO_2}=\frac{r_1}{r_2}=\frac{O_1D}{O_2F}=\frac{CO_1}{EO_2},DF\parallel O_1O_2\parallel CE.$$

师:知道阿氏圆,这道题就变得容易了.

71 两圆相切

问题 如图1,在锐角三角形 ABC 中,$AB<AC$,点 O 和点 G 分别是 $\triangle ABC$ 的外心和重心,D 为边 BC 的中点. 以 BC 为直径的圆上的一点 E 满足 $AE\perp BC$,且 A、E 在直线 BC 的同侧. 延长 EG 交 OD 于点 F,过 F 分别作 OB、OC 的平行线,与 BC 分别交于点 K、L. 线段 AB、AC 上分别存在点 M、N,使得 $MK\perp BC$,$NL\perp BC$. 设圆 ω 是过点 B、C 且与 OB、OC 相切的圆.

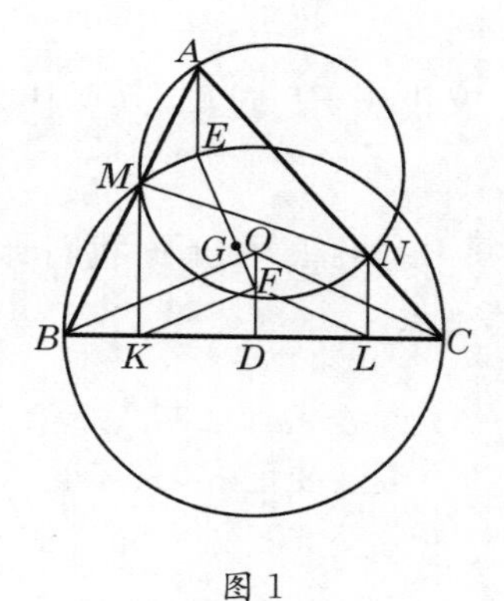

图 1

证明:$\triangle AMN$ 的外接圆与圆 ω 相切.

甲:图中线条太多,令人眼花缭乱.

师:我们可以将一个复杂的问题分为几个部分. 每个部分都搞清楚了,问题也就不难解决了.

本题 $AE\perp BC$,所以点 E 在 BC 边的高上.

设 BC 边上的高为 AQ(Q 在 BC 上),垂心为 H,AQ 交以 BC 为直径的 $\odot D$ 于 E、E'(图 2).

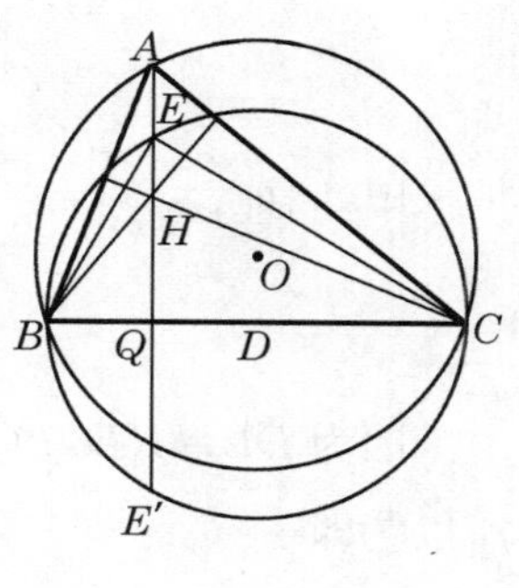

图 2

我们先研究一下 AQ 上这些点的关系.

乙:因为 $\angle BEC=90°$,所以

$$EQ^2=BQ\cdot QC. \qquad ①$$

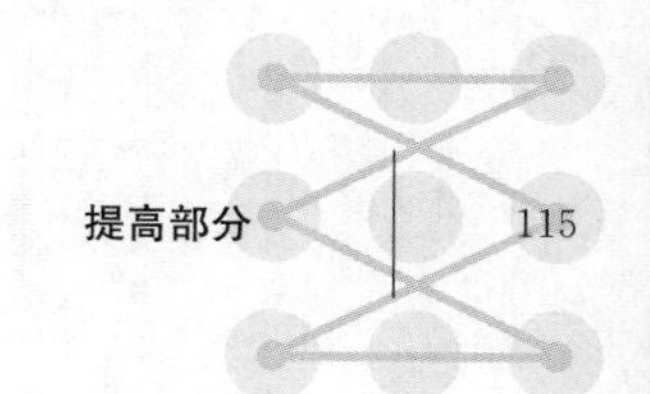

又$\angle BAQ=\angle HCQ=90^\circ-\angle ABC$，所以$\mathrm{Rt}\triangle BAQ\backsim\mathrm{Rt}\triangle HCQ$，

$$AQ\cdot HQ=BQ\cdot CQ. \tag{②}$$

于是，由①、②，可得

$$AQ\cdot HQ=EQ^2(=EQ\cdot QE'). \tag{③}$$

由③可得A、E、H、E'四点成调和点列，即

$$\frac{E'H}{E'A}=\frac{EH}{AE}. \tag{④}$$

师：我们只需利用③，所以调和点列在本题中并不起作用. 当然知道这个结论也好.

甲：接下去是不是应当考虑OD、FD与AH、AE的关系？

我知道有一个常见的结论

$$AH=2\cdot OD. \tag{⑤}$$

又由于EF过重心G，中线AD也过重心G，所以$\triangle AGE$与$\triangle DGF$相似，

$$AE=2\cdot FD. \tag{⑥}$$

师：很好. 下面我们研究本题的第一个关键部分，即梯形$MKLN$中的重要关系：

$$\triangle MKD\backsim\triangle DLN. \tag{⑥}$$

乙：要证⑥，只需证

$$\frac{MK}{KD}=\frac{DL}{LN}. \tag{⑦}$$

因为$\dfrac{MK}{AQ}=\dfrac{BK}{BQ}$，所以

$$\frac{MK}{KD}=\frac{AQ\cdot BK}{BQ\cdot KD}. \tag{⑧}$$

甲：同理，

$$\frac{DL}{LN}=\frac{QC\cdot DL}{AQ\cdot LC}. \tag{⑨}$$

因为$DL=KD$，$LC=BK$，

所以⑦即

$$\frac{BK^2}{KD^2}=\frac{BQ\cdot QC}{AQ^2}, \tag{⑩}$$

也就是(利用①)

$$\frac{BK}{KD}=\frac{EQ}{AQ}. \tag{11}$$

乙:由前面的研究(⑤、⑥),可得

$$\frac{BK}{KD}=\frac{OF}{FD}=\frac{OD}{FD}-1=\frac{AH}{AE}-1=\frac{EH}{AE}. \tag{12}$$

甲:$\frac{EH}{AE}$不是⑪中的$\frac{EQ}{AQ}$啊!

乙:其实是一样的,

$$\begin{aligned}\frac{EH}{AE}&=\frac{EH\cdot EQ}{AE\cdot EQ}=\frac{EH\cdot EQ}{(AQ-EQ)EQ}\\&=\frac{EH\cdot EQ}{AQ\cdot EQ-AQ\cdot HQ}\quad(\text{利用③})\\&=\frac{EH\cdot EQ}{AQ\cdot EH}=\frac{EQ}{AQ}.\end{aligned} \tag{13}$$

甲:⑥成立了,连接MD、ND,进一步还可得出

$$\angle MDK=\angle DNL=90^\circ-\angle NDL,$$

所以

$$\angle MDN=180^\circ-\angle MDK-\angle NDL=90^\circ. \tag{14}$$

师:很好.这个梯形还有一些性质.

乙:延长MD交NL的延长线于M'(如图3),则由$KD=DL$,得$MD=DM'$. ND垂直平分MM',所以ND平分$\angle MNL$.

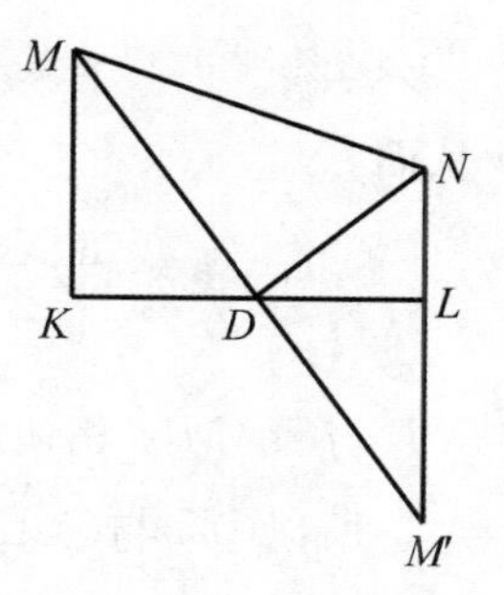

图3

同理,DM平分$\angle KMN$.

甲:可是直到现在,我们还未谈到$\odot AMN$与$\odot\omega$相切的证明.

师:磨刀不误砍柴功.有了以上准备,证明相切就不难了.

证明两圆相切的方法很多.本题宜先确定$\odot AMN$与$\odot\omega$有一个公共点,然后在公共点作一个圆的切线,证明它也与另一个圆相切.

乙:如图4,$\odot\omega$的圆心O_1在直线OD上,也在OB、OC的垂线上,不难作

出. $\angle BO_1C=180^\circ-\angle BOC=180^\circ-2\angle A$, 所以$\odot\omega$的$\overset{\frown}{BC}$上的圆周角等于 $90^\circ-\angle A$.

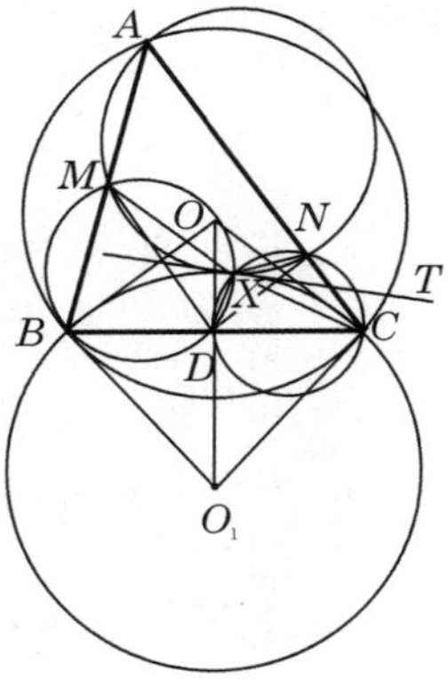

$\odot AMN$ 的$\overset{\frown}{MAN}$上的圆周角是 $180^\circ-\angle A$.

甲:$\odot\omega$ 与$\odot AMN$ 一定有公共点吗?

乙:$\odot BDM$ 与$\odot CDN$ 有一个公共点 D. 设 X 是它们的另一个公共点(如果这两个圆在点 D 相切,作公切线 DT,则$\angle MDN=\angle MDT+\angle TDN=\angle ABC+\angle ACB=180^\circ-\angle A>180^\circ-90^\circ=90^\circ$,与上面已证的结论⑭不符),则

图 4

$$\angle MXD=180^\circ-\angle ABC, \angle NXD=180^\circ-\angle ACB,$$

所以

$$\angle MXN=360^\circ-(180^\circ-\angle ABC)-(180^\circ-\angle ACB)=180^\circ-\angle A,$$

点 X 在$\odot AMN$ 上.

$$\begin{aligned}\angle BXC&=360^\circ-\angle MXN-\angle MXB-\angle NXC\\&=180^\circ+\angle A-\angle MDB-\angle NDC\\&=90^\circ+\angle A,\end{aligned}$$

所以点 X 在$\odot\omega$ 上.

甲:过 X 作$\odot\omega$ 的切线 XT,则

$$\angle TXB=\angle XCD,$$

从而

$$\begin{aligned}\angle MXT&=\angle MXB-\angle TXB=\angle MDB-\angle XCD\\&=\angle DNM-\angle XND=\angle MNX,\end{aligned}$$

XT 与$\odot AMN$ 相切,

所以$\odot\omega$ 与$\odot AMN$ 相切.

评注 一道题可以分成几个步骤(环节). 每一个环节都解决了,这道题也就解决了.

能解决各个环节固然不易,但能将一道题分解为若干环节更为不易. 这是能力,也是眼光. 这不仅需要经验,更需要智慧.

有经验的教师或作者,会将一道题分成几步,再给学生做. 这样的分解,其

实已经是很多的提示. 解题能力较好的学生,其实不应依赖这样的提示,这样的分解,而应自己发现一道"大题"应当如何分解为几道小题. 这不容易,但能做到这点,才是真正掌握了解题.

72 又是两圆相切

问题 在锐角三角形 ABC 中,$AB>AC$. 设 Γ 是它的外接圆,H 是它的垂心,F 是由顶点 A 处所引高的垂足. M 是边 BC 的中点. Q 是圆 Γ 上的一点,使得 $\angle HQA=90°$,K 是圆 Γ 上的一点,使得 $\angle HKQ=90°$. 已知点 A、B、C、K、Q 互不相同,且按此顺序排列在圆 Γ 上,

证明:三角形 KQH 的外接圆和三角形 FKM 的外接圆相切.

甲:题目比较复杂.

师:先画图. 根据题意,逐步作出有关的图形(如图 1).

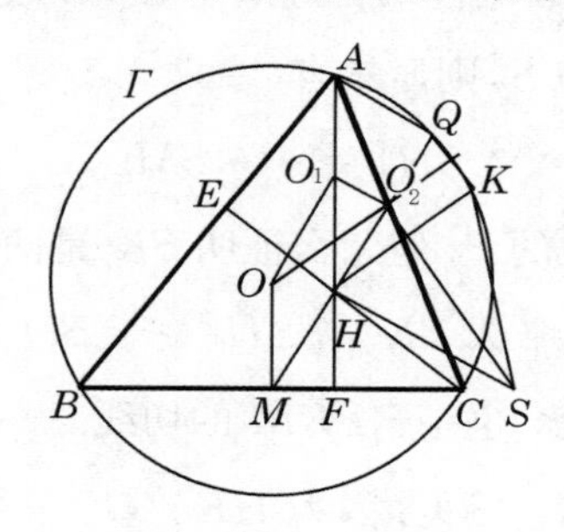

图 1

甲:先作圆 Γ,圆心为 O. 再在 Γ 上取点 A、B、C. 过点 O 作 BC 的垂线,垂足 M 就是 BC 中点. 作高 AF、CE,交点为垂心 H,熟知

$$AH=2OM. \quad ①$$

取 AH 中点 O_1. 以 O_1 为圆心、O_1A 为半径的圆与圆 Γ 交于点 A、Q,所以连心线 $OO_1\perp AQ$. 又 $HQ\perp AQ$,所以 $HQ /\!/ OO_1$.

四边形 $OMHO_1$ 是平行四边形($OM \underline{/\!/} O_1H$),所以 HQ 与 HM 是同一条

直线,Q 是 MH 与圆 Γ 的交点.

同样,设线段 HQ 中点为 O_2,则以 O_2 为圆心、O_2Q 为半径的圆与圆 Γ 交于点 Q、K,OO_2 垂直平分公共弦 QK,$HK\perp QK$,所以 $HK/\!/O_1O_2$. 即 K 是点 Q 关于 OO_2 的对称点,也是平行于 OO_2 的直线 HK 与 $\odot\Gamma$ 的交点.

这样就完成了作图,也获得了点 Q、K 的一些性质.

师:很好. 怎么证 $\odot KQH$ 与 $\odot FKM$ 相切呢?

甲:应当证明点 O_2、$\odot FKM$ 的圆心、点 K 三点共线. 但 $\odot FKM$ 的圆心不太好定.

乙:采用上一节的办法,证明 $\odot O_2$ 与 $\odot FKM$ 在 K 点有公共的切线. 我在 K 点作 $\odot O_2$ 的切线,交 BC 于 P. 只需证明

$$PK^2=PF\cdot PM. \qquad ②$$

则 PK 也是 $\odot FKM$ 的切线. 这时点 O_2 与 $\odot FKM$ 的圆心都在 PK 的垂线上,所以 $\odot O_2$ 与 $\odot FKM$ 相切.

甲:但②也不好证明.

师:K 点不便利用. 可改用性质更好的垂心 H. 过 H 作 $\odot O_2$ 的切线,也就是 MQ 的垂线,交 BC 于点 S,则显然有

$$SH^2=SF\cdot SM. \qquad ③$$

乙:S 其实就是上面说的 P. 但怎么证明 SK 是两个圆的公切线呢?

师:如果 $SO_2\perp HK$,那么 SK 与 SH 关于 SO_2 对称,$SK=SH$,SK 是 $\odot O_2$ 的切线. 而且由③,SK 也是 $\odot FKM$ 的切线.

甲:所以只需证明 $HK\perp SO_2$. 因为 $HK/\!/OO_2$,所以只需证

$$\angle OO_2S=90^\circ. \qquad ③$$

我可以用勾股定理证明③.

$$\begin{aligned}SO_2^2+OO_2^2&=(SH^2+O_2H^2)+(OO_1^2+O_1O_2^2)\\&=(SH^2+OO_1^2)+(O_2H^2+O_1O_2^2)\\&=(SH^2+MH^2)+O_1H^2\\&=SM^2+OM^2\\&=SO^2,\end{aligned}$$

所以③成立.

乙:我用另一种方法证③.因为$\angle O_1HO_2=\angle MHF=\angle MSH$,所以

$$\text{Rt}\triangle HO_2O_1\backsim\text{Rt}\triangle SHM,$$

$$\frac{O_1O_2}{O_2H}=\frac{MH}{SH}.$$

即

$$\frac{O_1O_2}{O_1O}=\frac{O_1O_2}{MH}=\frac{O_2H}{SH},$$

所以

$$\text{Rt}\triangle OO_1O_2\backsim\text{Rt}\triangle SHO_2,$$

$$\angle O_1O_2O=\angle HO_2S,$$

从而③成立.

师:两种证法都好.

$\odot MHF$ 与$\odot O_2$ 的根轴是 SH,$\odot MHF$ 与$\odot MKF$ 的根轴是 MF,所以点 S 是这三个圆的根心. 直线 SK 一定是$\odot O_2$ 与$\odot MKF$ 的根轴. 上面的证明就是"SK 是$\odot O_2$ 的切线,而不是割线".

这道题是 2015 年 IMO(国际数学奥林匹克竞赛)的第 3 题. 标准答案与我们解法不同. 附在下面供参考.

如图 2,延长 QH,与圆 Γ 交于点 A'. 由 $\angle AQH=90°$,知 AA'为圆 Γ 的直径. 由于 $A'B\perp AB$,故 $A'B/\!/CH$. 类似地,$A'C/\!/BH$.

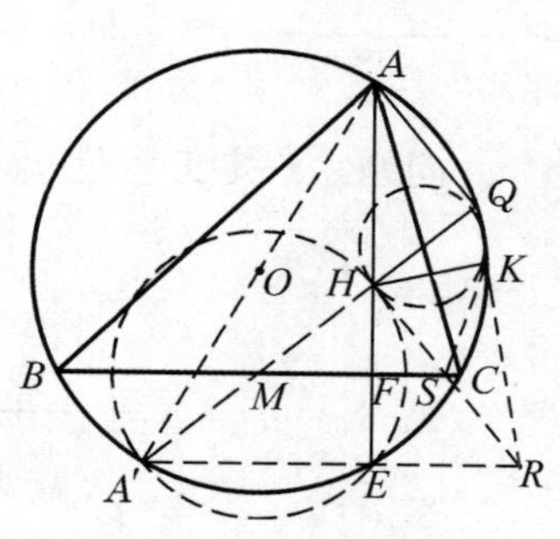

图 2

从而,M 为 $A'H$ 的中点.

延长 AF,与圆 Γ 交于点 E.

由于 $A'E\perp AE$,故 $A'E/\!/BC$.

于是,MF 为$\triangle HA'E$ 的中位线,F 为 HE 的中点.

设直线 $A'E$ 与 QK 交于点 R.

根据圆幂定理,得

$$RK\cdot RQ=RE\cdot RA'.$$

注意到，$\triangle HKQ$ 的外接圆 Γ_1、$\triangle HEA'$ 的外接圆 Γ_2 分别是以 HQ、HA' 为直径的圆，这两个圆外切于点 H. 而 R 为这两个圆的等幂点，于是，点 R 在这两个圆的根轴上，即 RH 为这两圆的公切线.

故 $RH\perp A'Q$.

设直线 MF 与 HR 交于点 S. 则 S 为 HR 的中点.

由于 $\triangle RHK$ 为直角三角形，S 为斜边 RH 的中点，故 $SH=SK$.

再由 SH 为圆 Γ_1 的切线，知 SK 也为圆 Γ_1 的切线.

在 $\mathrm{Rt}\triangle SHM$ 中，由 HF 为斜边上的高，知 $SF\cdot SM=SH^2=SK^2$.

故 SK 也为 $\triangle KMF$ 的外接圆的切线.

于是，SK 与 $\triangle KQH$ 的外接圆与 $\triangle FKM$ 的外接圆均切于点 K 处.

因此，这两个圆也在点 K 处相切.

评注 这道题能当场解决的选手极少. 看别人的解答与自己作出解答，是截然不同的事. 解题，必须亲自去实践. 正是“纸上得来终觉浅，绝知此事要躬行”.

73 无穷多个平方数

问题 给定正整数 u、v，数列 $\{a_n\}$ 定义如下：$a_1=u+v$，

$$\begin{cases}a_{2m}=a_m+u,\\a_{2m+1}=a_m+v.\end{cases}(m>1)$$

记 $S_m=a_1+a_2+\cdots+a_m(m=1,2,\cdots)$.

证明：

(1) $\{a_n\}$ 中有无穷多个平方数.

(2) 对任意整数 $k\geqslant2$，$\{a_n\}$ 中有无穷多项是整数的 k 次方.

(3) $\{S_n\}$ 中有无穷多个平方数.

(4) 对任意整数 $k\geqslant2$，$\{S_n\}$ 中有无穷多项是整数的 k 次方.

甲：饭得一口一口地吃. 我先做(1). 如果能求出 $\{a_n\}$ 的通项公式……

乙:通项公式不好求.求通项,说不定比(1)更困难.再说,即使求出通项公式,如果形式复杂,也难以证明其中有无穷多个平方数.

甲:那怎么办呢?

师:可以直接证明$\{a_n\}$中有无穷多个平方数.

乙:u、v不是具体给出的数,有点困难.

师:$a_1=u+v$.看一看有没有某个$a_n=(u+v)^2$?

甲:$a_2=a_1+u=2u+v$,$a_5=a_2+v=2(u+v)$.

乙:如果对某个自然数h有某个$a_n=h(u+v)$,那么

$$a_{2n}=h(u+v)+u, a_{4n+1}=a_{2n}+v=(h+1)(u+v).$$

所以,由数学归纳法,对一切自然数h,都有n,使得

$$a_n=h(u+v). \quad ①$$

甲:特别地,取$h=(u+v)t^2$,t为整数,那么相应地,

$$a_n=t^2(u+v)^2$$

就是平方数.t有无穷多个,相应的平方数也有无穷多个.

乙:取$h=t^k(u+v)^{k-1}$,相应的$a_n=(t(u+v))^k$.

甲:$\{S_n\}$怎么办?

师:$a_1=u+v$,

$a_2+a_3=2a_1+(u+v)$,

$a_4+a_5=2a_2+(u+v)$,

……

$a_{2m}+a_{2m+1}=2a_m+(u+v)$.

所以相加得递推公式

$$S_{2m+1}=2S_m+(m+1)(u+v). \quad ②$$

乙:设$S_{2^n-1}=2^{n-1}\cdot n(u+v)$,那么

$$S_{2^{n+1}-1}=2S_{2^n-1}+(2^n-1+1)(u+v)=2^n\cdot(n+1)(u+v).$$

所以对一切自然数n,

$$S_{2^n-1}=2^{n-1}\cdot n(u+v). \quad ③$$

甲:取$n=2^{2t+1}(u+v)$,则n为偶数

$$S_{2^n-1}=2^{n+2t}(u+v)^2$$

是平方数($t=1,2,\cdots$).

乙:取 $n=2k^k(u+v)^{k-1}t^k(t=1,2,\cdots)$,则

$$S_{2n-1}=2^nk^kt^k(u+v)^k$$

是 k 次方(因为 n 被 k 整除,2^n 是 k 次方).

评注 解题需要拟定计划,需要变更问题,但计划是我们自己拟定的,不必死守着一成不变.为了解决问题 A,有时先去解决 B.但问题 B 只是为了解决 A 而引入的,并不是(至少在目前)非解决不可的.说不定问题 B 比问题 A 更难,甚至问题 B 的结论根本就不正确.所以,千万不要自设障碍,自己和自己过不去.自己设置一个极困难的、难以超越的障碍,还要坚持用头去撞(像当年共工氏撞不周山一样),实在是很愚蠢的.正确的办法上另觅一条新路绕过障碍.例如本题,找$\{a_n\}$的通项公式就是自己设置的障碍,而换成证明对每个正整数 h,都有 n 使①成立,就是一条新路.所以,要尽量多考虑几条路径,善于选择.不要轻易地选定一条路,坚持不变.而要冷静地保留选择权,看看有没有更好的选择.本题并不要求每个 a_n 都是平方数,而只要求有无穷多个 n,使 a_n 为平方数.所以 n 的选择很多.要充分利用这种选择的权利.

74 难亲数列

问题 如果正实数无穷数列 $a_1,a_2,\cdots$对不同的正整数 $i,j(i<j)$,都有

$$|a_i-a_j|\geqslant\frac{1}{j}, \qquad ①$$

那么就称为难亲数列.能否找出一个有上界的难亲数列?

甲:①表明难亲数列的任意两项保持一定距离.自然数数列 1,2,3…显然是难亲数列.但它没有上界.

乙:我先取 $a_1=1,a_2=3$.再取 a_3 满足

$$a_1+\frac{1}{3}<a_3<a_2-\frac{1}{3},$$

则 a_1、a_2、a_3 满足①式.

师:接下去怎么办?

乙:我用归纳法定义.假设已有 $a_1, a_2 \cdots, a_{k-1}$ 满足①并且在区间 $[1,3]$ 内. $a_3, a_4, \cdots, a_{k-1}$ 将区间 $(1,3)$ 分成 $k-2$ 份,其中必有一份 $\geqslant \frac{2}{k-2} > \frac{2}{k}$. 取这一份的中点为 a_k,则①对于 $a_1, a_2 \cdots, a_k$ 成立.

于是,这样定义出 $a_1, a_2 \cdots$ 满足要求.

师:做得很好啊!

甲:我觉得他定义的数列虽然存在,却不够具体.能不能给出一个具体的实例.

师:你的想法也很好.可以找一些具体的、熟悉的数列试试.

甲:要有界,当然不能找等差数列.也不能找公比大于 1 的等比数列.有界数列很多,例如

$$1, \frac{1}{2}, \frac{1}{3}, \frac{1}{4}, \cdots, \frac{1}{n}, \cdots \tag{②}$$

但其中两项的差

$$\frac{1}{i} - \frac{1}{j} = \frac{j-i}{ij}.$$

在 $(i<) j<2i$ 时,不能使得①成立.

乙:看看无穷递缩等比数列

$$1, \frac{1}{2}, \frac{1}{4}, \frac{1}{8}, \cdots, \tag{③}$$

啊,它也不行:

$$1 - \frac{1}{2} = \frac{1}{2}, \tag{④}$$

$$\frac{1}{4} - \frac{1}{8} = \frac{1}{8} < \frac{1}{4}. \tag{⑤}$$

师:你们举的都有一个优点:差 $a_i - a_j$ 不难算.但①表明项数 j 应当比差的倒数大.所以应当在差不太减少时,增加尽量多的项.例如在③开头增加一项 2,则

$$2 - 1 = 1 > \frac{1}{2},$$

不会出现④那样的等式.

甲:我知道了,数列

$$2,1,\frac{1}{2},\frac{3}{2},\frac{1}{4},\frac{3}{4},\frac{5}{4},\frac{7}{4},\frac{1}{8},\frac{3}{8},\frac{5}{8},\frac{7}{8},\frac{9}{8},\frac{11}{8},\frac{13}{8},\frac{15}{8},\cdots \quad ⑥$$

满足要求.

乙:显然有上界 2. 第(2^k+n)项是$\frac{2n-1}{2^k}(1\leqslant 2n-1<2^{k+1})$.

因此,第(2^h+m)项$(h>k)$与第(2^k+n)项的差

$$\left|\frac{2n-1}{2^k}-\frac{2m-1}{2^h}\right|\geqslant\frac{1}{2^h}>\frac{1}{2^h+m},$$

第(2^k+m)项$(m>n)$与第(2^k+n)项的差

$$\left|\frac{2n-1}{2^k}-\frac{2m-1}{2^k}\right|\geqslant\frac{1}{2^k}>\frac{1}{2^k+m}.$$

所以⑥是难亲数列.

评注 两种解法,后一种更为具体. 数学是抽象的,也是具体的,抽象也是抽具体的象. 因此陈省身先生说:"一个好的数学家与一个蹩脚数学家的差别,在于前者有很多具体的例子,而后者只有抽象的理论."

75 苍蝇、蝇魂

问题 如果正整数的无穷数列 $a_1,a_2,\cdots$中,每连续 8 项的和$\leqslant 16$,那么就称为苍蝇. 如果每个苍蝇中都有连续的若干项的和为正整数 m,那么 m 称为蝇魂. 求出所有的蝇魂或者证明蝇魂不存在.

甲:如果 m 是奇数,常数数列

$$2,2,\cdots$$

是苍蝇,但它的连续项的和显然不是奇数 m. 所以奇数 m 不是蝇魂.

乙:要证明 m 不是蝇魂,只要举一个合适的例子就可以了.

$m=8k+2$ 或 $8k+6$ 也不是蝇魂,因为数列

$$3,1,3,1,\cdots$$

是苍蝇，而它的连续项的和是奇数或者被 4 整除，不等于 m.

甲：$m=8k+4$ 不是蝇魂. 因为数列

$$5,1,1,1,5,1,1,1,\cdots$$

是苍蝇，而它的连续项的和为奇数或者除以 8 余 0、2、6，不为 m.

乙：$m=16k+8$ 不是蝇魂. 因为

$$9,1,1,1,1,1,1,1,9,1,1,1,1,1,1,1,\cdots$$

是苍蝇，而连续项的和或不被 8 整除或被 16 整除，不为 m.

于是 m 不是 16 倍数时，不是蝇魂.

师：下面证明 $m=16k(k\in\mathbf{N})$ 时，一定是蝇魂.

甲：考虑任一个苍蝇

$$a_1,a_2,\cdots.$$

设 $S_n=a_1+a_2+\cdots+a_n$，则 S_n 严格递增，并且

$$S_{16k}=(a_1+a_2+\cdots+a_8)+(a_9+a_{10}+\cdots+a_{16})+\cdots+(a_{16k-7}+a_{16k-6}+\cdots+a_{16k})$$
$$\leqslant 16\times 2k=32k. \quad ①$$

将 $1,2,\cdots,32k$ 这 $32k$ 个数分为 $16k$ 组（每两个一组）：

$$(1,16k+1),(2,16k+2),\cdots,(16k,32k). \quad ②$$

考虑前 $16k$ 个和 $S_1,S_2,\cdots,S_{16k}$.

如果有 $S_i=16k$，那么 $16k$ 是蝇魂.

如果有 $S_i=32k$，那么 $i=16k$，并且①中每个括号中 8 个数的和为 16，从而

$$S_{8k}=16k,$$

$16k$ 是蝇魂.

乙：如果 $16k$ 个和 $S_1,S_2\cdots,S_{16k}$ 都不在②中最后一组，那么这 $16k$ 个和落在前 $16k-1$ 组中. 由抽屉原理，必有两个落在同一个组中. 设它们是 S_i 与 $S_j(j>i)$，则

$$S_j-S_i=16k,$$

也就是 $a_{i+1}+a_{i+2}+\cdots+a_j=16k$.

总之，当且仅当 m 是 16 的倍数时，m 是蝇魂.

评注 证明存在性，抽屉原理是常用的方法.

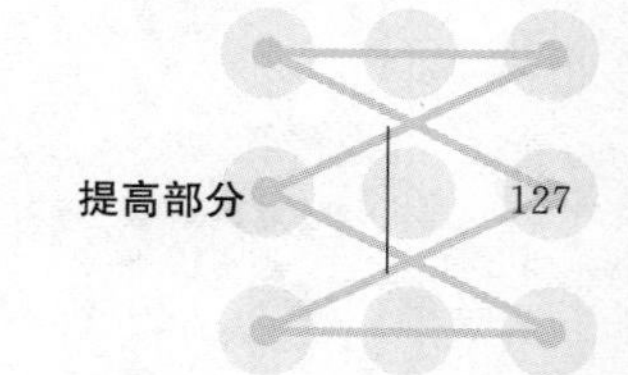

76 幽灵数列

问题 实数无穷数列 $a_1, a_2, \cdots$ 称为幽灵数列:如果 $a_1=1$,并且 $n>1$ 时,

$$na_1+(n-1)a_2+\cdots+2a_{n-1}+a_n<0, \quad ①$$

$$n^2a_1+(n-1)^2a_2+\cdots+2^2a_{n-1}+a_n>0. \quad ②$$

证明:

$$2015^3a_1+2014^3a_2+\cdots+2^3a_{2014}+a_{2015}<12345. \quad ③$$

甲:式子复杂,从何下手?

师:可以设

$$t_n=na_1+(n-1)a_2+\cdots+a_n, \quad ④$$

$$u_n=n^2a_1+(n-1)^2a_2+\cdots+a_n, \quad ⑤$$

$$v_n=n^3a_1+(n-1)^3a_2+\cdots+a_n. \quad ⑥$$

甲:这有什么用?

乙:看起来简单一些. ①、②、③可以分别写成

$$t_n<0, \quad ⑦$$

$$u_n>0, \quad ⑧$$

$$v_{2015}<12345. \quad ⑨$$

⑦、⑧对 $n>1$ 均成立,⑨是要证明的.

甲:还是不知从何入手.

师:如果数列的通项是项数 n 的 k 次多项式,那么前 n 项的和就是 n 的 $k+1$ 次多项式. 所以

$$\begin{aligned}&t_1+t_2+\cdots+t_n\\=&(1+2+\cdots+n)a_1+(1+2+\cdots+(n-1))a_2+\cdots+a_n\\=&\frac{n(n+1)}{2}a_1+\frac{(n-1)n}{2}a_2+\cdots+a_n\\=&\frac{1}{2}(n^2a_1+(n-1)^2a_2+\cdots+a_n)+\frac{1}{2}(na_1+(n-1)a_2+\cdots+a_n)\\=&\frac{1}{2}(u_n+t_n).\end{aligned} \quad ⑩$$

这就建立了 u_n 与 t_n 的关系.

你可以试一试找出 v_n、u_n、t_u 之间的关系.

甲：$u_1+u_2+\cdots+u_n$

$=(1^2+2^2+\cdots+n^2)a_1+(1^2+2^2+\cdots(n-1)^2)a_2+\cdots+a_n$

$=\dfrac{n(n+1)(2n+1)}{6}a_1+\dfrac{(n-1)n(2n-1)}{6}a_2+\cdots+a_n$

$$=\frac{1}{3}v_n+\frac{1}{2}u_n+\frac{1}{6}t_n. \tag{⑪}$$

师：接下去将等式变为不等式. 由⑩，得

$$u_n=2(t_1+t_2+\cdots+t_n)-t_n=2(t_1+t_2+\cdots+t_{n-1})+t_n. \tag{⑫}$$

由于 $n>1$ 时，$t_n<0$，所以

$$u_n<u_n-t_n=2(t_1+t_2+\cdots+t_{n-1})<2t_1=2. \tag{⑬}$$

乙：由⑪，得

$$\begin{aligned}v_n&=3(u_1+u_2+\cdots+u_n)-\frac{3u_n+t_n}{2}\\&=3(u_1+u_2+\cdots+u_{n-1})+\frac{3u_n-t_n}{2}\\&<3(1+2(n-1))+\frac{2\times2+2}{2}\quad（利用⑬）\\&=6n-6.\end{aligned}$$

所以

$$v_{2015}<6\times2015-6=12090-6<12345.$$

甲：我想到一个新问题. 满足问题要求的幽灵数列是否存在？会不会这种数列并不存在？

师：找找看.

乙：符号同上. 取 $a_1=1$，a_2 需满足的条件是

$$t_2=2a_1+a_2<0,$$
$$u_2=4a_1+a_2>0,$$

即

$$-4<a_2<-2. \tag{⑭}$$

设已有 $a_1,a_2,\cdots,a_n$ 满足关于幽灵数列的要求①、②. a_{n+1} 需满足的

条件是

$$t_{n+1}=t_n+S_n+a_{n+1}<0, \tag{15}$$

与

$$u_{n+1}=u_n+S_n+2t_n+a_{n+1}>0. \tag{16}$$

其中

$$S_n=a_1+a_2+\cdots+a_n, \tag{17}$$

即 a_{n+1} 应满足

$$-u_n-S_n-2t_n<a_{n+1}<-S_n-t_n. \tag{18}$$

这需要⑱的右边>左边,即

$$t_n+u_n>0. \tag{19}$$

可是,从何保证⑲成立呢?

师:遇到一点障碍,不要紧. $t_1+u_1=2>0$ 没问题. 如果当时取 $a_2\in(-3,-2)$,那么

$$t_2+u_2=6+2a_2>0. \tag{20}$$

因此,可将⑲作为归纳假设.

甲:但这样做的话,⑱虽然没有问题,我们还要证明

$$t_{n+1}+u_{n+1}>0. \tag{21}$$

师:是的.

乙:㉑就是

$$2a_{n+1}+3t_n+u_n+2S_n>0. \tag{22}$$

因为

$$-\frac{1}{2}(3t_n+u_n+2S_n)-(-u_n-S_n-2t_n)=\frac{1}{2}(u_n+t_n)>0,$$

$$(-S_n-t_n)-\left(-\frac{1}{2}(3t_n+u_n+2S_n)\right)=\frac{1}{2}(u_n+t_n)>0,$$

所以取 $a_{n+1}\in\left(-\frac{1}{2}(3t_n+u_n+2S_n),-S_n-t_n\right)$ 就可以满足㉒与⑱. 因此幽灵数列存在.

甲:原来 a_{n+1} 的范围有选择的余地,不必作茧自缚.

评注 讨论中,提倡发表新的见解,发现新的问题.

77 沿数轴前进

问题 数轴上每个整点处放好一枚硬币，正面朝上. 开始时，汤姆站在原点，面向数轴正方向.

每一次操作如下：看一看所在位置的硬币.

(a) 若硬币正面朝上，翻转这枚硬币. 汤姆向后转，并前进 1(1 个单位长).

(b) 若硬币反面朝上，拾起它，汤姆前进 1.

(c) 若该处没有硬币，汤姆放下 1 枚硬币，正面朝上，并前进 1.

这样进行下去，直至有 20 枚硬币(不管在哪里)反面朝上.

问：一共进行了多少次操作?

甲：我先进行几次操作以熟悉题意，看看有什么规律.

记原点为 P(不用 O，免得与零混淆)，点 -1 处为 N. 又记正面朝上的硬币为 1，反面朝上的硬币为 -1，没有硬币记为 0.

第 1 次，P 处的 1 改为 -1，汤姆向左前进(如图 1).

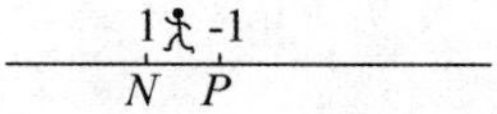

1 -1
N P

图 1

第 2 次，N 处的 1 改为 -1，汤姆向右前进(如图 2).

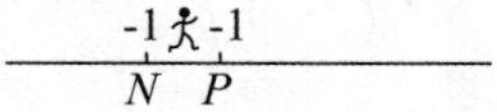

-1 -1
N P

图 2

第 3 次，P 处的 -1 改为 0，继续向右前进(如图 3).

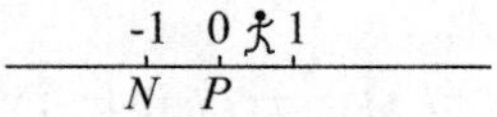

-1 0 1
N P

图 3

第 4 次，将一个 1 改为 -1，转身向左前进(如图 4).

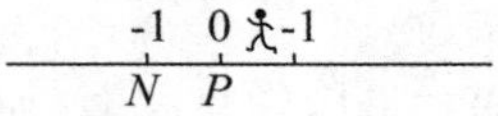

-1 0 -1
N P

图 4

第 5 次，P 处的 0 改为 1，继续向左前进（如图 5）.

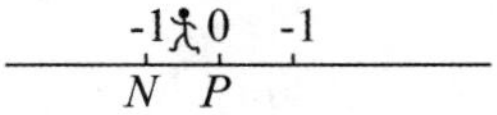

-1 0 -1

N P

图 5

第 6 次，N 处的 -1 改为 0，继续向左前进（如图 6）.

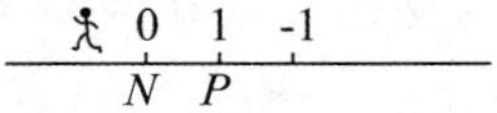

0 1 -1

N P

图 6

第 7 次，将一个 1 改为 -1，转身向右前进（如图 7）.

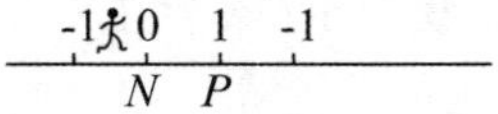

-1 0 1 -1

N P

图 7

第 8 次，向右（如图 8）.

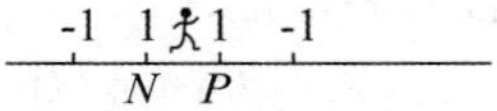

-1 1 1 -1

N P

图 8

第 9 次，转身向左（如图 9）.

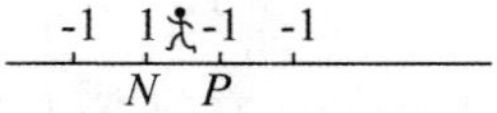

-1 1 -1 -1

N P

图 9

第 10 次，转身向右（如图 10）.

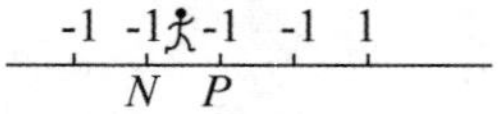

-1 -1 -1 -1 1

N P

图 10

第 11、12、13 次，向右最后转身向左（如图 11）.

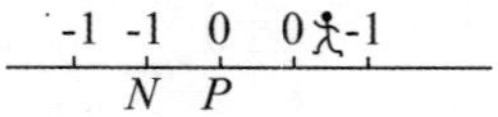

-1 -1 0 0 -1

N P

图 11

第 14、15、16、17、18 次，向左最后转身向右（如图 12）.

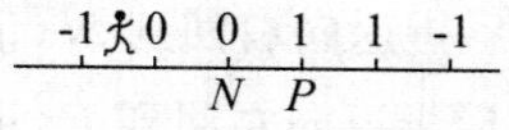

-1　0　0　1　1　-1

N　P

图 12

第 19、20、21 次，向右最后转身向左（如图 13）.

-1　1　1　-1　1　-1

N　P

图 13

第 22 次，到 N 后转身向右（如图 14）.

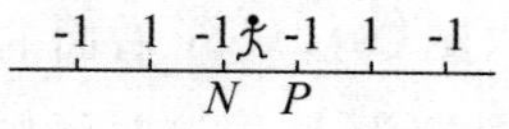

-1　1　-1　-1　1　-1

N　P

图 14

第 23、24 次，向右然后转身向左（如图 15）.

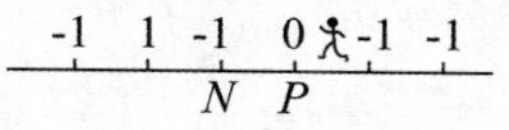

-1　1　-1　0　-1　-1

N　P

图 15

第 25、26、27 次，向左最后转身向右（如图 16）.

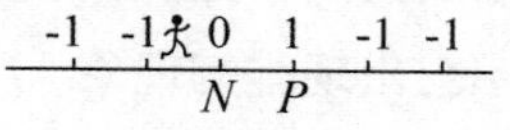

-1　-1　0　1　-1　-1

N　P

图 16

第 28、29 次，向右最后转身向左（如图 17）.

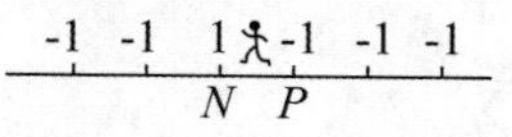

-1　-1　1　-1　-1　-1

N　P

图 17

第 30 次，向左到 N 后转身向右（如图 18）.

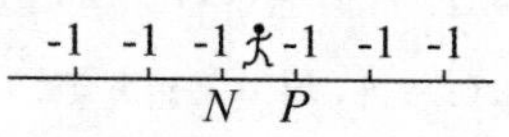

-1　-1　-1　-1　-1　-1

N　P

图 18

师：发现了什么规律？

甲：称负半轴为左边，称原点 P 右边（包括原点）为右边. 汤姆的路线可以分为两类：

由 P 出发，向左前进，然后折返向右回到 N，记为左右；

由 N 出发，向右前进，然后折返向左回到 P，记为右左.

左右或右左，均称为一组操作.

我发现没有在左边或右边的内部徘徊的，出就是说，如果往左，那么一定进入左边（至少到 N），一直往左；然后转身往右，一定进入右边（至少到 P），一直往右，再转身往左，……

乙：这可以用归纳法证明. 假设前面已经这样，现在由 N 出发，往右边前进（右左操作），往右的路上不会遇到零：否则设有 0 在点 A（图 19），那么上一次（向左）过 A 时，A 处应为 -1（图 20），从 A 右面的 B 行到 A 拾起硬币；而上上次（向右）过 A 时（图 21），A 处应为 1. 但这时汤姆行到 A 就应当转身，不能到更右的 B，矛盾.

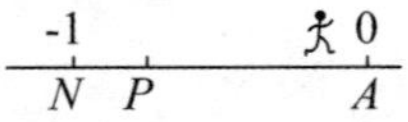

-1 0
N P A

图 19

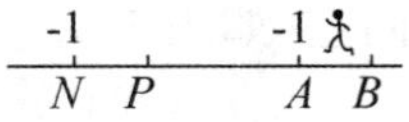

-1 -1
N P A B

图 20

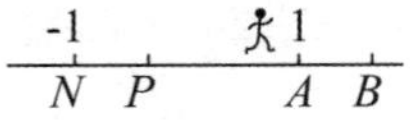

-1 1
N P A B

图 21

同样，由 P 出发，在往左的路上不会有 0 出现.

于是，在右左操作时，往右的路上全是 -1，直至遇到 1 转身往左；而返回往左时路上全是 0，直至到 N. 不会出现徘徊现象.

左右操作也是如此.

师：我们令数轴上的点 k 处的数为 a_k（$a_k=0$ 或 ±1，0 表示没放硬币，1 表示硬币朝上，-1 表示硬币朝下）.

又令 $G=\sum\limits_{\substack{k\geqslant 0\\ a_k<0}}2^k$，$H=\sum\limits_{\substack{k\leqslant 0\\ a_{-1+k}<0}}2^{-k}$.

甲：容易算出，图 1 中，$G=1$，$H=0$；图 2 中，$G=1$，$H=1$；图 3 中，$G=0$，$H=1$；图 4 中，$G=2$，$H=1$；图 7、8 中，$G=2$，$H=2$；图 9 中，$G=3$，$H=2$；图 10 中，$G=H=3$；图 11 中，$G=4$，$H=3$；图 12 中，$G=H=4$；等等.

乙：如果将数 0 与 1 看作二进制的数码 0，-1 看作二进制的数码 1，那么从右往左到点 P 的数码组成的二进制数就是 G，从右往左从点 N 开始的数码组成的二进制数就是 H. 例如图 11 中，$G=(100)_2=4$，$H=(11)_2=3$.

师：每一组操作，如右左操作，由 N 出发，向右经过连续的 -1（设为 j 个），直至遇到 1 转身，将这个 1 改为 -1，这时

$$G=2^0+2^1+\cdots+2^{j-1}+g(g\text{ 被 }2^{j+1}\text{整除;当然也可为 }0)$$

变为

$$G=2^j+g,$$

正好增加 1. 共操作了 $j+1$ 次(包括将 1 变为 -1 的 1 次). 然后往左到 P,又操作了 j 次(包括将 P 处的 0 变为 1). 共操作了 $2j+1$ 次. G 由 $n-1$ 增加为 n, $n=2^j+g$.

n 与 j 有什么关系?

甲:$2^j \parallel n$,即 $j=V_2(n)$. 这里 $V_2(n)$表示 n 的分解式中,质因数 2 的次数.

乙:左右操作也是如此,而且左、右有对称性. 开始 G、H 都是 0,以后每一组左右或右左操作,G 或 H 增加 1.

甲:于是,出现 20 个 -1. 最早是右边、左边各连续 10 个,$G=H=(\overbrace{11\cdots1}^{10\text{个}})_2=2^{10}-1$,需要

$$2\sum_{n=1}^{2^{10}-1}(2V_2(n)+1)$$

次操作

乙:上式$=4\sum_{n=1}^{2^{10}-1}V_2(n)+2(2^{10}-1)$

$=4V_2((2^{10}-1)!)+2(2^{10}-1)$

$=4(1023-S_2(1023))+2(2^{10}-1)$　　　($S_2(n)$为 n 在二进制中的数字和)

$=4(1023-10)+2\times1023$

$=6\times1023-40$

$=6098$.

即共进行了 6098 次操作.

师:设第一次出现的 n 个硬币反面朝上需 $f(n)$次操作,则用上面的方法得

$$f(n)=\begin{cases}2^{m+2}+2^{m+1}-4m-6,\text{若 } n=2m,m\in\mathbf{N};\\2^{m+2}+2^{m+1}-4m-7,\text{若 } n=2m-1,m\in\mathbf{N}.\end{cases}$$

评注　从简单的情况开始试验,发现规律,再严格证明(与自然数有关的问题常用数学归纳法). 本题是一个很好的例子.

二进制在本题中发挥了关键作用.

78 侣伴数列

问题 整数序列 $a_1,a_2,\cdots$ 满足下列条件：

(1) 对每个整数 $j\geqslant 1$，有 $1\leqslant a_j\leqslant 2015$；

(2) 对任意整数 $1\leqslant k<l$，有 $k+a_k\neq l+a_l$.

证明：存在两个正整数 b 和 p，使得

$$\left|\sum_{j=m+1}^{n}(a_j-b)\right|\leqslant 1007^2$$

对所有满足 $n>m\geqslant p$ 的整数 m 和 n 均成立.

甲：b、p 是什么？看不出来.

师：p 较为简单，只要足够大，使得不等式

$$\left|\sum_{j=m+1}^{n}(a_j-b)\right|\leqslant 1007^2 \quad ①$$

对一切 $n>m\geqslant p$ 成立就可以了.

b 是什么？的确不易看出. 但我们可以暂时别去管它. 先研究一下与正整数数列

$$a_1,a_2,\cdots \quad ②$$

密切相关的"侣伴数列"

$$s_1,s_2,s_3,\cdots, \quad ③$$

其中

$$s_i=a_i+i(i=1,2,\cdots). \quad ④$$

乙：数列④的各项都是正整数，而且互不相同.

甲：由(1)，可得

$$1+i\leqslant s_i\leqslant 2015+i(i=1,2,\cdots). \quad ⑤$$

师：举两个例子看看$\{s_n\}$还有什么特点.

乙：如果$\{a_n\}$是常数数列

$$a,a,a,\cdots, \quad ⑥$$

那么$\{s_n\}$是

$$a+1,a+2,a+3,\cdots, \quad ⑦$$

取一切$\geqslant a+1$ 的正整数.

甲:数列$\{a_n\}$是

$$5,7,5,7,\cdots \quad ⑧$$

时,数列$\{s_n\}$是

$$6,9,8,11,10,13,\cdots. \quad ⑨$$

它不是递增的,在自然数中,除了1、2、3、4、5、7以外,其他数都是它的项(当然均只出现一次).

师:总结一下,数列$\{s_n\}$几乎取所有的自然数,不取的值只有有限多个(⑦中是a个,⑨中是6个).当然,这一点是否正确?如果正确,需要加以证明.令

$$N_n=\{1,2,\cdots,n\},N=\{1,2,3,\cdots\},$$

$$S_n=\{s_1,s_2,\cdots,s_n\},S=\{s_1,s_2,s_3,\cdots\}.$$

要证$N-S$是有限集.

甲:显然由⑤,可得

$$S_n\subseteq N_{n+2015}. \quad ⑩$$

师:N_{n+2015}中有n个数属于S_n,余下2015个数.其中有一些不仅不属于S_n,也不属于S.例如1.

设N_{n+2015}中不属于S的那些数组成集合C_n,即

$$C_n=N_{n+2015}-S. \quad ⑪$$

研究一下C_n.

甲:显然$|C_n|$有界,

$$1\leqslant|C_n|\leqslant 2015. \quad ⑫$$

乙:$C_n\subseteq C_{n+1}$,所以$|C_n|$递增,但不是严格递增.

如果$n+2015+1\notin S$,那么$|C_{n+1}|$比$|C_n|$大1.否则$|C_{n+1}|=|C_n|$.即$|C_{n+1}|-|C_n|=0$或1.

甲:与$|C_n|$有界结合,可以看出$|C_{n+1}|-|C_n|=1$的情况只能出现有限多次.

乙:因此,从某个时候起,$|C_n|$不再增加,即有正整数p,使得

$$C_p=C_{p+1}=C_{p+2}=\cdots. \quad ⑬$$

记$C=C_p$,$|C|=c$.c是一个固定的(与n无关)的正整数.

甲:也就是说,$n\geqslant p$时,$n+2015\in S$,即S含有一切大于$p+2014$的正整

数. 不属于 S 的正整数只有 c 个.

师:很好. 现在可以回到原来的问题.

不急于考虑 b 的值,先估计和 $\sum_{i=1}^{n} a_i$. 方法是利用伴数列 $\{s_i\}$ 及④式.

乙:显然

$$\sum_{i=1}^{n} a_i=\sum_{i=1}^{n} s_i-\sum_{i=1}^{n} i. \tag{14}$$

$\sum_{i=1}^{n} i$ 计算简单,问题是如何估计 $\sum_{i=1}^{n} s_i$.

甲:由⑩,

$$\sum_{i=1}^{n} s_i \leqslant \sum_{i=1}^{n+2015} i. \tag{15}$$

乙:这个估计太粗糙了吧?

师:精确一点,在 $n \geqslant p$ 时, $N_{n+2015}=S_n \cup C \cup (N_{n+2015}-S_n-C)$,

$$\sum_{i=1}^{n} s_i=\sum_{i=1}^{n+2015} i-d-\sigma_n. \tag{16}$$

其中 d 是 C 中所有数的和, σ_n 是 N_{n+2015} 去掉 $S_n \cup C$ 后,剩下的那些数的和.

甲: d 与 σ_n 怎么估计?

师: d 不必管它,先考虑 σ_n. $N_{n+2015}-S_n-C$ 共有 $2015-c$ 个数,最大的不超过 $n+2015$. 因为这些数都在 $S-S_n$ 中,所以最小的一个

$$a_i+i \geqslant 1+(n+1)=n+2. \tag{17}$$

甲: N_{n+2015} 中的 $2015-c$ 个数的和不超过

$$n+2015, n+2014, \cdots, n+c-1. \tag{18}$$

的和, $N_{n+2015}-S_n-C$ 中的 $2015-c$ 个数的和不小于

$$n+2, n+3, \cdots, n+2016-c. \tag{19}$$

的和. 所以

$$\sum_{i=n+2}^{n+2016-c} i \leqslant \sigma_n \leqslant \sum_{i=n+c-1}^{n+2015} i. \tag{20}$$

师:由⑭、⑯、⑳可以得到 $\sum_{i=1}^{n} a_i$ 的估计. 不过,我们真正感兴趣的是估计 $\sum_{i=m+1}^{n} a_i$,其中 $n>m \geqslant p$.

甲：$\sum_{i=m+1}^{n} a_i = \sum_{i=1}^{n} a_i - \sum_{i=1}^{m} a_i$

$$= \sum_{i=1}^{n} s_i - \sum_{i=1}^{m} s_i - \left(\sum_{i=1}^{n} i - \sum_{i=1}^{m} i\right)$$

$$= \sum_{i=1}^{n+2015} i - \sigma_n - \sum_{i=1}^{m+2015} i + \sigma_m - \left(\sum_{i=1}^{n} i - \sum_{i=1}^{m} i\right)$$

$$= \sum_{i=n+1}^{n+2015} i - \sum_{i=m+1}^{m+2015} i - (\sigma_n - \sigma_m)$$

$$= 2015(n-m) - (\sigma_n - \sigma_m). \quad ㉑$$

乙：由⑳，

$$\sigma_n - \sigma_m \geqslant \sum_{i=n+2}^{n+2016-c} i - \sum_{i=m+c-1}^{m+2015} i$$

$$= (n + 2016 - c - (m + 2015))(2015 - c)$$

$$= (n - m)(2015 - c) - (c - 1)(2015 - c), \quad ㉒$$

$$\sigma_n - \sigma_m \leqslant \sum_{i=n+c-1}^{n+2015} i - \sum_{i=m+2}^{m+2016-c} i$$

$$= (n - m)(2015 - c) + (c - 1)(2015 - c). \quad ㉓$$

甲：由㉑、㉒，在 $n \geqslant m \geqslant p$ 时，

$$\sum_{i=m+1}^{n} a_i \leqslant 2015(n - m) - (n - m)(2015 - c) + (c - 1)(2015 - c)$$

$$= c(n - m) + (c - 1)(2015 - c)$$

$$\leqslant c(n - m) + \left(\frac{2015 - 1}{2}\right)^2$$

$$= c(n - m) + 1007^2. \quad ㉔$$

同样，由㉑、㉓，

$$\sum_{i=m+1}^{n} a_i \geqslant c(n - m) - 1007^2. \quad ㉕$$

乙：所以

$$\left|\sum_{i=m+1}^{n} (a - c)\right| \leqslant 1007^2, \quad ㉖$$

即取 $b=c$，则在 $n>m\geqslant p$ 时，①成立.

甲：d 在推导过程中的抵消，所以不需要估计.

师：b 就是 c. 事先并不知道，也是在推导过程中自动得出的.

评注 由①可得出 $\lim\limits_{n\to+\infty}\dfrac{\sum\limits_{i=1}^{n}a_i}{n}=b$. 所以 b 就是 $\{a_n\}$ 的"平均值".

79 代数式的值

问题 已知复数 a、b、c 满足方程组

$$\begin{cases}a^2+ab+b^2=1+\mathrm{i},\\ b^2+bc+c^2=-2,\\ c^2+ca+a^2=1.\end{cases} \quad ①$$

求代数式 $(ab+bc+ca)^2$ 的值.

甲:方程组不好解啊! 所以 a、b、c 的值难以求出.

师:即使能够求出,也缺乏一般性. 不如将方程组改为

$$\begin{cases}a^2+ab+b^2=x,\\ b^2+bc+c^2=y,\\ c^2+ca+a^2=z.\end{cases} \quad ②$$

设法将代数式 $(ab+bc+ca)^2$ 用 x、y、z 表示.引入字母 x、y、z 代替具体的数,不仅运算简便,而且在运算过程中,不会失去一般性的规律.

乙:$(ab+bc+ca)^2$ 与"已知的"代数式 a^2+ab+b^2,b^2+bc+c^2,c^2+ca+a^2 之间应当建立联系.

甲:有什么联系?

师:$(ab+bc+ca)^2$ 是 4 次式. a^2+ab+b^2 等都是 2 次式,所以应当将它们平方,再求和(求和是保持 a、b、c 的对称性).

$$\begin{aligned}\sum x^2&=\sum(b^2+bc+c^2)^2\\ &=\sum(b^4+c^4+3b^2c^2+2b^3c+2bc^3)\\ &=2\sum a^4+3\sum a^2b^2+2\sum c^3(a+b)\\ &=2A+3B+2C,\end{aligned} \quad ③$$

其中 $A=\sum a^4, B=\sum a^2b^2, C=\sum c^3(a+b)$.

乙：我再试试将 x、y、z 两两相乘再求和（又一个 4 次式）：

$$\begin{aligned}\sum xy&=\sum(b^2+bc+c^2)(c^2+ca+a^2)\\&=\sum(b^2+c^2)(a^2+c^2)+\sum ac(b^2+c^2)+\sum bc(a^2+c^2)+abc\sum a\\&=\sum a^4+3\sum a^2b^2+\sum c^3(a+b)+3abc\sum a\\&=A+3B+C+3D,\end{aligned} \quad ④$$

其中 $D=abc\sum a$.

甲：$(ab+bc+ca)^2=\sum a^2b^2+2abc\sum a=B+2D$. ⑤

乙：由③、④消去 A、C，得

$$2\sum xy-\sum x^2=3B+6D=3(B+2D)=3(ab+bc+ca)^2. \quad ⑥$$

甲：特别地，在本题中，

$$\begin{aligned}(ab+bc+ca)^2&=\frac{1}{3}\left(2\sum xy-\sum x^2\right)\\&=\frac{1}{3}(2(-2+(1+\mathrm{i})-2(1+\mathrm{i}))-(1+4+(1+\mathrm{i})^2))\\&=\frac{-11-4\mathrm{i}}{3}.\end{aligned}$$

评注 用字母代替数，省掉很多数值计算，运算简便而结论又一般. 这在第 1 节就已说过，只不过现在的数是复数.

80 幂和的不等式

问题 正实数 a,b,c,d 满足：

$$a^2+b^2+c^2=d^2+e^2, \quad ①$$

$$a^4+b^4+c^4=d^4+e^4. \quad ②$$

证明

$$a^3+b^3+c^3\leqslant d^3+e^3. \quad ③$$

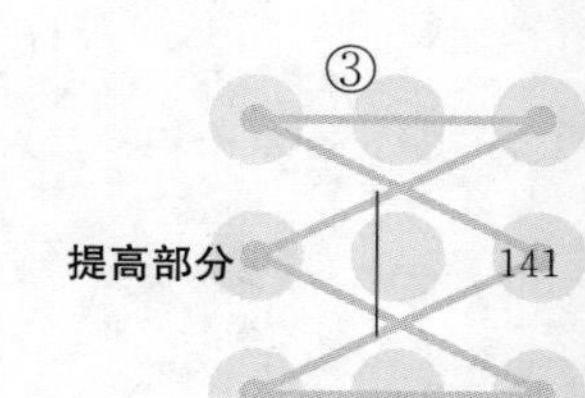

甲:这是一个有 5 个字母的代数不等式.

乙:虽有 5 个字母,却有 2 个条件,所以实际上可消去 2 个字母.

甲:消去字母? 很繁啊!

师:虽有点繁,却可行,值得试试.

乙:③的右边是$(d+e)(d^2+e^2-de)$. d^2+e^2 可换成 $a^2+b^2+c^2$. 而

$$\begin{aligned}2d^2e^2&=(d^2+e^2)^2-(d^4+e^4)\\&=(a^2+b^2+c^2)^2-(a^4+b^4+c^4)\\&=2\sum b^2c^2.\end{aligned}$$

所以

$$de=\sqrt{\sum b^2c^2},\tag{④}$$

$$(d+e)^2=d^2+e^2+2de=a^2+b^2+c^2+2\sqrt{\sum b^2c^2}.\tag{⑤}$$

将④、⑤代入③,③变为

$$\sum a^3\leqslant\sqrt{\sum a^2+2\sqrt{\sum b^2c^2}}\left(\sum a^2-\sqrt{\sum b^2c^2}\right),\tag{⑥}$$

⑥中只剩下 3 个字母 a、b、c.

甲:⑥很繁.

师:可用常规方法,平方,化简.

乙:⑥的两边平方,得等价的不等式

$$\begin{aligned}\left(\sum a^3\right)^2&\leqslant\left(\sum a^2+2\sqrt{\sum b^2c^2}\right)\left(\sum a^2-\sqrt{\sum b^2c^2}\right)^2\\&=\left(\sum a^2+2\sqrt{\sum b^2c^2}\right)\left(\left(\sum a^2\right)^2+\sum b^2c^2-2\sum a^2\sqrt{\sum b^2c^2}\right)\\&=\left(\sum a^2\right)^3+\sum a^2\sum b^2c^2+2\sqrt{\sum b^2c^2}\sum b^2c^2-4\sum a^2\sum b^2c^2.\end{aligned}$$

即

$$2\sqrt{\sum b^2c^2}\sum b^2c^2\geqslant2\sum b^3c^3+3a^2b^2c^2.\tag{⑦}$$

甲:令 $x=bc$, $y=ca$, $z=ab$,则⑦即

$$2\sum x^2\sqrt{\sum x^2}\geqslant2\sum x^3+3xyz.\tag{⑧}$$

再平方,去掉根号,化为等价的

$$4\left(\sum x^2\right)^3\geqslant4\left(\sum x^3\right)^2+9x^2y^2z^2+12xyz\sum x^3,\tag{⑨}$$

即

$$12\sum x^4(y^2+z^2)+15x^2y^2z^2\geqslant 8\sum x^3y^3+12xyz\sum x^3. \quad ⑩$$

乙:⑩即

$$2\sum x^4(y^2+z^2)+6\sum x^4(y-z)^2+4\sum x^2y^2(x-y)^2+15x^2y^2z^2\geqslant 0. \quad ⑪$$

⑪式显然成立.

师:这样的题目,只是基本运算的练习. 不怕麻烦,细心地运算,就能到达目的地.

评注 该“死算”的时候就得用点蛮力死算(brute method).

81 整数逼近

问题 证明对任意 x、$y\in\mathbf{Q}$,存在整数 u、v,使得

$$|(x-u)^2-6(y-v)^2|<1. \quad ①$$

甲:x、$y\in\mathbf{Q}$,所以设 $x=\frac{p}{q}$,$y=\frac{m}{n}$.

师:别忙着这样设.

甲:为什么?

师:你的设法,增加了字母个数(2 个字母 x、y 变成 4 个字母 p、q、m、n). 或许不必设,或许①可推广到实数 x、y. 你想,有理数可以任意逼近实数,所以如果①对任意有理数成立,那么对实数也应当成立,至多“$<$”改为“$\leqslant$”.

乙:那么,直接对 x、y 进行讨论.

可设 $|x|\leqslant\frac{1}{2}$,$|y|\leqslant\frac{1}{2}$(否则减去距离最近的整数),并且 $x>0$,$y>0$.

令 $A=|x^2-6y^2|$.

如果 $A<1$,取 $u=v=0$,结论成立.

如果 $A\geqslant 1$,那么因为 $x^2-6y^2\leqslant x^2\leqslant\frac{1}{4}$,所以

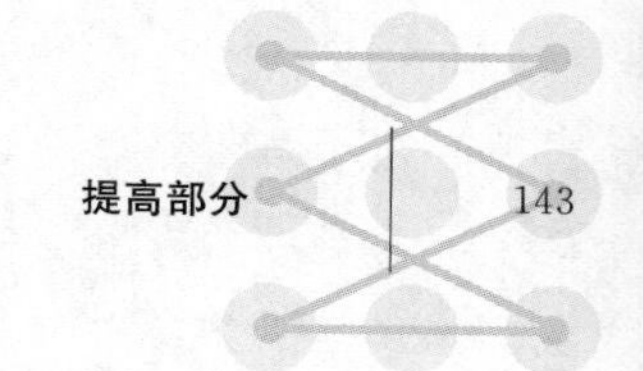

$$x^2-6y^2\leqslant -1. \qquad ②$$

甲:这时应将 x^2 增加为 $(1+x)^2$,

$$(1+x)^2-6y^2=x^2-6y^2+1+2x\leqslant 2x\leqslant 1. \qquad ③$$

所以在 $(1+x)^2-6y^2\geqslant 0$ 时,取 $u=-1$, $v=0$,结论成立,除非 $x=\frac{1}{2}$. 但③中等号成立时, $x=\frac{1}{2}$, $y=\sqrt{\frac{1}{6}\left[\left(1+\frac{1}{2}\right)^2-1\right]}=\sqrt{\frac{5}{24}}$. y 已经不是有理数了.

师:即使 $x=\frac{1}{2}$, $y=\sqrt{\frac{5}{24}}$,也可改取 $u=4$, $v=-1$,这时

$$|(x-u)^2-6(y-v)^2|=\left|12.25-6\left(\frac{5}{24}+1+\sqrt{\frac{5}{6}}\right)\right|=|\sqrt{30}-5|<1.$$

乙:在 $(1+x)^2-6y^2<0$ 时,仍取 $u=-1$, $v=0$. 我们有

$$0<6y^2-(1+x)^2\leqslant 6\left(\frac{1}{2}\right)^2-1=\frac{1}{2}<1.$$

甲:所以结论①总是成立,即使 x、y 是实数.

评注 不要引入无用的字母使问题复杂化.

本题 u、v 的选择很自由,所以可设 $|x|\leqslant\frac{1}{2}$, $|y|\leqslant\frac{1}{2}$,这使问题简化许多.

这类问题,应当用枚举法,即分情况讨论.

82 标准化

问题 给定正整数 m. 证明:对任意正整数 n,不存在非负实数组 $(a_1, a_2, \cdots, a_n)$ 和非零实数组 $(x_1, x_2, \cdots, x_n)$,满足如下条件:

(a) $x_n=\max\{x_1, x_2, \cdots, x_n\}$;

(b) $a_i>m+1-\frac{x_{i+1}}{x_i}(i=1,2,\cdots,n-1)$;

(c) $a_n>m+1-\frac{1}{x_n}\sum_{i=1}^{n-1}x_i$;

(d) $\sum_{i=1}^{n} a_i \leqslant m+1-\frac{1}{m}$.

甲:要证明满足条件的数组不存在,当然得用反证法.

乙:这种"不"的证明,要用反证法.但困难是怎样用反证法,也就是怎样导致矛盾.

甲:假设有非负实数组$(a_1,a_2,\cdots,a_n)$和非零实数组$(x_1,x_2,\cdots,x_n)$满足条件(a)～(d).

(d)是$\sum a_i$的上界,(b)、(c)是$a_i(1\leqslant i\leqslant n)$的下界.希望由它们导致矛盾.

师:a_i非负,这非负有什么用?

乙:因为a_i非负,所以$\sum_{i=1}^{n} a_i \geqslant a_k(1\leqslant k\leqslant n)$.结合(b)、(d)可得

$$m+1-\frac{1}{m}\geqslant a_i \geqslant m+1-\frac{x_{i+1}}{x_i},$$

所以

$$\frac{x_{i+1}}{x_i}\geqslant\frac{1}{m}(i=1,2,\cdots,n-1). \quad ①$$

甲:去分母?不行,不知道x_i是正是负.

乙:但由①知道$x_1,x_2,\cdots,x_n$同号.

师:可分x_i全正与x_i全负$(1\leqslant i\leqslant n)$两种情况讨论.

甲:如果$x_i<0$,那么在不等式证明容易产生错误.我想将它改为$x_i'=-x_i$ $(1\leqslant i\leqslant n)$.

师:为何不用$x_i'=\frac{x_i}{x_n}$?

乙:令$x_i'=\frac{x_i}{x_n}(i=1,2,\cdots,n)$,更好些.这时$x_i'$不但都是正的,而且$x_n'=1$时,可以称为"标准化".

师:为节省记号起见,不妨将现在的x_i'仍用x_i表示,但现在$x_n=1$.

甲:条件(a)～(d)要不要修改?哦,在原先$x_i<0$时,现在的(a)需为

$$1=x_n=\min\{x_1,x_2,\cdots,x_n\}. \quad (a')$$

(b)、(c)、(d)不变，①也不变. 但现在的 $x_i \geqslant 1(1\leqslant i\leqslant n)$.

乙：先考虑这种情况. 由①可得

$$m\geqslant x_{n-1}. \quad ②$$

甲：由(b)、(a′)可得

$$a_{n-1}>m+1-\frac{1}{x_{n-1}}\geqslant m+1-1=m. \quad ③$$

乙：只要证明 $a_{n-2}>1$ 就导出与(d)矛盾. 而

$$\begin{aligned} a_{n-2} &> m+1-\frac{x_{n-1}}{x_{n-2}}\text{(因为(b))} \\ &\geqslant m+1-x_{n-1}\text{(因为(a′))} \\ &\geqslant m+1-m\text{(因为②)} \\ &=1. \end{aligned} \quad ④$$

所以，由③、④可得

$$a_{n-1}+a_{n-2}>m+1>m+1-\frac{1}{n}>\sum_{i=1}^{n}a_i$$

矛盾.

甲：如果原先的 x_n 为正，那么(a)～(d)均正确，其中(a)可写为

$$1=x_n=\max\{x_1,x_2,\cdots,x_n\}. \quad (a'')$$

现在的 x_i 全为正$(1\leqslant i\leqslant n)$. 同样有①.

师：由(d)、(c)可得

$$m+1-\frac{1}{m}>a_n>m+1-\sum_{i=1}^{n-1}x_i,$$

所以

$$\sum_{i=1}^{n-1}x_i>\frac{1}{m}, \quad ⑤$$

乙：$\frac{x_{i+1}}{x_i}$没有上界(x_i 可为很小的正数)，所以(b)需变形为

$$a_ix_i>(m+1)x_i-x_{i+1}(i=1,2,\cdots,n-1), \quad (b')$$

方好估计.

甲：⑤也暗示要把分母去掉.

由(d)，我们有

$$
\begin{aligned}
m+1-\frac{1}{m} &\geqslant \sum_{i=1}^{n} a_i \geqslant \sum_{i=1}^{n} a_i x_i (\text{因为(a}'')) \\
&> \sum_{i=1}^{n-1}(m+1)x_i - \sum_{i=1}^{n-1} x_{i+1} + m + 1 - \sum_{i=1}^{n-1} x_i (\text{因为(b}')\text{、(c)}) \\
&= (m+1)\sum_{i=1}^{n-1} x_i - \sum_{i=2}^{n} x_i - \sum_{i=1}^{n-1} x_i + m + 1 \\
&\geqslant m + (m-1)\sum_{i=1}^{n-1} x_i \\
&\geqslant m + (m-1)\frac{1}{m} (\text{因为⑤}) \\
&= m + 1 - \frac{1}{m}.
\end{aligned}
$$

矛盾.

因此满足要求的$(a_1, a_2, \cdots, a_n)$与$(x_1, x_2, \cdots, x_n)$不存在.

师:本题的条件很多,应当充分利用,不必引进新的数列(原来公布的解答引进新的数列,显得很繁琐). 标准化,也起到简化解答的作用.

评注 解法是否简单,需要比较才更清楚. 我们为节省篇幅,没有附上原有的解答. 读者最好自己解一解,并与上面的解答比较. 如果你的解法更好,请告诉我们,以便改进.

83 两组正整数

问题 设正整数$a_1, a_2, \cdots, a_{31}, b_1, b_2, \cdots, b_{31}$满足:

(1) $a_1 < a_2 < \cdots < a_{31} \leqslant 2015, b_1 < b_2 < \cdots < b_{31} \leqslant 2015$;

(2) $a_1 + a_2 + \cdots + a_{31} = b_1 + b_2 + \cdots + b_{31}$.

求$S = |a_1 - b_1| + |a_2 - b_2| + \cdots + |a_{31} - b_{31}|$的最大值.

甲:如果没有(2),那么显然应当使a_i尽量大,b_i尽量小. 现在有(2)的限制,一定有一些$a_i \geqslant b_i$,又有一些$a_i < b_i$.

乙:如果31改为2,那么可取$a_1 = 1, a_2 = 2015, b_1 = 1007, b_2 = 1009$. 这时差$a_2 - b_2$与$b_1 - a_1$都已尽可能大了.

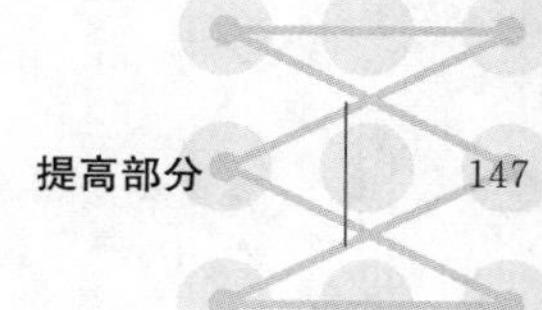

甲：如果 31 改为 3，3 是奇数，麻烦一些，似乎应取 $a_3=2015$，$a_2=2014$，$a_1=1$，$b_3=1345$，$b_2=1343$，$b_1=1342$.

乙：31 的情况应当类似. 不过，我觉得困难在于如何证明你举的例子使 S 达到最大值，尤其是难于表述.

师：可设 $|a_i-b_i|=a_i-b_i$ 的有 u 个，记为 $c_1\geqslant c_2\geqslant\cdots\geqslant c_u$；$|a_i-b_i|=b_i-a_i$ 的有 $v=31-u$ 个，记为 $d_1\geqslant d_2\geqslant\cdots\geqslant d_v$.先考虑 c_1+d_1 的上界.

甲：设 $c_1=a_k-b_k$，$d_1=b_h-a_h$，不妨设 $k>h$. 这时 $b_k>b_h$.

师：如果将它们画在数轴上(如图)，a_h，b_h，b_k，a_k 是从左到右的 4 个不同的点，都在 0 与 2015 之间(可能 $a_k=2015$). 再画一个点 a_{31}，它可能与 2015 或 a_k 重合.

0　a_h　b_h　b_k　a_k　a_{31}　2015　x

乙：

$$\begin{aligned}2015&=(2015-a_{31})+(a_{31}-a_k)+(a_k-b_k)+(b_k-b_h)+(b_h-a_h)+a_h\\&\geqslant 0+(31-k)+c_1+(k-h)+d_1+h\\&=31+c_1+d_1,\end{aligned}$$

所以

$$c_1+d_1\leqslant 2015-31=1984. \qquad ①$$

甲：如果将 31 改为偶数 30，那么 c_i，d_i 两两配对，立即得出

$$S\leqslant 1984\times 15.$$

可现在 31 是奇数，多出一个数，是不是

$$S\leqslant 1984\times 15.5?$$

乙：1984×15.5 虽然是 S 的上界，但太粗糙，并不是 S 的最大值. 因为配对后剩下的一个可能是最小的，它小于 1984 的一半.

师：不妨设 $u\leqslant 15<v$. 要估计 d_v.

乙：(2)就是

$$c_1+c_2+\cdots+c_u=d_1+d_2+\cdots+d_v. \qquad ②$$

在两边加上 $d_1+d_2+\cdots+d_u$，得

$$\begin{aligned}1984\times 15&\geqslant 1984\times u\\&\geqslant c_1+c_2+\cdots+c_u+d_1+d_2+\cdots+d_u\\&=d_1+d_2+\cdots+d_v+d_1+d_2+\cdots+d_u\\&\geqslant(u+v)d_v\\&=31d_v.\end{aligned}$$

所以

$$d_v \leqslant \frac{1984 \times 15}{31} = 960. \qquad ③$$

甲:那么

$$S \leqslant 1984 \times 15 + 960 = 30720. \qquad ④$$

师:这个估计精确,30720 正是 S 的最大值.但还要严格的证明.

甲:两两配对,每对$\leqslant 1984$,有什么不严格的?

乙:d_i 多,c_i 少,所以有些是 d_i 与 d_{i+1} 相配,即

$$S=(c_1+d_1)+(c_2+d_2)+\cdots+(c_u+d_u)+(d_{u+1}+d_{u+2})+\cdots+(d_{v-2}+d_{v-1})+d_v,$$

仅用①还不能得出④.

甲:在②中,如果 $d_{u+1} \geqslant c_1$,那么②的右边

$$\geqslant (u+1)c_1 > c_1+c_2+\cdots+c_u,$$

所以必有 $d_{u+1} < c_1$.从而 $d_{u+1}+d_{u+2},\cdots,d_{v-2}+d_{v-1}$ 都$\leqslant c_1+d_1=1984$.

师:现在④已成立,要举一个等号成立的例子.

乙:等号成立时,$d_v=960$,并且 $c_1=c_2=\cdots=c_u$,$d_1=d_2=\cdots=d_{v-1}$.$u=v-1=15$.由 $15c_1=15d_1+960$,$c_1+d_1=1984$,得 $d_1=960$,$c_1=1024$.所以应取

$$(a_1,a_2,\cdots,a_{31})=(1,2,\cdots,16,2001,2002,\cdots,2015),$$

$$(b_1,b_2,\cdots,b_{31})=(961,962,\cdots,991).$$

这是唯一的使 $S=30720$ 的数组.

S 的最大值是 30720.

评注 本题很多人试图采用“调整”的方法证明.但情况较多,用调整的方法难以表述清楚.本题的关键,一是找出 c_1+d_1 的上界,二是(在 $v \geqslant u$ 时)找出 d_v 的上界.后一点是本解法的特点.

84 整数组数

问题 设 m 及 $r_1,r_2,\cdots,r_m$ 均为正整数,λ 为正实数.证明:适合不等式组

$$\sum_{i=1}^{m} \frac{x_i}{r_i} \leqslant \frac{1}{2}(m-\lambda),\ 0 \leqslant x_i \leqslant r_i\ (i=1,2,\cdots,m) \qquad ①$$

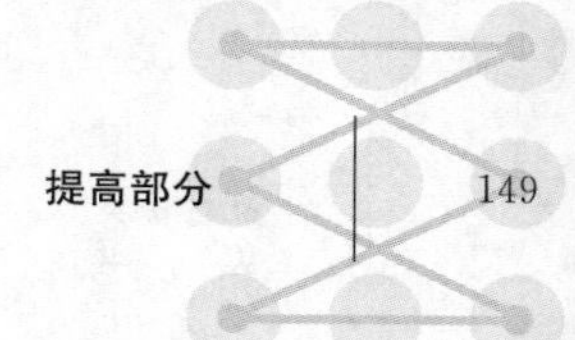

的整数组$(x_1,x_2,\cdots,x_m)$，个数不超过$\frac{\sqrt{2m}}{\lambda}(r_1+1)(r_2+1)\cdots(r_m+1)$.

甲：我还是从简单的做起.

$m=1$时，

$$\frac{x}{r}\leqslant\frac{1}{2}(1-\lambda),0\leqslant x\leqslant r. \tag{②}$$

在$\lambda>1$时无解，即解数（解的个数）为0. 在$\lambda\leqslant1$时，解数$\leqslant r+1<\frac{\sqrt{2}}{\lambda}(r+1)$.

乙：$m>1$时，可用归纳法，假设在m改为$m-1$时结论成立，再证结论对m成立. 显然可设$\lambda>\sqrt{2m}$，否则结论显然成立.

记$r_m=r$，对固定的整数$x(0\leqslant x\leqslant r)$，由归纳法假设

$$\sum_{i=1}^{m-1}\frac{x_i}{r_i}\leqslant\frac{1}{2}\left((m-1)-(\lambda-1)-\frac{2x}{r}\right) \tag{③}$$

的解数

$$\leqslant\frac{\sqrt{2(m-1)}}{\lambda-1+\frac{2x}{r}}(r_1+1)(r_2+1)\cdots(r_{m-1}+1). \tag{④}$$

甲：现在只需证明

$$\sum_{x=0}^{r}\frac{\sqrt{m-1}}{\lambda-1+\frac{2x}{r}}<\frac{\sqrt{m}}{\lambda}(r+1). \tag{⑤}$$

乙：因为

$$\begin{aligned}\sum_{x=0}^{r}\frac{2}{\lambda-1+\frac{2x}{r}}&=\sum_{x=0}^{r}\left(\frac{1}{\lambda-1+\frac{2x}{r}}+\frac{1}{\lambda-1+\frac{2x}{r}}\right)\\&=\sum_{x=0}^{r}\left(\frac{1}{\lambda-1+\frac{2x}{r}}+\frac{1}{\lambda-1+\frac{2(r-x)}{r}}\right)\\&=\sum_{x=0}^{r}\left(\frac{1}{\lambda-1+\frac{2x}{r}}+\frac{1}{\lambda+1-\frac{2x}{r}}\right)\\&=\sum_{x=0}^{r}\frac{2\lambda}{\lambda^2-\left(1-\frac{2x}{r}\right)^2}\\&<\frac{2\lambda}{\lambda^2-1}(r+1).\end{aligned} \tag{⑥}$$

所以只需证明

$$\frac{\lambda\sqrt{m-1}}{\lambda^2-1}<\frac{\sqrt{m}}{\lambda}. \tag{7}$$

甲:⑦⇔

$$\frac{\lambda^2-1}{\lambda^2}>\sqrt{1-\frac{1}{m}}. \tag{8}$$

因为$\lambda^2>2m$,所以

$$\frac{\lambda^2-1}{\lambda^2}=1-\frac{1}{\lambda^2}>1-\frac{1}{2m}>\sqrt{1-\frac{1}{m}}.$$

师:$\frac{1}{x-1}+\frac{1}{x+1}=\frac{2x}{x^2-1}$是一个很简单的等式,却在本题中起了关键作用. 所以千万不要忽视"小技巧",有时它能派上大用场.

评注 本问题是有理数逼近代数数的罗斯(Roth)定理的一个引理."说此马,它的来头大",指这类问题"有背景".

85 多个函数

问题 设n是给定的正整数,$f_1(x),f_2(x),\cdots,f_n(x)$是$n$个定义在实数集上的实值有界函数,$a_1,a_2,\cdots,a_n$是$n$个互不相同的实数. 证明:存在实数$x$,使得

$$\sum_{i=1}^{n}f_i(x)-\sum_{i=1}^{n}f_i(x-a_i)<1. \tag{1}$$

甲:先考虑$n=1$的情况. 如果对所有的实数x,都有

$$f(x)-f(x-a)\geqslant 1(a\text{ 即 }a_1), \tag{2}$$

那么对自然数m,

$$\begin{aligned}f(x+ma)-f(x)&=\sum_{j=1}^{m}(f(x+ja)-f(x+(j-1)a)) \\ &\geqslant m\times 1=m.\end{aligned} \tag{3}$$

从而

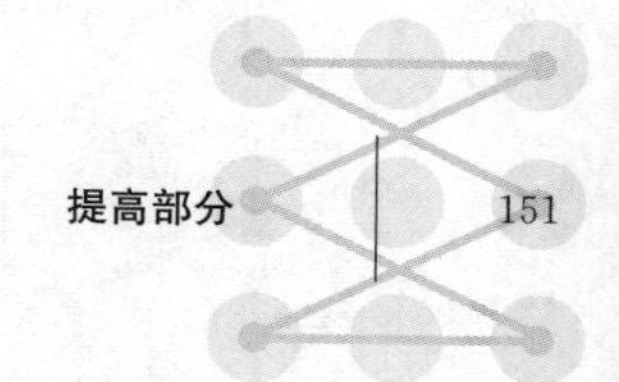

$$f(ma) \geqslant m + f(0), \qquad ④$$

随 m 的无限增大而增大,即 $f(x)$ 无界.

因此,在 $f(x)$ 有界时,必有 x,使

$$f(x) - f(x-a) < 1. \qquad ⑤$$

乙:$n=2$ 时,设

$$|f_1(x)| < M_1, |f_2(x)| < M_2. \qquad ⑥$$

若恒有

$$\sum_{i=1}^{2} f_i(x) - \sum_{i=1}^{2} f_i(x - a_i) \geqslant 1, \qquad ⑦$$

则对任意自然数 k_1、k_2,有

$$\sum_{i=1}^{2} (f_i(x + k_1 a_1 + k_2 a_2) - f_i(x + k_1 a_1 + k_2 a_2 - a_i)) \geqslant 1.$$

因此,对任意自然数 m_1、m_2,

$$\sum_{k_1=1}^{m_1} \sum_{k_2=1}^{m_2} \sum_{i=1}^{2} (f_i(x + k_1 a_1 + k_2 a_2) - f_i(x + k_1 a_1 + k_2 a_2 - a_i)) \geqslant m_1 m_2. \qquad ⑧$$

另一方面,⑧式左边交换和号,得

$$\begin{aligned}
&\sum_{i=1}^{2} \sum_{k_1=1}^{m_1} \sum_{k_2=1}^{m_2} (f_i(x + k_1 a_1 + k_2 a_2) - f_i(x + k_1 a_1 + k_2 a_2 - a_i)) \\
&= \sum_{k_2=1}^{m_2} \sum_{k_1=1}^{m_1} (f_1(x + k_1 a_1 + k_2 a_2) - f_1(x + (k_1 - 1) a_1 + k_2 a_2)) \\
&\quad + \sum_{k_1=1}^{m_1} \sum_{k_2=1}^{m_2} (f_2(x + k_1 a_1 + k_2 a_2) - f_2(x + k_1 a_1 + (k_2 - 1) a_2)) \\
&= \sum_{k_2=1}^{m_2} (f_1(x + k_2 a_2 + m_1 a_1) - f_1(x + k_2 a_2)) \qquad ⑨ \\
&\quad + \sum_{k_1=1}^{m_1} (f_2(x + k_1 a_1 + m_2 a_2) - f_2(x + k_1 a_1)) \\
&\leqslant \sum_{k_2=1}^{m_2} 2M_1 + \sum_{k_1=1}^{m_1} 2M_2 \\
&= 2M_1 m_2 + 2M_2 m_1.
\end{aligned}$$

取 $m_1 > 4M_1$,$m_2 > 4M_2$,则

$$m_1m_2>2M_1m_2+2M_2m_1. \quad ⑩$$

从而⑧、⑨矛盾.

这表明总存在 x，使得⑦不成立，即有

$$\sum_{i=1}^{2}f_i(x)-\sum_{i=1}^{2}f_i(x-a_i)<1. \quad ⑪$$

师：很好. 当然也可设

$$|f_1(x)|<M,|f_2(x)|<M, \quad ⑫$$

即 M 是 $f_1(x)$，$f_2(x)$ 的共同上界($M=\max\{M_1,M_2\}$).

同时也可取 $m_1=m_2=m>4M$.

甲：一般情况也可以这样证. 设

$$|f_i(x)|<M\ (1\leqslant i\leqslant n), \quad ⑬$$

若恒有

$$\sum_{i=1}^{n}f_i(x)-\sum_{i=1}^{n}f_i(x-a_i)\geqslant 1, \quad ⑭$$

则

$$\sum_{\substack{k_j=1\\1\leqslant j\leqslant n}}^{m}\sum_{i=1}^{n}\left(f_i\left(x+\sum_{j=1}^{n}k_ja_j\right)-f_i\left(x+\sum_{j=1}^{n}k_ja_j-a_i\right)\right)\geqslant m^n. \quad ⑮$$

但⑮左边交换和号，得

$$\begin{aligned}&\sum_{i=1}^{n}\sum_{\substack{k_j=1\\1\leqslant j\leqslant n}}^{m}\left(f_i\left(x+\sum_{j=1}^{n}k_ja_j\right)-f_i\left(x+\sum_{\substack{j=1\\j\neq i}}^{n}k_ja_j+(k_i-1)a_i\right)\right)\\&=\sum_{i=1}^{n}\sum_{\substack{k_j=1\\1\leqslant j\leqslant n\\j\neq i}}^{m}\left(f_i\left(x+\sum_{\substack{j=1\\j\neq i}}^{n}k_ja_j+ma_i\right)-f_i\left(x+\sum_{\substack{j=1\\j\neq i}}^{n}k_ja_j\right)\right)\\&\leqslant 2M\sum_{i=1}^{n}\sum_{\substack{k_j=1\\1\leqslant j\leqslant n\\j\neq i}}^{m}1\\&=2M\times n\times m^{n-1}.\end{aligned} \quad ⑯$$

取 $m>2nM$，则⑮、⑯矛盾.

师：可见一般的 n 即是由 $n=2$ 推广而得.

评注 数学中常常将结果推广. 有些推广是本质的，即可能要引用新概念、新方法才能得出推广后的结果. 不少推广是平凡的，即只需稍作变更即可由原

来方法导出. 可贵的是本质的推广.

本题的推广当然是平凡的，关键一步就是③.

86 一个多项式

问题 求同时具有以下4条性质的多项式 $f(x)$.

(1) 首1(最高次项系数为1).

(2) 系数为非负整数.

(3) x 为整数时，$72|f(x)$.

(4) 若 $g(x)$ 是具有上述性质的另一个多项式，则 $g(x)-f(x)$ 的首项系数非负.

甲：(1)、(2)两个条件容易满足.

第(3)条嘛，也不难做到. 在 x 为整数时，多项式 $x(x+1)(x+2)(x+3)(x+4)(x+5)$ 被 $6!$ 整除，当然也被72整除.

乙：(4)不易满足.

甲：我举的例子表明 $f(x)$ 的次数不能超过6. 否则

$$x(x+1)(x+2)(x+3)(x+4)(x+5)-f(x)$$

的首项系数为 -1.

乙：$f(x)$ 的次数 k 也不能小于6.

甲：为什么？

乙：作 k 次差分，每次差分所得多项式，在 x 为整数时都被72整除(参见后面的附注). $\Delta^k f(x)=k!$ 应当被72整除. 所以 $k\geqslant 6$.

甲：那么，$f(x)$ 是不是就是我举的6次多项式 $x(x+1)(x+2)(x+3)(x+4)(x+5)$？

乙：我看不是它，因为它的 x^5 的系数不是0，而我可举一个 x^5 的系数为0的多项式 $x^2(x^2+2)(x^2+23)$ 作为 $g(x)$.

甲：要验证 $72|g(x)$. x 为偶数时，$x^2(x^2+2)$ 被8整除；x 为奇数时，x^2+23 被8整除，所以 $x^2(x^2+2)(x^2+23)$ 被8整除.

x 被 3 整除时，x^2 被 9 整除；x 不被 3 整除时，x^2+2，x^2+23 都被 3 整除. 所以 $x^2(x^2+2)(x^2+23)$ 被 9 整除.

从而 $x^2(x^2+2)(x^2+23)$ 被 72 整除，它的确可以作为 $g(x)$.

师：因此 $f(x)=x^6+ax^4+\cdots$，其中非负整数 a 有待确定（肯定不大于 $2+23=25$）.

甲：$24x^4-24x^2=24x^2(x^2-1)$ 被 72 整除，所以

$$x^2(x^2+2)(x^2+23)-24x^2(x^2-1)=x^6+x^4+70x^2$$

被 72 整除.

取 $x^6+x^4+70x^2$ 作为 $g(x)$，从而上面所说的 $f(x)=x^6+ax^4+\cdots$ 中，a 至多为 1.

乙：a 必须为 1. 不然的话，对一切整数 x，

$$x^6+x^4+70x^2-f(x)=x^4+\cdots$$

被 72 整除. 但它的 4 阶差分

$$\Delta^4(x^4+\cdots)=4!=24$$

不被 72 整除.

甲：这样一来，

$$f(x)=x^6+x^4+bx^2+\cdots$$

其中非负整数 b 待定，肯定不大于 70.

乙：$36x(x-1)$ 被 72 整除，可取

$$x^6+x^4+70x^2-36x(x-1)=x^6+x^4+34x^2+36x,$$

作为 $g(x)$，所以上面的 $b\leqslant 34$.

甲：因为 $x^6+x^4+34x^2+36x-f(x)=(34-b)x^2+\cdots$，在 x 为整数时被 72 整除，所以二阶差分

$$\Delta^2((34-b)x^2+\cdots)=2(34-b)$$

被 72 整除，从而 $b=34$.

乙：同样，$f(x)$ 的一次项为 $36x$，即

$$f(x)=x^6+x^4+34x^2+36x. \quad ①$$

甲：上面的推导是不是只证明了“必要性”，即如果 $f(x)$ 满足(1)～(4)，那么必有①. 充分性还需要证明？

师：可以说“充分性”也包含在其中了. 如果你不放心，也可再形式地写

一写.

乙：设 $f(x)$ 由①给出. 如果多项式 $g(x)$ 满足(1)～(3)，考虑 $g(x)-f(x)$ 的首项系数 d. 在 $g(x)$ 的次数大于 6 时，显然 $d=1$.

设 $g(x)=x^6+a_5x^5+a_4x^4+a_3x^3+a_2x^2+a_1x+a_0$. 如果 $a_5\geqslant 1$，那么 $d\geqslant 1$. 设 $a_5=0$. 因为 $72\mid g(x)-f(x)$，所以 $\Delta^4(g(x)-f(x))=24(a_4-1)\equiv 0 \pmod{72}$，从而 $a_4\geqslant 1$. $a_4>1$ 时，$a\geqslant 1$. 设 $a_4=1$. 如果 $a_3\geqslant 1$，那么 $d\geqslant 1$. 设 $a_3=0$. 因为 $\Delta^2(g(x)-f(x))=2(a_2-34)\equiv 0 \pmod{72}$，所以 $a_2\geqslant 34$. $a_2>34$ 时，$d\geqslant 1$. 设 $a_2=34$. 因为 $\Delta(g(x)-f(x))=a_1-36\equiv 0 \pmod{72}$，所以 $a_1\geqslant 36$. $a_1>36$ 时，$d\geqslant 1$. $a_1=36$ 时，$d=a_0\geqslant 0$.

附注　对多项式 $f(x)=a_nx^n+\cdots$，称

$$\phi(x)=f(x+1)-f(x)=na_nx^{n-1}+\cdots$$

为 $f(x)$ 的一阶差分，

$$\phi(x+1)-\phi(x)=f(x+2)-2f(x+1)-f(x)=n(n-1)a_nx^{n-1}+\cdots$$

为 $f(x)$ 的二阶差分.

依此类推.

n 次多项式 $f(x)$ 的 n 阶差分为 $n!\ a_n$（a_n 为 $f(x)$ 的首项系数），$n+1$ 阶或更高阶差分为 0.

87　乘积的项数

问题　设 m、n 为给定的大于 1 的整数. A 为 x 的 m 项多项式，B 为 x 的 n 项多项式. 乘积 AB 至多多少项？至少多少项？

甲：是 m 项多项式，不是 m 次多项式？

师：是的.

乙：显然 AB 至多 mn 项，如

$$A=1+x^n+x^{2n}+\cdots+x^{(m-1)n},\quad B=1+x+\cdots+x^{n-1},$$

则

$$AB=1+x+\cdots+x^{n-1}+x^n+x^{n+1}+\cdots+x^{2n-1}+\cdots+x^{mn-1}$$

恰有 mn 项.

甲:AB 至少两项. A 的最低次项乘 B 的最低次项,得出 AB 的最低次项. A 的最高次项乘 B 的最高次项,得出 AB 的最高次项. 这两项都不会与其他项合并. 所以 AB 至少有两项.

乙:但能不能举出 AB 恰有两项的例子?

甲:如果 m、n 中有一个为偶数,问题比较简单. 不妨设 $m=2h$ 为偶数,令

$$B=1+x+\cdots+x^{n-1},$$

$$A=(1-x)(1+x^{n}+x^{2n}+\cdots+x^{(h-1)n}).$$

则 B 是 n 项,$A=1+x^{n}+x^{2n}+\cdots+x^{(h-1)n}-x-x^{n+1}-x^{2n+1}-\cdots-x^{(h-1)n+1}$ 是 $2h=m$ 项. 而

$$AB=(1-x^{n})(1+x^{n}+x^{2n}+\cdots+x^{(h-1)n})=1-x^{hn}$$

只有两项.

师:对于一般的 m、n,设

$$\varepsilon=e^{\frac{2\pi i}{m+n-2}} \quad ①$$

是 1 的 $m+n-2$ 次本原根,$\varepsilon_{k}=\varepsilon^{k}(1\leqslant k\leqslant m+n-2)$. 令

$$A=(x-\varepsilon_{1})(x-\varepsilon_{2})\cdots(x-\varepsilon_{m-1}),$$

$$B=(x-\varepsilon_{m})(x-\varepsilon_{m+1})\cdots(x-\varepsilon_{m+n-2}).$$

则

$$AB=x^{m+n-2}-1$$

只有两项.

我们证明 A 有 m 项. 因为

$$A=x^{m-1}+a_{1}x^{m-2}+\cdots+a_{m-1},$$

其中 $a_{j}=\sum$(从 $\varepsilon_{1},\varepsilon_{2},\cdots,\varepsilon_{m-1}$ 中取 j 个相乘),$1\leqslant j\leqslant m-1$.

只需证明所有 $a_{j}(1\leqslant j\leqslant m-1)$都非零.

甲:$a_{1}=\varepsilon_{1}+\varepsilon_{2}+\cdots+\varepsilon_{m-1}$形状最为简单. 怎么证明它非零? 可以用等比数列求和.

师:但求和不易推广. 可用反证法. 假设 $a_{1}=0$,则

$$\varepsilon a_{1}=0=a_{1},$$

即

$$\varepsilon_{2}+\varepsilon_{3}+\cdots+\varepsilon_{m}=\varepsilon_{1}+\varepsilon_{2}+\cdots+\varepsilon_{m-1},$$

从而

$$\varepsilon_1=\varepsilon_m. \tag{②}$$

但②显然不成立,所以 $a_1\neq 0$.

乙:采用归纳法,设 $a_1,a_2,\cdots,a_{j-1}$ 非零. 又假设 $a_j=0$,则

$$\varepsilon^j a_j=0=a_j,$$

即

$$\sum(\text{从 }\varepsilon_2,\varepsilon_3,\cdots,\varepsilon_m\text{ 中取 }j\text{ 个相乘})=\sum(\text{从 }\varepsilon_1,\varepsilon_2,\cdots,\varepsilon_{m-1}\text{ 中取 }j\text{ 个相乘}).$$

从而

$$\varepsilon_m\sum(\text{从 }\varepsilon_2,\varepsilon_3,\cdots,\varepsilon_{m-1}\text{ 中取 }j-1\text{ 个相乘})$$
$$=\varepsilon_1\sum(\text{从 }\varepsilon_2,\varepsilon_3,\cdots,\varepsilon_{m-1}\text{ 中取 }j-1\text{ 个相乘}),$$

即

$$\varepsilon_m\varepsilon^{j-1}b_{j-1}=\varepsilon_1\varepsilon^{j-1}b_{j-1}. \tag{③}$$

其中 b_{j-1} 是 $\sum$(从 $\varepsilon_1,\varepsilon_2,\cdots,\varepsilon_{m-2}$ 中取 $j-1$ 个相乘),即是将 m 换成 $m-1$ 时,相应的 a_{j-1}. 根据归纳假设,$b_{j-1}\neq 0$. 于是由 ③ 得 ②,矛盾.

甲:同理,B 是 n 项式.

乙:不知能否找两个整系数的 m 项式与 n 项式,相乘的积为二项式.

师:这个,我也不知道结果.

评注 学习中应当不断发现新的问题. 于不疑处有疑,学习才有进步.

爱因斯坦当学生时就一直考虑 $c+c$(这里 c 代表光速)$=$? 也就是设想一辆车以光速前进,在车上发出的光线速度是多少? 这个问题导致他发现了狭义相对论.

88 上要封顶

问题 确定所有三元正整数组(a,b,c),使得 $ab-c,bc-a,ca-b$ 都是 2 的方幂(2 的方幂是指形如 2^n 的整数,其中 n 是一个非负整数).

甲:设

$$bc-a=2^\alpha, \tag{①}$$

$$ca-b=2^{\beta},\quad ②$$

$$ab-c=2^{r},\quad ③$$

α、β、r 都是非负整数.

如果 $a=b=c$，……

师：可以考虑“如果 $a=b$”，省去一些讨论.

甲：如果 $a=b$，那么由①得

$$a(c-1)=2^{\alpha},$$

所以 a、$c-1$ 都是 2 的幂. 设

$$a=2^{s},c-1=2^{t},$$

代入③，得

$$2^{2s}=2^{r}+2^{t}+1.$$

由二进制的唯一性，必有 $\{r,t\}=\{0,1\}$，$s=1$. 从而

$$a=b=2,c=2\text{ 或 }3.$$

它们都是解(不难验证).

以下设 a、b、c 互不相等，$a<b<c$，从而 $\alpha>\beta>r$.

乙：如果 $a=1$，那么

$$c-b=2^{\beta}>0,b-c=2^{r}>0$$

矛盾. 所以 $a>1$.

甲：如果 $a=2$，那么

$$2c-b=2^{\beta},\quad ④$$

$$2b-c=2^{r}.\quad ⑤$$

$2\times$④+⑤，得

$$3c=2^{\beta+1}+2^{r},$$

从而

$$b=2c-2^{\beta}=\frac{1}{3}(2^{r+1}+2^{\beta}),$$

代入①，得

$$(2^{\beta+1}+2^{r})(2^{r+1}+2^{\beta})=9\times(2^{\alpha}+2).$$

即

$$2^{2\beta+1}+2^{\beta+r+2}+2^{\beta+r}+2^{2r+1}=2^{\alpha+3}+2^{\alpha}+2^{4}+2.\quad ⑥$$

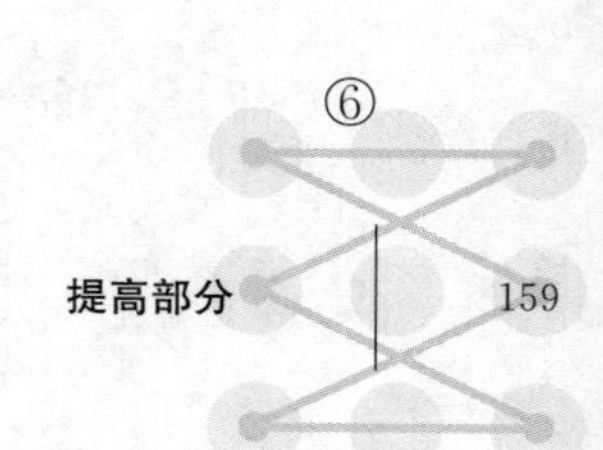

因为 $2\beta+1\geqslant\beta+r+2>\beta+r\geqslant 2r+1, \alpha+3>\alpha>\beta\geqslant 2$，所以由⑥及二进制的唯一性，得

$$r=0, \beta=4, \alpha=6.$$

从而 $b=\frac{1}{3}(2+2^4)=6, c=\frac{1}{3}(2^5+2^0)=11$. 不难验证(2,6,11)是解.

乙：如果 $a=3$，那么同样 $3\times$②+③，得

$$c=\frac{1}{8}(3\times 2^{\beta}+2^{r}), b=\frac{1}{8}(3\times 2^{r}+2^{\beta}),$$

代入①，得

$$(3\times 2^{\beta}+2^{r})(3\times 2^{r}+2^{\beta})=2^6(2^{\alpha}+3).$$

即

$$2^{2\beta+1}+2^{2\beta}+2^{\beta+r+3}+2^{\beta+r+1}+2^{2r+1}+2^{2r}=2^{\alpha+6}+2^7+2^6,$$

所以 $r=3, \beta=r+1=4, \alpha=5. b=5, c=7$. 不难验证(3,5,7)是解.

甲：如果 $a=4$，……

乙：这样做下去，何时能了？

师：应当给 a 一个上界. 实际上，$a\leqslant 3$.

乙：设 $a\geqslant 3$，由②，得

$$2^{\beta}=ac-b\geqslant 3c-b>2c,$$

$$c<2^{\beta-1}.$$

①+②，①−③，分别得

$$(a+b)(c-1)=2^{\alpha}+2^{\beta}=2^{\beta}(2^{\alpha-\beta}+1), \tag{7}$$

$$(b-a)(c+1)=2^{\alpha}-2^{\beta}=2^{\beta}(2^{\alpha-\beta}-1). \tag{8}$$

因为 $b-a<c<2^{\beta-1}$，所以由⑧得 $2^2\mid(c+1)$，从而 $2\mid(c-1)$. 由⑦得 $2^{\beta-1}\mid(a+b)$. 而 $a+b<2c<2^{\beta}$，所以

$$a+b=2^{\beta-1}.$$

代入②，得

$$ac-b=2(a+b),$$

即

$$a(c-2)=3b. \tag{9}$$

于是 $3(c-1)\geqslant a(c-2)$， $3\geqslant(a-3)(c-2)\geqslant a(a-3)$， $a\leqslant 3$.

从而 a 不可能大于 3.

甲：于是满足条件的三元正整数组共有 16 个，即(2,2,2)，(2,2,3)的三种排列，(2,6,11)的六种排列，(3,5,7)的三种排列.

乙：如果由上面上界的推导得出⑨，那么 $a=3$ 的情况可以做得更简单一些. 由⑨得 $c=b+2$，从而②、③变为

$$b+3=2^{\beta-1}, b-3=2^{r-1},$$

两式相减，得

$$2^{\beta-1}=2^{r-1}+6=2^{r-1}+2+2^2.$$

由二进制的唯一性，$r=2$，$\beta=4$，$b=5$，$c=7$.

师：本题的主要困难在于定出 a 的上界.

这类“不定方程”往往都有上界. 但在这上界之下也可能有(有限组)解，不难先将它们求出，也应当先将它们求出.

不易解决的情况，很可能没有解，所以往往也就提示我们上界应当是多少.

89 柳暗花明

问题 给定正整数 n. 证明：对任意不超过 $3n^2+4n$ 的正整数 a、b、c，均存在绝对值不超过 $2n$ 且不全为 0 的整数 x、y、z，使得

$$ax+by+cz=0. \quad ①$$

甲：应当考虑 mod c.

形如 $ax+by$，x、y 为整数，并且 $|x|\leqslant n$，$|y|\leqslant n$ 的数，有 $(2n+1)^2$ 个. 因为

$$(2n+1)^2>3n^2+4n\geqslant c, \quad ②$$

所以由抽屉原理，上述 $(2n+1)^2$ 个中必有两个数在 mod c 的同一个剩余类中(剩余类的个数为 c)，即有两个满足上述条件的 x 值，记为 x_1、x_2，使得

$$ax_1+by_1\equiv ax_2+by_2 \pmod c.$$

记 $x=x_1-x_2$，$y=y_1-y_2$，则

$$ax+by\equiv 0 \pmod{c},$$

这表示$\frac{ax+by}{c}$是整数,记它为$-z$,则

$$ax+by+cz=0,$$

即得到①.

乙:但是x、y、z还要满足"绝对值不超过$2n$且不全为0"的要求.

甲:因为$(x_1,y_1)\neq(x_2,y_2)$,所以$x=x_1-x_2$,$y=y_1-y_2$不全为0,并且

$$|x|\leqslant|x_1|+|x_2|\leqslant 2n,\ |y|\leqslant 2n.$$

而

$$|z|=\frac{|ax+by|}{c}\leqslant|x|\cdot\frac{a}{c}+|y|\cdot\frac{b}{c}. \qquad ③$$

我可以在开始时,选定$a\leqslant b\leqslant c$. 这样由③得

$$|z|\leqslant|x|+|y|\leqslant 4n.$$

师:很可惜,不是$|z|\leqslant 2n$.

甲:如果上面的x、y异号或至少有一个为0,那么③可改为

$$|z|\leqslant\frac{1}{c}\max\{a|x|,b|y|\}\leqslant 2n.$$

但$xy>0$的情况不好处理.

乙:②中$(2n+1)^2$比$3n^2+4n$大得多,其中大有改进的余地.

如图,原来限制(x,y)在正方形区域$\{(x,y)\mid|x|\leqslant n,|y|\leqslant n\}$内. 现在再切去两角,即限定

$$-n\leqslant x+y\leqslant n+1.$$

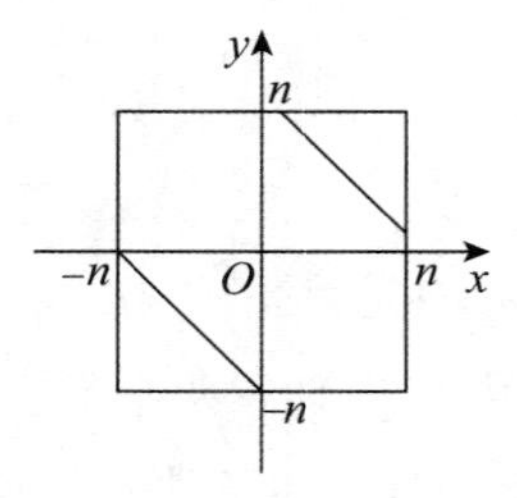

这时整点(x,y)的个数为

$$(2n+1)^2-(1+2+\cdots+n)-[1+2+\cdots+(n-1)]$$

$$=(2n+1)^2-\frac{n(n+1)}{2}-\frac{n(n-1)}{2}=3n^2+4n+1>3n^2+4n.$$

所以仍有上面所说的(x_1,y_1),(x_2,y_2)及$x=x_1-x_2$,$y=y_1-y_2$等等.而且

$$|x+y|=|(x_1+y_1)-(x_2+y_2)|\leqslant(n+1)-(-n)=2n+1.$$

从而在$xy>0$时,

$$|z|\leqslant\frac{b}{c}|x+y|\leqslant\frac{b}{c}(2n+1).$$

如果$b<c$,那么

$$|z|<2n+1,$$

也就是

$$|z|\leqslant 2n.$$

甲:如果$b=c$,那么可取$x=0$,$y=1$,$z=-1$,显然

$$ax+by+cz=0.$$

师:"山重水复疑无路,柳暗花明又一村."解题中遇到障碍,不必慌张.回过头去,设法补救,会找到一条绕过障碍的道路.

90 完全剩余系相加

问题 设整数$x_1,x_2,\cdots,x_{2014}$模2014互不同余,整数$y_1,y_2,\cdots,y_{2014}$模2014也互不同余.证明:可将$y_1,y_2,\cdots,y_{2014}$重新排列为$z_1,z_2,\cdots,z_{2014}$,使得

$$x_1+z_1,x_2+z_2,\cdots,x_{2014}+z_{2014}$$

模4028互不同余.

甲:我想将2014改为更一般的自然数n,即设整数$x_1,x_2,\cdots,x_n$模n互不同余,整数$y_1,y_2,\cdots,y_n$模n也互不同余.证明:可将$y_1,y_2,\cdots,y_n$重新排列为$z_1,z_2,\cdots,z_n$,使得$x_1+z_1,x_2+z_2,\cdots,x_n+z_n$模$2n$互不同余(现在的模是$2n$而不是原来的$n$).

师:你能注意到一般化,这是很好的.不过在n是4的倍数时,结论是否正

确，目前尚未清楚．所以我们只讨论 n 为奇数或 $n=4m-2$（m 为自然数）的情况．

乙：n 为奇数的情况不难．

因为是模 n 或 $2n$，所以可设 $x_i=i$ 或 $i+n(i=1,2,\cdots,n)$，$y_i=i$ 或 $i+n(i=1,2,\cdots,n)$．这时

$$x_i+y_i=2i \text{ 或 } 2i+n \pmod{2n}.$$

对于 $j\not\equiv i \pmod{n}$，

$$x_i+y_i\equiv x_j+y_j \pmod{2n}, \tag{①}$$

导致

$$2i\equiv 2j \text{ 或 } 2j\pm n \pmod{2n},$$

从而

$$2i\equiv 2j \pmod{n}. \tag{②}$$

因为 n 为奇数，由②导致 $i\equiv j \pmod{n}$，矛盾．

所以 $x_1+y_1,x_2+y_2,\cdots,x_n+y_n$，模 $2n$ 时互不同余．

甲：在 $n=2k$，$k=2m-1(m\in\mathbf{N})$ 时，由②只能导出

$$i\equiv j \pmod{k}. \tag{③}$$

所以①是有可能成立的．但成立时，下标 i 与 j 相差 k．

师：但我们还有选择权，即可以将 y 的下标顺序重排．如果出现

$$x_i+y_i\equiv x_{i+k}+y_{i+k} \pmod{2n}\ (1\leqslant i\leqslant k),$$

那么可以将 y_i 与 y_{i+k} 互换．

乙：会不会同时有

$$x_i+y_{i+k}\equiv x_{i+k}+y_i \pmod{2n}. \tag{④}$$

甲：如果①、④同时发生，那么相加，化简得

$$2x_i\equiv 2x_{i+k} \pmod{2n}, \tag{⑤}$$

从而

$$x_i\equiv x_{i+k} \pmod{n}.$$

这与 $x_i\not\equiv x_{i+k} \pmod{n}$ 矛盾．

乙：于是，在需要时将相关的 y_i 与 y_{i+k} 互换，则一切 $x_i+y_i(i=1,2,\cdots,n)$ 模 $2n$ 互不同余．

甲：$n=4m$ 的情况呢？

师：你们以后有时间可以慢慢研究.

$y_1,y_2,\cdots,y_n$ 是 mod n 的完系（完全剩余系），但它们的顺序（即下标）可由我们自由选择. 这种选择权极为重要，是解决本题的重要条件.

91 添加元素

问题 设整数 $n\geqslant 3$，不超过 n 的质数共有 k 个. 设 A 是集合 $\{2,3,\cdots,n\}$ 的子集，A 的元素个数小于 k，且 A 中任意一个数不是另一个数的倍数. 证明：存在集合 $\{2,3,\cdots,n\}$ 的 k 元子集 B，使得 B 中任意一个数也不是另一个数的倍数，且 B 包含 A.

甲：设不超过 n 的质数为

$$p_1<p_2<\cdots<p_k,$$

每个 $p_i(1\leqslant i\leqslant k)$ 都应当有一个倍数（也可能就是它本身）在 A 中. 否则就将这个 p_i 添加进去，用 $A\cup\{p_i\}$ 代替 A. 显然 $A\cup\{p_i\}$ 中，每个数都不是另一个数的倍数.

乙：既然每个 p_i 在 A 中都有一个倍数，我们可设这些倍数中，p_i 的幂指数最高为 $p_i^{\alpha_i}$，这个倍数是 $p_i^{\alpha_i}\cdot b_i$，$p_i\nmid b_i$.

如果 $p_i<b_i$，那么

$$p_i^{\alpha_i+1}<p_i^{\alpha_i}b_i\leqslant n,$$

将 $p_i^{\alpha_i+1}$ 添加到 A 中. 这时每个数仍然都不是另一个数的倍数.

甲：这样添加后，每一个 p_i 都有一个倍数 $p_i^{\alpha_i}b_i\in A$，且 $p_i>b_i$. 这样的数没有相同的：对于 $p_i^{\alpha_i}b_i$ 与 $p_j^{\alpha_j}b_j$，$i<j\leqslant k$，因为

$$p_j>p_i>b_i,$$

所以 $p_j\nmid p_i^{\alpha_i}b_i$，$p_i^{\alpha_i}b_i\neq p_j^{\alpha_j}b_j$.

也就是经过添加，所得的集已经满足条件，元数至少为 k.

师：本题证法很多. 我们喜爱直接添加的方法.

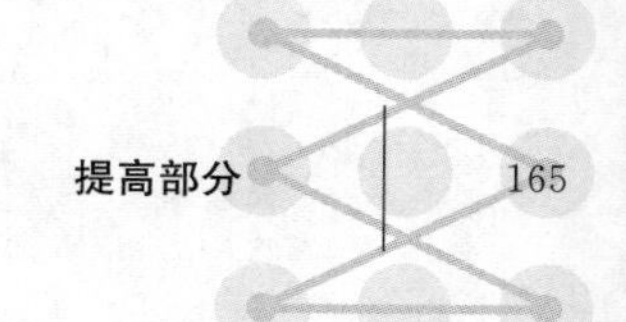

92 数论函数

问题 已知 m 为正整数. 求证

$$\sum_{k=0}^{m-1}\varphi(2k+1)\left[\frac{m+k}{2k+1}\right]=m^2, \quad ①$$

其中 $\varphi(n)$ 为欧拉函数, $[x]$ 为不超过 x 的最大整数(通常称为取整函数或地板函数).

甲:欧拉函数 $\varphi(n)$ 就是不大于 n 并且与 n 互质的正整数的个数,即

$$\varphi(n)=\sum_{\substack{m\leqslant n\\(m,n)=1}}1. \quad ②$$

乙:将 $1,2,\cdots,n$ 这 n 个数,按照与 n 的最大公约数分类:最大公约数为 d 的在一类,这一类的数形状为 kd,其中 k 与 $\frac{n}{d}$ 互质,并且 $\leqslant\frac{n}{d}$,所以这一类的个数(k 的个数)是 $\varphi\left(\frac{n}{d}\right)$. 从而

$$n=\sum_{d\mid n}\varphi\left(\frac{n}{d}\right), \quad ③$$

改记 $\frac{n}{d}$ 为 d,则③可写成

$$n=\sum_{d\mid n}\varphi(d). \quad ④$$

师:④是一个关于欧拉函数的公式,很有用. 借助④,可将①的右边变为左边.

甲:怎么变?

师:首先,前 m 个正奇数的和正好是 m^2,所以可将 m^2 改为和,再用④改为二重和:

$$m^2=\sum_{k=0}^{m-1}(2k+1)=\sum_{k=0}^{m-1}\sum_{d\mid 2k+1}\varphi(d) \quad ⑤$$

(将 $2k+1$ 作为④中的 n). 上式的 $d\mid 2k+1$,所以 d 一定是奇数,可记为 $2h+1$,从而

$$m^2=\sum_{k=0}^{m-1}\sum_{2h+1\mid 2k+1}\varphi(2h+1). \quad ⑥$$

再交换和号,得

$$m^2=\sum_{h=0}^{m-1}\varphi(2h+1)\sum_{\substack{0\leqslant k\leqslant m-1\\2h+1\mid 2k+1}}1, \tag{⑦}$$

其中的内和 $\sum\limits_{\substack{0\leqslant k\leqslant m-1\\2h+1\mid 2k+1}}1$ 表示在$\{0,1,\cdots,m-1\}$中有多少 k，能使 $2k+1$ 是 $2h+1$ 的倍数. 考虑一下这个内和是多少？

乙：显然 $k=h$ 时，$2k+1=2h+1$ 是 $2h+1$ 的倍数. 从而在 k 为

$$h,h+(2h+1),h+2(2h+1),\cdots \tag{⑧}$$

时，相应的 $2k+1$ 都是 $2h+1$ 的倍数.

甲：⑧的 k，当然满足

$$2k+1=2(h+n(2h+1))+1\equiv 0(\mathrm{mod}\ 2h+1). \tag{⑨}$$

但是不是$\{0,1,2,\cdots,m-1\}$中所有使 $2k+1$ 被 $2h+1$ 整除的 k 都在⑧中？

乙：如果

$$2k+1\equiv 0(\mathrm{mod}\ 2h+1),$$

那么

$$(2k+1)-(2h+1)=2(k-h)\equiv 0(\mathrm{mod}\ 2h+1).$$

从而(因为 2 与奇数 $2h+1$ 互质)

$$k-h\equiv 0(\mathrm{mod}\ 2h+1),$$

$$k=h+t(2h+1)(t=0,1,2\cdots), \tag{⑩}$$

即使得 $2k+1$ 被 $2h+1$ 整除的 k 都在⑧中，共有$\left[\frac{m-1-h}{2h+1}\right]+1$个.

所以

$$\sum_{\substack{0\leqslant k\leqslant m-1\\2h+1\mid 2k+1}}1=\left[\frac{m-1-h}{2h+1}\right]+1=\left[\frac{m+h}{2h+1}\right]. \tag{⑪}$$

甲：从而由⑦、⑪，得

$$m^2=\sum_{h=0}^{m-1}\varphi(2h+1)\left[\frac{m+h}{2h+1}\right].$$

即①成立.

师：定义域与值域都为整数的函数，通常称为整数函数. 处理整数函数，一定要弄清它的意义，也就是定义.

双重和号交换，可以产生很多结果. 这种“算两次”的方法很重要. ⑤中 m^2 变为和，再变为双重和(利用④)，这种产生和的办法值得注意.

93 廉洁不廉洁

问题 如果对正整数 n，存在正整数 a、d，使得

$$a, a+d, a+2d, \cdots, a+2015d \quad ①$$

均小于 n，且与 n 互质，那么 n 称为廉洁的. 否则称为不廉洁的.

试找出最大的不廉洁的数或证明它不存在.

甲："廉洁""不廉洁"，这两个名词的定义不太好懂.

师：先举些例子看看.

乙：如果 n 是一个大于 2016 的质数，那么

$$1, 2, \cdots, 2016$$

均小于 n，且与 n 互质，n 是廉洁的.

甲：如果 n 是不廉洁的，那么对所有使得 $a+2015d<n$ 的正整数 a 与 d，在

$$a, a+d, a+2d, \cdots, a+2015d$$

中至少有一个与 n 不互质.

$n=2\times 2015$ 是不廉洁的，因为

$$a+2015d<n$$

时，$d=1$. 而对任意正整数 a，

$$a, a+1, a+2, \cdots, a+2015$$

中一定有偶数，它与 n 不互质. 所以 $n=2\times 2015$ 是不廉洁的.

乙：类似地，设质数 $p<2016$，则对

$$a+2015d<2015p$$

的 d 有 $d<p$. 因为

$$0, 1, 2, \cdots, p-1(\leqslant 2015)$$

是 mod p 的完全剩余系，d 与 p 互质，所以

$$a, a+d, a+2d, \cdots, a+(p-1)d$$

也是 p 的完全剩余系，其中必有一个被 p 整除，即与 p 不互质. 所以①中必有数与 $2015p$ 不互质. $2015p$ 是不廉洁的.

甲：更一般地，设 M 是所有小于 2016 的质数的积. 由

$$a+2015d<2015M$$

得 $d<M$，从而必有一个小于 2016 的质数 p（它是 M 的因数）不是 d 的因数，从而 d 与 p 互质.

与上面推理完全相同，在①中必有数与 $2015M$ 不互质，从而 $2015M$ 是不廉洁的.

猜想 $2015M$ 是最大的不廉洁的数.

乙：设 $n>2015M$，只要证明 n 是廉洁的，那么 $2015M$ 就是最大的不廉洁的数.

n 是质数的情况，上面已经证过.

设 $n=n_1n_2$，其中 n_1 的质因数均小于 2016，n_2 的质因数均大于 2016. 又记 n_1 的所有不同的质因数的乘积为 M_1，n_2 的所有不同的质因数乘积为 M_2.

在 $n_2=1$，即 n 的质因数均小于 2016 时，取 $a=1$，$d=M$，则对于 n 的任一质因数 p，

$$(a+id,p)=(1+iM,p)=(1,p)=1,$$

所以

$$(a+id,n)=1,0\leqslant i\leqslant 2015.$$

并且

$$a+2015d=1+2015M\leqslant n$$

最后的等号不能成立，因为 $a+2015d$ 与 n 互质.

所以这时 n 是廉洁的.

甲：设 $n_2>1$，质数 $q\mid M_2$. 取 $a=q+\frac{M_1M_2}{q}$，$d=\frac{M_1M_2}{q}$.

设 p 为 n 的质因数，则 $p\mid M_1M_2$.

在 $p\neq q$ 时，$p\mid d$，

$$(a+id,p)=(q,p)=1,0\leqslant i\leqslant 2015.$$

在 $p=q$ 时，$p\nmid d$，$p>2016$

$$(a+id,p)=((i+1)d,p)=(i+1,p)=1,0\leqslant i\leqslant 2015.$$

于是，

$$(a+id,n)=1,0\leqslant i\leqslant 2015.$$

剩下的事是证明

$$a+2015d\leqslant n \qquad ②$$

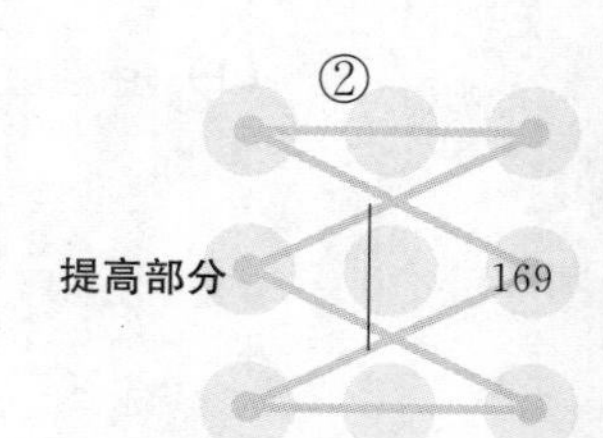

(因为$(a+2015d,n)=1$,所以等号不会成立).

乙:$a+2015d=q+2016\times\frac{M_1M_2}{q}\leqslant q+2016\times\frac{n_1n_2}{q}$.

在$n_2\neq q$时,取q为n_2的最小质因数(我们有选q的权利),

$$n-(a+2015d)\geqslant(q-2016)\times\frac{n_1n_2}{q}-q\geqslant\frac{n_2}{q}-q\geqslant0.$$

在$n_2=q$时,$n=n_1q$.因为n不是质数,$n_1\geqslant2$,

$$n-(a+2015d)\geqslant n_1q-(q+2016n_1)=n_1(q-2016)-q.$$

如果$q>2\times2016$,那么上式$\geqslant2(q-2016)-q>0$.

如果$q<2\times2016$,那么$n_1>\frac{2015M}{q}>2017$,

$$n_1(q-2016)-q>2017(q-2016)-q=2016(q-2017)\geqslant0.$$

因此,总有②成立.n是廉洁的.

$2015M$是最大的不廉洁的数.

评注 这类问题,先给出若干名词(本题是“廉洁”“不廉洁”)的定义.解题时务必先正确理解这些名词的意义(定义).

本题中,“廉洁”需要构造实例,“不廉洁”需要对一般情况证明.

后半部分为本题主要部分,要验证实例符合要求.在构造时已注意到互质,所以只需证②(通常互质比不等式难证明,所以构造时,先难后易,留下较易部分慢慢处理).

证明不等式②其实不难.分几种情况处理,“百炼钢”便化作“绕指柔”了.

94 四进制

问题 设$S=\{-1,0,1,g\}$,g为整数.如果任一整数n,都可写成

$$n=d_k\cdot4^k+d_{k-1}\cdot4^{k-1}+\cdots+d_1\cdot4+d_0,\qquad ①$$

其中k为非负整数,$d_i\in S(0\leqslant i\leqslant k)$,那么就称$S$以4为底.

证明:

(1) 存在无穷多个整数g,使得S不是以4为底的.

(2) 存在无穷多个整数 g，使得 S 是以 4 为底的.

甲：通常的 4 进制，$S=\{0,1,2,3\}$，而且只对正整数 n 有①成立即可. 现在 n 可以是负整数，所以原来的"数字"3 改成了 -1.

由①得

$$n\equiv d_0 \pmod 4.$$

n 是任意整数，跑遍 mod 4 的完系（完全剩余系）. 因此 d_0 也必须跑遍 mod 4 的完系，即 $S=\{-1,0,1,g\}$ 是 mod 4 的完系，即

$$g\equiv 2 \pmod 4.$$

师：这是一个必要条件，但不是充分条件.

甲：我想 $S=\{-1,0,1,2\}$ 是以 4 为底的.

首先，对于 $n=-1,0,1,2$，显然有①式成立. 假设 $n>2$ 而且对于小于 n 的正整数，均有①式这样的表达式.

对于 n，必有 $s\in S=\{-1,0,1,2\}$，使得

$$n\equiv s \pmod 4, \tag{②}$$

于是 $\frac{n-s}{4}$ 是整数，而且

$$0<\frac{n-s}{4}<n, \tag{③}$$

所以有

$$\frac{n-s}{4}=d_k\cdot 4^k+d_{k-1}\cdot 4^{k-1}+\cdots+d_1\cdot 4+d_0, d_i\in S(0\leqslant i\leqslant k), \tag{④}$$

从而

$$n=d_k\cdot 4^{k+1}+d_{k-1}\cdot 4^k+\cdots+d_0\cdot 4+s, d_i\in S(0\leqslant i\leqslant k), \tag{⑤}$$

于是一切正整数 n 都有所说的表示.

乙：负整数呢？

甲：同样用归纳法. $-2=-4+2$，$-3=-4+1$，-4 都有所说的表示. 假设对于大于负整数 n 的整数都已有所说的表示（$n<-4$）.

同样有②，又有

$$n<\frac{n-s}{4}<0, \tag{⑥}$$

所以有④成立，从而⑤成立.

乙：$S=\{-1,0,1,-2\}$也是以 4 为底的. 证法类似.

甲：其他情况似也可用归纳法处理. 只是 g 大时，奠基反倒有困难了，或许未必都能成立.

乙：对任意正整数 m，在 $g=4^m-2$ 时，$S=\{-1,0,1,g\}$是以 4 为底的.

奠基不困难. 首先，由上面的结果，每个绝对值小于$\frac{1}{3}g$ 的数 n，可以表示为①的形式，其中 $S=\{-1,0,1,-2\}$.

这时，必有 $k<m$，否则

$$|n|\geqslant 4^m-2\times 4^{m-1}-\cdots-2=\frac{1}{3}(4^m+2)>\frac{1}{3}g.$$

将 n 的表达式①中系数为-2 的项-2×4^i 全改为两项：

$$-2\times 4^i=(4^m-2)\times 4^i-4^{m+i}.$$

n 原来的表达式就变为系数 $d_i\in\{-1,0,1,4^m-2\}$的表达式，其中产生的新的项-4^{m+i}，4 的幂均高于 k，并且由于 i 不同，4^{m+i}互不相同.

于是，绝对值小于$\frac{1}{3}g$ 的整数 n，可以表为①的形式，其中 $S=\{-1,0,1,4^m-2\}$.

假设$|n|>\frac{1}{3}g$，且小于$|n|$的整数均可以表示为①的形式，其中 $S=\{-1,0,1,4^{m-2}\}$$\left(显然\frac{1}{3}g=\frac{4^m-2}{3}不是整数，|n|\neq\frac{1}{3}g\right)$. 必有 $s\in S=\{-1,0,1,g\}$，使得②成立. 因为

$$\frac{|n-s|}{4}\leqslant\frac{|n|+|s|}{4}\leqslant\frac{|n|+g}{4}<|n|, \tag{7}$$

所以由归纳假设，有④成立，从而有⑤成立. 于是，在 $g=4^m-2$ 时，$S=\{-1,0,1,g\}$是以 4 为底的.

这就证明了(2).

甲：$g=4^m+2$(m 为正整数)呢？

师：这时$\frac{1}{3}g$ 是整数，而⑦式在 $n=-\frac{1}{3}g$ 时应改为等式($s=g$)，所以必须检验 $n=-\frac{1}{3}g$ 能否表示成①. 而结果是否定的.

甲:为什么?

乙:假设有

$$-\frac{1}{3}g=d_k\cdot 4^k+d_{k-1}\cdot 4^{k-1}+\cdots+4\cdot d_1+d_0, d_i\in\{-1,0,1,g\}, 0\leqslant i\leqslant k, \tag{⑧}$$

因为

$$-\frac{1}{3}g=-\frac{1}{3}(4^m+2)\equiv 4^m+2\equiv 2(\mathrm{mod}\ 4),$$

所以 $d_0=4^m+2=g$. ⑧变成

$$-\frac{4}{3}g=d_k\cdot 4^k+d_{k-1}\cdot 4^{k-1}+\cdots+4\cdot d_1,$$

两边同除以 4,得

$$-\frac{1}{3}g=d_k\cdot 4^{k-1}+d_{k-1}\cdot 4^{k-2}+\cdots+d_1, \tag{⑨}$$

又得 $-\frac{1}{3}g$ 的一个表达式.

如此继续下去,得出一切 $d_i=g(0\leqslant i\leqslant k)$,并且

$$-\frac{1}{3}g=d_k=g, \tag{⑩}$$

⑩当然不可能成立.

师:也可以在开始时假定⑧式的 k 已为最小,那么⑨就与 k 的最小性矛盾.

甲:现在,在 $g=4^m+2$(m 为正整数)时,$S=\{-1,0,1,g\}$ 不以 4 为底. 这样(1)也解决了.

乙:但我们没有给出 $S=\{-1,0,1,g\}$ 以 4 为底时,g 需满足的充分必要条件.

师:这个问题不容易.

甲:上面 $g=4^m+2$(m 为正整数)的证明可以推广到 g 被 3 整除,即 $g\equiv 6(\mathrm{mod}\ 12)$时,$S=\{-1,0,1,g\}$不以 4 为底. 剩下 $g\equiv -2(\mathrm{mod}\ 12)$与 $g\equiv 2(\mathrm{mod}\ 12)$的情况.

乙:对于形如 $12h-2$(h 为正整数)的 g,$h=1,4,5$ 时,$S=\{-1,0,1,g\}$均以 4 为底. 以 $g=58$ 为例,$\left[\frac{58}{3}\right]=19$,只需验证绝对值$\leqslant 19$ 的数,可以表示

成①.

因为

$-2=58+4-4^3, 2=58-56=58+4\times58+4^2\times58+4^3-4^4-4^5,$

$6=58-4+4^2-4^3, -6=58-4^3,$

$10=58-3\times4^2=58+4^2-4^3, -10=58-4\times17=58-4-4^3,$

$14=58-4\times13=58-4+4^2-4^3, -14=58+4\times58+4^2-4^3-4^4,$

$18=58-4\times10, -18=58+4-4^2-4^3,$

所以奠基部分完成,从而结论成立.

而 $h=2,3$ 时,$S=\{-1,0,1,g\}$ 不以 4 为底,例如 $g=22$ 时,设 $-2=d_k\cdot4^k+\cdots+d_1\cdot4+d_0$,且 k 为最小,则 $d_0=22, d_1=-6, d_2=-7$,从而

$$-2=d_k\cdot4^{k-3}+\cdots+d_4\cdot4+d_3$$

与 k 的最小性矛盾.

甲:对于形如 $12h+2$(h 为正整数)的 g,同样可得 $h=1,3,4,5$ 时,S 以 4 为底. 例如 $g=62$,则 $\left[\frac{g}{3}\right]=20$,

$-2=62-4^3, 2=62-4\times15=62-4+4^3,$

$6=62-4\times14=62+62\times4-4^2\times19=62+62\times4+4^2-4^3-4^4,$

$-6=62-4\times17,$

$10=62-4\times13=62-4\times(16-4+1)=62-4+4^2-4^3,$

$-10=62+62\times4-4^3\times5,$

$14=62-4^2\times3, 18=62-4\times11=62-4\times(16-4-1),$

$-18=62-80=62-4^2\times5,$

$h=2$ 时,S 不以 4 为底. 更一般地,可以证明 $g=60t+26$(t 为非负整数)时,S 不以 4 为底:取 $b=-(4t+2)$,

$b=d_k\cdot4^k+d_{k-1}\cdot4^{k-1}+\cdots+d_1\cdot4+d_0, d_i\in S=\{\pm1,0,g\}$,且 k 为最小,则 $d_0=g$,

$$\frac{b-g}{4}=-16t-7\equiv1 \pmod 4, d_1=1,$$

$$\frac{1}{4}\left(\frac{b-g}{4}-1\right)=-(4t+2)=b,$$

$$b=d_k\cdot4^{k-2}+d_{k-1}\cdot4^{k-3}+\cdots+d_2,$$

与 k 的最小性矛盾.

师:在 $g=60h+34$(h 为非负整数)时,取 $b=-(4h+2)$,同样可证 S 不以 4 为底.

这个问题还可以继续讨论.

评注 这类问题尚没得出全部结论(充分必要条件),可称为开放性的问题(Open Problem).

95 差分再来

问题 设 p 是奇质数,$a_1,a_2,\cdots,a_p$ 是整数. 证明以下两个命题等价:

(Ⅰ) 存在一个次数不超过 $\frac{p-1}{2}$ 的整系数多项式 $f(x)$,使得对每个不超过 p 的正整数 i,都有 $f(i)\equiv a_i \pmod p$.

(Ⅱ) 对每个不超过 $\frac{p-1}{2}$ 的正整数 d,都有

$$\sum_{i=1}^{p}(a_{i+d}-a_i)^2\equiv 0 \pmod p,$$

这里下标按模 p 理解,即 $a_{p+n}=a_n$.

甲:假设(Ⅰ)成立. 这时

$$\sum_{i=1}^{p}(a_{i+d}-a_i)^2\equiv\sum_{i=1}^{p}(f(i+d)-f(i))^2 \pmod p.$$

$f(x+d)$ 与 $f(x)$ 相减时,首项抵消,所以 $f(x+d)-f(x)$ 是次数不超过 $\frac{p-1}{2}-1$ 的多项式. 令

$$\phi(x)=(f(x+d)-f(x))^2,$$

则 $\phi(x)$ 是次数 $\leqslant 2\left(\frac{p-1}{2}-1\right)=p-3$ 的多项式,可表为

$$b_nx^n+b_{n-1}x^{n-1}+\cdots+b_1x+b_0,$$

其中 $b_n,b_{n-1},\cdots,b_0$ 都是整数,$n\leqslant p-3$.

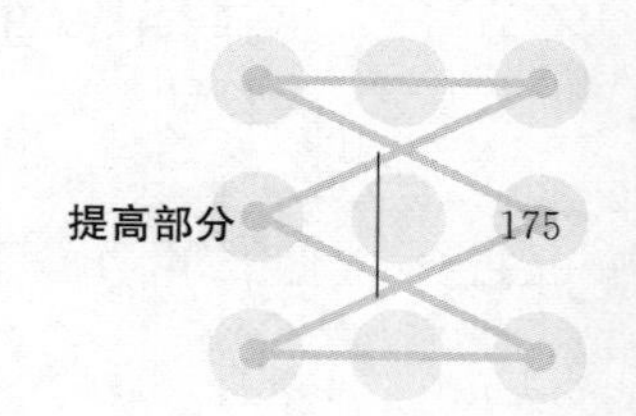

$$\sum_{i=1}^{p}(a_{i+d}-a_i)^2=\sum_{i=1}^{p}\phi(i)=\sum_{i=1}^{p}\sum_{k=0}^{n}b_k i^k$$

$$=\sum_{k=0}^{n}b_k\sum_{i=1}^{p}i^k.$$

我知道 mod p 的完全剩余系可以写成

$$0,1,g,g^2,\cdots,g^{p-2},$$

g 是 mod p 的原根，所以在 $k<p-1$ 时，

$$\sum_{i=1}^{p}i^k\equiv\sum_{j=0}^{p-2}(g^j)^k=\frac{(g^k)^{p-1}-1}{g^k-1}\equiv 0(\bmod\ p),$$

即(Ⅱ)成立.

乙：反之，设(Ⅱ)成立，要证(Ⅰ). 不知从何下手.

师：首先找一个多项式 $f(x)$ 满足 $f(i)=a_i(i=1,2,\cdots,p)$.

甲：这可用拉格朗日插值法. $p-1$ 次多项式

$$\sum_{i=1}^{p}a_i\prod_{\substack{1\leqslant j\leqslant p\\ j\neq i}}\frac{x-j}{i-j}$$

在 $x=i$ 时，值为 $a_i(i=1,2,\cdots,p)$.

乙：取整数 λ_i 为方程

$$\lambda_i\prod_{\substack{1\leqslant j\leqslant p\\ j\neq i}}(i-j)\equiv 1(\bmod\ p)$$

的解，则整系数多项式

$$f(x)=\sum_{i=1}^{p}\lambda_i a_i\prod_{\substack{1\leqslant j\leqslant p\\ j\neq i}}(x-j)$$

满足

$$f(i)\equiv a_i(\bmod\ p),1\leqslant i\leqslant p. \qquad ①$$

可是 $f(x)$ 的次数 $\leqslant p-1$，能证明它 $\leqslant\frac{p-1}{2}$ 吗？

师：记 $f(x)=\sum_{k=0}^{n}b_k x^k$，其中 $n\leqslant p-1$，$b_0,b_1,\cdots,b_n$ 为整数，并且 $b_n\not\equiv 0(\bmod\ p)$，利用(Ⅰ)及已知条件(Ⅱ)，证明 $n\leqslant\frac{p-1}{2}$.

甲：怎么记呢？

师：首先(Ⅱ)中 d 可取一切不超过 p 的正整数.

乙：在 $d>\frac{p-1}{2}$ 时，$p-d=c\leqslant\frac{p-1}{2}$，

$$\sum_{i=1}^{p}(a_{i+d}-a_i)^2=\sum_{i=1}^{p}(a_{i+d}-a_{i+d+c})^2$$

$$=\sum_{j=1}^{p}(a_j-a_{j+c})^2\equiv 0(\bmod\ p),$$

所以（Ⅱ）对一切正整数 d 成立.

师：$(f(i+d)-f(i))^2$ 中的 $f(i)$（同样 $f(i+d)$）不能直接用 $\sum_{k=0}^{n}b_kx^k$ 代入，那样做，式子很繁，看不清规律.

甲：应该怎么做？

师：

$$\sum_{i=1}^{p}(a_{i+d}-a_i)^2\equiv\sum_{i=1}^{p}(f(i+d)-f(i))^2$$

$$=\sum_{i=1}^{p}(f^2(i+d)+f^2(i)-2f(i+d)f(i))$$

$$=2\sum_{i=1}^{p}(f^2(i)-f(i+d)f(i))$$

$$=-2\sum_{i=1}^{p}(f(i+d)-f(i))f(i)$$

$$=-2\sum_{i=1}^{p}\sum_{k=1}^{d}(f(i+k)-f(i+k-1))f(i)(\bmod\ p).$$

乙：是不是要用差分多项式？令

$$\phi_1(x)=f(x+1)-f(x),$$

则

$$\sum_{i=1}^{p}(a_{i+d}-a_i)^2\equiv-2\sum_{k=1}^{d}\sum_{i=1}^{p}\phi_1(i+k-1)f(i)\ (\bmod\ p).$$

师：是的，$\phi_1(x)$ 的次数恰好比 $f(x)$ 的次数低 1. 通过差分可以将多项式的次数降到我们需要的 $p-1$.

甲：（Ⅱ）就是

$$\sum_{k=1}^{d}\sum_{i=1}^{p}\phi_1(i+k-1)f(i)\equiv 0(\bmod\ p).$$

陆续取 $d=1,2,\cdots,p$，得

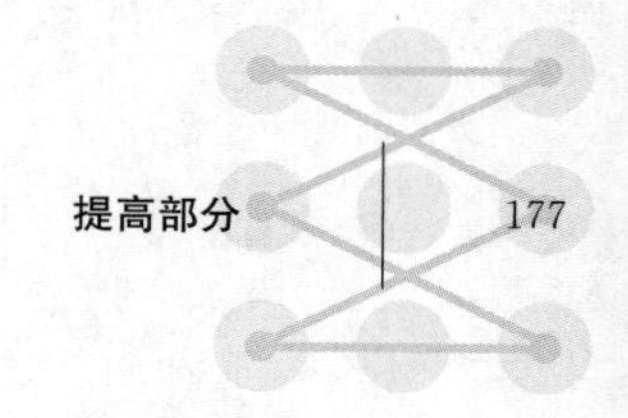

$$\sum_{i=1}^{p}\phi_1(i)f(i)\equiv 0,$$

$$\sum_{i=1}^{p}\phi_1(i)f(i)+\sum_{i=1}^{p}\phi_1(i+1)f(i)\equiv 0, \quad (\text{mod } p)$$

$$\cdots$$

$$\sum_{i=1}^{p}\phi_1(i)f(i)+\sum_{i=1}^{p}\phi_1(i+1)f(i)+\cdots+\sum_{i=1}^{p}\phi_1(i+p-1)f(i)\equiv 0.$$

从而

$$\sum_{i=1}^{p}\phi_1(i)f(i)\equiv 0,$$

$$\sum_{i=1}^{p}\phi_1(i+1)f(i)\equiv 0, \quad (\text{mod } p)$$

$$\cdots$$

$$\sum_{i=1}^{p}\phi_1(i+p-1)f(i)\equiv 0.$$

乙:再令 $\phi_2(x)=\phi_1(x+1)-\phi_1(x)$. 由上面的每个等式减去前一个,得

$$\sum_{i=1}^{p}\phi_2(i)f(i)\equiv 0,$$

$$\sum_{i=1}^{p}\phi_2(i+1)f(i)\equiv 0, \quad (\text{mod } p)$$

$$\cdots$$

$$\sum_{i=1}^{p}\phi_2(i+p-2)f(i)\equiv 0.$$

一般地,令 $\phi_h(x)=\phi_{h-1}(x+1)-\phi_{h-1}(x)$(称为 $f(x)$的 h 阶差分多项式),$h\leqslant p-1$,同样可得

$$\sum_{i=1}^{p}\phi_h(i)f(i)\equiv 0,$$

$$\cdots$$

$$\sum_{i=1}^{p}\phi_h(i+p-h)f(i)\equiv 0. \quad (\text{mod } p)$$

显然 $\phi_1(x)=\sum_{k=1}^{n}b_k[(x+1)^k-x^k]=nb_nx^{n-1}+\cdots$,其中省略号表示次数

低于 $n-1$ 的项. 同样,$\phi_2(x),\cdots,\phi_h(x)$ 的次数分别为 $n-2,\cdots,n-h$,并且首项系数分别为 $n(n-1)b_n,\cdots,n(n-1)\cdots(n-h+1)b_n$.

甲:如果 $n>\frac{p-1}{2}$,那么 $2n-(p-1)>0$. 令 $m=2n-(p-1)$,则 $\phi_m(x)$ 的次数为 $n-m=p-1-n\geqslant 0$,$\phi_m(x+p-m)f(x)=c_{p-1}x^{p-1}+\cdots+c_1x+c_0$ 的次数为 $p-1$,首项系数 $c_{p-1}=n(n-1)\cdots(n-m+1)b_n^2\not\equiv 0 \pmod p$.

$$\sum_{i=1}^{p}\phi_m(i+p-m)f(i)=\sum_{i=1}^{p}(c_{p-1}i^{p-1}+c_{p-2}i^{p-2}+\cdots+c_0)$$

$$\equiv c_{p-1}\sum_{i=1}^{p}i^{p-1}\equiv c_{p-1}(p-1)\not\equiv 0 \pmod p.$$

而这与前面的结论矛盾. 因此 $n\leqslant\frac{p-1}{2}$,即(Ⅰ)成立.

师:差分的作用就是减低多项式的次数,而仍保留有关性质.

附注 p 为奇质数时,mod p 的剩余类 $0,1,2,\cdots,p-1$ 可以写成 $0,1,g,g^2,\cdots,g^{p-2}$,g 称为 mod p 的原根. 有了这个结论,mod p 的完系去掉 0 后,就是一个等比数列,而且 $g^{p-1}\equiv 1 \pmod p$.

96 复数的模

问题 求最小的正实数 λ,使得对任意三个满足

$$z_1,z_2,z_3\in\{z\in\mathbf{C}\mid |z|<1\}, \quad ①$$

$$z_1+z_2+z_3=0 \quad ②$$

的复数 z_1,z_2,z_3,均有

$$|z_1z_2+z_2z_3+z_3z_1|^2+|z_1z_2z_3|^2<\lambda. \quad ③$$

甲:我设

$$z_1=a_1+b_1\mathrm{i},z_2=a_2+b_2\mathrm{i},z_3=a_3+b_3\mathrm{i} \quad ④$$

其中 $a_i,b_i(1\leqslant i\leqslant 3)$ 都是实数. 并且

$$a_1+a_2+a_3=b_1+b_2+b_3=0. \quad ⑤$$

师:慢一点.

甲:有什么不对吗?

师:开始阶段要慢一点.多想想,看得远一些,清楚一些.

例如④中,你设出6个字母a_i,b_i($1\leqslant i\leqslant 3$),多了一些.

我们可以先作一个旋转(也就是将每个复数都乘以$e^{-i\theta}$,也就是$\cos(-\theta)+i\sin(-\theta)$,$\theta$为$z_1$的幅角),使得$z_1$成为正实数$a$.这时①、②、③均无影响,而且可设

$$z_2=-c+bi, z_3=-d-bi, \tag{6}$$

其中c、d、b都是实数,并且

$$c+d=a. \tag{7}$$

乙:现在只剩4个字母,还有一个比⑤简单的关系⑦.

甲:可不可以设$|z_1|$,$|z_2|$,$|z_3|$中以$|z_1|=a$为最大?

师:当然可以.

乙:这样的话,c、d都是非负实数,而且还有大小关系(不妨设$c\geqslant d$)

$$1>a^2\geqslant c^2+b^2\geqslant d^2+b^2. \tag{8}$$

甲:如果$z_2=a\left(-\frac{1}{2}+\frac{\sqrt{3}}{2}i\right)$,$z_3=a\left(-\frac{1}{2}-\frac{\sqrt{3}}{2}i\right)$,那么

$$|z_1z_2+z_2z_3+z_3z_1|^2+|z_1z_2z_3|^2=0+a^2=a^2, \tag{9}$$

a可以任意接近1,所以$\lambda\geqslant 1$.

我猜想$\lambda=1$,即③的右边λ可改为1.

乙:将$z_1=a$及⑥代入,

③的左边

$$=|-a^2+(-c+bi)(-d-bi)|^2+a^2(c^2+b^2)(d^2+b^2)$$

$$=|(-a^2+cd+b^2)+b(c-d)i|^2+a^2(c^2+b^2)(d^2+b^2)$$

$$=(a^2-cd-b^2)^2+b^2(c-d)^2+a^2(c^2+b^2)(d^2+b^2) \tag{10}$$

也有一大堆字母,繁啊!

师:正是要化繁为简.

注意⑧可以再插入一项成为

$$1>a^2\geqslant c^2+b^2\geqslant cd+b^2\geqslant d^2+b^2,$$

所以$a^2-cd-b^2\geqslant 0$,⑩是a的增函数.

乙：因此，由⑩，

③的左边

$$\leqslant(1-cd-b^2)^2+b^2(c-d)^2+(c^2+b^2)(d^2+b^2). \quad ⑪$$

甲：还是相当繁.

师：继续化简啊！

乙：将⑪中的$(1-cd-b)^2$展开，得

③的左边

$$\leqslant 1-2(cd+b^2)+(cd+b^2)^2+b^2(c-d)^2+(c^2+b^2)(d^2+b^2) \quad ⑫$$

师：大胆地舍去一些东西，进行放或缩. ⑧应当充分利用.

甲：③的左边

$$\leqslant 1-(cd+b^2)(1-cd-b^2)+b^2(c-d)^2-(cd+b^2)+(d^2+b^2)$$

$$\leqslant 1-(cd+b^2)(c^2-cd)+b^2(c-d)^2$$

$$\leqslant 1-b^2c(c-d)+b^2(c-d)^2$$

$$=1-b^2d(c-d)$$

$$\leqslant 1.$$

所求最小的正实数$\lambda=1$.

乙：其实本题并不难. 先由定义将③式左边写成a、b、c的表达式，再利用⑧或⑪大胆化简. 这个化简要恰到好处并不容易.

师：今年刚去世的荷兰足球名宿克鲁伊夫曾说："足球是一件简单的事，但简单的事却不容易做到."数学也是这样. 其实它是简单的事，但不容易做到简单这一点.

97 递推与归纳

问题 证明：存在唯一的函数f：$\mathbf{N}\to\mathbf{N}$，满足

$$f(1)=f(2)=1, \quad ①$$

$$f(n)=f(f(n-1))+f(n-f(n-1)),n=3,4,\cdots. \quad ②$$

并对每个整数 $m\geqslant 2$，求 $f(2^m)$ 的值.

师：先算几项看看.这有助于理解题意，发现规律.

甲：不难逐步算出，如果 f 满足①、②，那么

$f(3)=f(f(2))+f(3-f(2))=f(1)+f(2)=2, f(4)=2f(2)=2.$

$f(5)=3, f(6)=f(7)=f(8)=4,$

$f(9)=5, f(10)=6,$

$f(11)=f(12)=7,$

$f(13)=f(14)=f(15)=f(16)=8.$

乙：通常给出初始条件与递推公式后，函数(数列)的值即可唯一确定.为什么本题要求证明函数 f 存在且唯一呢？

师：通常的递推公式都是非常明确地由有(已知)到无(未知)，由小到大.所以现在必须证明在递推公式②中，

$$n>f(n-1), \tag{③}$$

函数 f 才唯一存在.

乙：③可用归纳法证明.奠基 $n=2$ 已有，假设对于一切 $k<n$，$f(k)$ 有定义且 $\leqslant k$，则

$$f(n)=f(f(n-1))+f(n-f(n-1))\leqslant f(n-1)+(n-f(n-1))=n,$$

因此对一切 n，$f(n)$ 有定义且③成立.

甲：由上面的计算，可以猜测

$$f(2^m)=2^{m-1}, \tag{④}$$

但不太好证明，因为不只用到 2 的幂，还需用到 $f(n)$，其中 n 不是 2 的幂.

师：先证明 $f(2^m)\geqslant 2^{m-1}$，更一般地，证明

$$f(n)\geqslant\frac{n}{2}. \tag{⑤}$$

乙：⑤可用归纳法.奠基已有.假设对于 $k<n$ 时，均有 $f(k)\geqslant\frac{k}{2}$，则

$$f(n)=f(f(n-1))+f(n-f(n-1))\geqslant\frac{f(n-1)}{2}+\frac{n-f(n-1)}{2}=\frac{n}{2},$$

从而⑤成立，特别地，

$$f(2^m)\geqslant 2^{m-1}. \tag{⑥}$$

师：在证明④成立前，再证明 f 递增且每一项 $f(n)$ 比前一项 $f(n-1)$ 至多大 1（正是甲的计算给我们这样的启示），即

$$0 \leqslant f(n)-f(n-1) \leqslant 1. \quad ⑦$$

甲：用归纳法. 奠基已有，假设⑦式对于不超过 n 的自然数均成立，则

$$\begin{aligned} f(n+1) &= f(f(n))+f(n+1-f(n)) \\ &\geqslant f(f(n-1))+f(n-f(n-1)) \\ &= f(n). \end{aligned}$$

并且，若 $f(n)=f(n-1)$，则

$$\begin{aligned} & f(n+1)-f(n) \\ =& f(n+1-f(n))-f(n-f(n-1)) \\ =& f(n+1-f(n))-f(n-f(n)) \\ \leqslant& 1. \end{aligned}$$

若 $f(n)=f(n-1)+1$，则

$$\begin{aligned} & f(n+1)-f(n) \\ =& f(f(n))-f(f(n-1)) \\ =& f(f(n-1)+1)-f(f(n-1)) \\ \leqslant& 1. \end{aligned}$$

所以⑦成立. 于是 $f(n)$ 递增（并不严格递增），而且每个自然数都在 $f(n)$ 的值集中，一个不漏.

乙：现在可用归纳法证明④. 假设 $f(2^{m-1})=2^{m-2}$. 由于⑥、⑦，必有自然数 $n \in (2^{m-1}, 2^m]$，满足

$$f(n)=2^{m-1}. \quad ⑧$$

若 $n<2^m$，则

$$\begin{aligned} & n+1-f(n) \leqslant f(n), \\ 2^{m-1} &\leqslant f(n+1)=f(f(n))+f(n+1-f(n)) \\ &\leqslant 2f(f(n))=2f(2^{m-1}) \\ &= 2^{m-1}, \end{aligned}$$

所以 $f(n+1)=2^{m-1}$.

用 $n+1$ 代替 n，若 $n+1<2^m$，同样可得 $f(n+2)=2^{m-1}$，…，直到④出现.

师：在有递推关系时，常用归纳法.

98 不动点

问题 设 $\mathbf{R}$ 是全体实数的集合. 求所有的函数 $f:\mathbf{R}\to\mathbf{R}$,满足对任意实数 x、y 都有

$$f(x+f(x+y))+f(xy)=x+f(x+y)+yf(x).$$

甲:这种函数方程的问题,容易入手. 总是先选一些特殊的 x、y 的值代入,得到一些关系式,再利用它们得出结果.

例如取 $y=0$,得

$$f(x+f(x))+f(0)=x+f(x), \quad ①$$

取 $y=1$,得

$$f(x+f(x+1))=x+f(x+1). \quad ②$$

乙:我先猜. 显然 $f(x)=x$ 是本题的一个解. 但本题的解未必只有这一个. 设 $f(x)=ax+b$,则可以得到

$$ax+a^2(x+y)+(a+1)b=x+ay+by, \quad ③$$

所以 $a=1,b=0,f(x)=x$ 或者 $a=-1,b=2,f(x)=2-x$.

经检验,$f(x)=2-x$ 也是解.

所以本题至少有两个解.

甲:但是不能肯定只有这两个解,因为 $f(x)$ 不一定是 $ax+b$ 的形式.

师:是的. $f(x)$ 甚至可能不是多项式. 它是一般的函数,我们并不知道它的形状. 这正是问题的困难所在.

乙:如果令 $x=0$,那么得到

$$f(f(y))+f(0)=f(y)+yf(0). \quad ④$$

甲:如果 $f(0)=0$,那么④就变为简单得多的

$$f(f(y))=f(y), \quad ⑤$$

①也变为

$$f(x+f(x))=x+f(x). \quad ⑥$$

乙:但是 $f(0)$ 也可能不为 0.

师:其实 $f(0)\neq 0$ 反倒容易.

甲:怎么做?

师:②表明在 $y=x+f(x+1)$时,

$$f(y)=y,$$

所以这时 $f(f(y))=f(y)$,由④得(在 $f(0)\neq 0$ 时)

$$y=1,$$

即对一切 x,均有

$$x+f(x+1)=1,$$

于是

$$f(x)=1-(x-1)=2-x,$$

这就是本题的一个解.

甲:那么只需考虑 $f(0)=0$ 的情况了. 这时②、⑤、⑥都成立. 我们希望有 $f(x)=x$.

师:如果 x_0 满足

$$f(x_0)=x_0, \tag{8}$$

那么 x_0 就称为函数 $f(x)$的不动点.

不动点很重要. ②、⑤、⑥表明 $x+f(x+1)$、$f(x)$、$x+f(x)$都是函数 f 的不动点,现在 0 也是函数 f 的不动点.

乙:在②中令 $x=-1$ 得

$$f(-1)=-1,$$

所以-1 也是函数 $f(x)$的不动点.

甲:$-2=-1+f(-1)$也是不动点. 一般地,在$-n$(n 为自然数)为不动点时,

$$-2n=-n+f(-n),-2n+1=-n+f(-n+1)\text{也都是不动点}.$$

所以对一切负整数$-n$,均有

$$f(-n)=-n.$$

乙:但这才是负整数. 还要证明一切实数 x 都是不动点.

师:还得回到已知.

甲:在已知条件中令 $y=-1$,得

$$f(x+f(x-1))+f(-x)=x+f(x-1)-f(x), \tag{9}$$

再令 $x=1$,得

$$f(1)=1.$$

于是，在自然数 n 为不动点时，

$$2n=n+f(n), 2n-1=(n-1)+f(n)$$

都是不动点. 从而 2，3，…，一切正整数都是不动点.

$$f(x)=x$$

在 x 为整数时成立.

乙：但在 x 不是整数时，仍无进展.

师：还得从不动点着手. 在已知中令 $x=1$，得

$$f(1+f(1+y))+f(y)=1+f(1+y)+y. \tag{⑩}$$

如果 y、$y+1$ 都是不动点，那么由⑩得

$$f(y+2)=y+2,$$

即 $y+2$ 也是不动点. 现在 $x+1+f(x+1)$，$x+f(x+1)$ 都是不动点，所以 $x+f(x+1)+2$ 也是不动点. 用 $x-2$ 代替 x，得 $x+f(x-1)$ 是不动点.

甲：结合我前面得到的⑨，得出

$$f(-x)=-f(x), \tag{⑪}$$

即 f 是奇函数.

乙：在已知中将 x、y 换为 $-x$、$-y$，得

$$-f(x+f(x+y))+f(xy)=-x-f(x+y)+yf(x),$$

与已知相加得

$$f(xy)=yf(x),$$

令 $x=1$ 即得

$$f(y)=y.$$

甲：不容易. 其中导出 $x+f(x-1)$ 是不动点及⑪是本题关键.

评注 本题是一道较难的函数方程. 关键在于利用不动点，特别是由两个不动点 y、$y+1$ 导出 $y+2$ 也是不动点. 整个过程值得反复体会.

99 又一个函数

问题 已知函数 $f:\mathbf{N}\to\mathbf{N}$，满足

(1) 对任意正整数 m、n，有

$$(f(m),f(n))\leqslant(m,n)^{2014},$$

这里(m,n)表示m、n的最大公约数.

(2) 对任意正整数n,有

$$n\leqslant f(n)\leqslant n+2014.$$

证明:存在正整数M,当整数$n\geqslant M$时,$f(n)=n$.

师:满足

$$f(n)=n,n\in\mathbf{N}$$

的映射是恒等映射.现在的f应满足

$$f(n)=n,n\in\mathbf{N},n>M,$$

其中M是某个(足够大的)正整数,所以f近乎恒等映射.

恒等映射是单射.如果映射$f:A\to B$,对任意的$x\neq y$,x、$y\in A$,均有

$$f(x)\neq f(y),$$

那么f就称为单射.

恒等映射是满射.如果映射$f:A\to B$,对任意的$b\in B$,均有$a\in A$,使得$f(a)=b$(即B中每一个数都是像),那么f就称为满射.

令集合$A=\{n\mid n\geqslant M,n\in\mathbf{N}\}$,其中$M$是一个充分大的数,在以后再具体确定.

可以先证明f在A上是单射,也是满射.最后证明f在A上是恒等映射.

甲:怎么证明f在A上是单射?

乙:我想,可以假设f在$\mathbf{N}$上不是单射,定出使$f(n)=f(m)(n<m)$的n需要满足的条件(n应当不是非常大).

师:是的.

甲:设有m、n,$n<m$,满足$f(n)=f(m)$.这时

$$n\leqslant f(n)=(f(n),f(m))\leqslant(m,n)^{2014}\leqslant(m-n)^{2014}. \qquad ①$$

由性质(2),

$$n+2014\geqslant f(n)=f(m)\geqslant m>n, \qquad ②$$

所以

$$1\leqslant m-n\leqslant 2014, \qquad ③$$

从而结合①、③,得

$$n\leqslant(2014)^{2014}. \qquad ④$$

因此，取 $M>2014^{2014}$，则 f 在 A 上为单射.

乙：其次，证明 M 充分大时，在 A 上，f 是满射.

因为 f 为单射，对任意的 $a\in A$，

$$f(M),f(M+1),\cdots,f(a),$$

互不相同，并且均 $\leqslant a+2014$，

所以

$$\{f(M),f(M+1),\cdots,f(a)\}\subseteq\{M,M+1,\cdots,a+2014\},$$

后者比前者多 2014 个元，因此 $\{M,M+1,\cdots,a+2014\}$ 中至多有 2014 个元不是 f 的像. 由于 a 可任意选取，所以 A 中不是 f 的像的数至多 2014 个. 改取 M 大于这些数，则在 A 上，f 是满射.

甲：最后，证明 M 充分大时，在 A 上，$f(n)=n$.

如果有 $f(n)=n+k$，$1\leqslant k\leqslant 2014$，因为 f 是满射，可取 m 使得

$$f(m)=2015f(n).$$

因为(2)，

$$m\leqslant f(m)=2015f(n)=2015(n+k)\leqslant m+2014,$$

从而

$$m=2015(n+k)-c,0\leqslant c\leqslant 2014.$$

因为(1)及 $2015k-c\geqslant 2015-2014>0$，所以

$$n<f(n)=(f(n),f(m))\leqslant(m,n)^{2014}=(2015(n+k)-c,n)^{2014}$$

$$=(2015k-c,n)^{2014}\leqslant(2015k-c)^{2014}\leqslant(2015\times 2014)^{2014}.$$

因此，取 $M>(2015\times 2014)^{2014}$（并大于上述的至多 2014 个数），则 $f(n)=n$.

评注 本题证明 f 在 A 上是满射的方法，与第 78 节类似.

100 元素、集合

问题 设 $S=\{A_1,A_2,\cdots,A_n\}$，其中 $A_1,A_2,\cdots,A_n$ 是 $n(n\geqslant 2)$ 个互不相同的有限集合，满足：对任意 $A_i,A_j\in S$，均有 $A_i\cup A_j\in S$. 设 $k=\min\limits_{1\leqslant i\leqslant n}|A_i|\geqslant 2$，

证明：存在 $x\in\bigcup_{i=1}^{n}A_i$，使得 x 属于 $A_1,A_2,\cdots,A_n$ 中的至少$\frac{n}{k}$个集合.

甲：设 $A_1=\{x_1,x_2,\cdots,x_k\}$. 我知道元素与集合的关系可以列如下一个表：

	A_1	A_2	$\cdots$	A_n
x_1	1			
x_2	1			
$\vdots$				
x_k	1			

如果 $x_i\in A_j(1\leqslant i\leqslant k,1\leqslant j\leqslant n)$，那么就在表中第 i 行第 j 列写 1，否则写 0.

显然第 1 列全是 1. 如果表中至少有 n 个 1，那么表中有一行至少有$\frac{n}{k}$个 1，即 $x_1,x_2,\cdots,x_k$ 中必有一个属于 $A_1,A_2,\cdots,A_n$ 中的至少$\frac{n}{k}$个集合.

不过怎么知道表中至少有 n 个 1 呢？

师：可以分情况考虑.

乙：如果 $A_2,A_3,\cdots,A_n$ 都与 A_1 相交（至少有一个公共元素），那么表中的 1 至少有

$$k+(n-1)$$

个. 至少有一个 $x_i(1\leqslant i\leqslant k)$属于 $A_1,A_2,\cdots,A_n$ 中

$$\frac{n+k-1}{k}>\frac{n}{k}$$

个集合.

甲：如果 $A_2,A_3,\cdots,A_n$ 中有 t 个不与 A_1 相交，设它们为 $B_1,B_2,\cdots,B_t$.

因为 $B_1,B_2,\cdots,B_t$ 互不相同，所以

$$A_1\cup B_1,A_1\cup B_2,\cdots,A_1\cup B_t$$

也互不相同. 又由 S 的性质，这 t 个集都在 S 中，它们在表中各有 k 个 1. 去掉上述的 $1+2t$ 个集（$A_1,B_1,B_2,\cdots,B_t,A_1\cup B_1,A_1\cup B_2,\cdots,A_1\cup B_t$），$S$ 中还有 $n-1-2t$ 个集，每个至少与 A_1 有一个公共元素. 因此表中至少有

$$n-1-2t+k+tk=(k-2)t+n+k-1\geqslant n+k-1$$

个1. 从而至少有一个 x_i 属于 $A_1,A_2,\cdots,A_n$ 中至少

$$\frac{n+k-1}{k}>\frac{n}{k}$$

个集.

乙:这么说,题中结论可以改进为:存在 $x\in\bigcup_{i=1}^{n}A_i$,使得 x 属于 $A_1,A_2,\cdots,A_n$ 中至少$\frac{n+k-1}{k}$个集.

师:是的. 其实开始你讨论的情况(如果 $A_2,A_3,\cdots,A_n$ 都与 A_1 相交)也可省去,它是后面 $t=0$ 的特殊情况.

评注 集合、元素的关系表,可以启发思维. 当然并不是非用不可. 甲所用的表,其中只有 A_1 的元素出现,并非全部元素.

101 功不唐捐

问题 已知 $\{a_1,a_2,\cdots,a_{20}\}\cup\{b_1,b_2,\cdots,b_{20}\}=\{1,2,\cdots,40\}$. 求 $S=\sum_{i=1}^{20}\sum_{j=1}^{20}\min(a_i,b_j)$的最小值与最大值.

甲:$\min(a_i,b_j)$是 a_i,b_j 中较小的,对吧?

师:是的. 为了更好地理解题意,可以举出几个具体的例子. 例如 $a_1=1$,$a_2=2,\cdots,a_{20}=20,b_1=21,b_2=22,\cdots,b_{20}=40$. 我们来算一算 S 是多少?

乙:这不难算. 因为$(a_i,b_j)=a_i$,所以

$$S=\sum_{i=1}^{20}20a_i=20(1+2+\cdots+20)=20\times210=4200.$$

师:再举一个例子算算.

甲:我举 $a_1=1,a_2=3,\cdots,a_{20}=39,b_1=2,b_2=4,\cdots,b_{20}=40$. 这时

$\min(a_i,b_j)=1$ 的有 20 个($a_1=1,b_j$ 任意),

$\min(a_i,b_j)=2$ 的有 19 个($b_1=2,a_i=3,5,\cdots,39$),

$\min(a_i,b_j)=3$ 的有 19 个($a_3=3,b_j=4,6,\cdots,40$),

$\min(a_i,b_j)=4$ 的有 18 个($b_3=4,a_i=5,7,\cdots,39$),

$$\min(a_i,b_j)=5 \text{ 的有 } 18 \text{ 个}(a_4=5,b_j=6,8,\cdots,40),$$

$$\cdots$$

$$\min(a_i,b_j)=38 \text{ 的有 } 1 \text{ 个}(b_{19}=38,a_{20}=39),$$

$$\min(a_i,b_j)=39 \text{ 的有 } 1 \text{ 个}(a_{20}=39,b_{20}=40),$$

这时

$$\begin{aligned}S&=20\times 1+19\times(2+3)+18\times(4+5)+\cdots+1\times(38+39).\\&=20+(19+18+\cdots+1)+4\times(19+18\times 2+\cdots+1\times 19).\\&=20+190+4\sum_{k=1}^{19}k(20-k).\end{aligned}$$

其中

$$\begin{aligned}&\sum_{k=1}^{19}k(20-k)=21\sum_{k=1}^{19}k-\sum_{k=1}^{19}k(k+1)\\&=190\times 21-2(C_{20}^2+C_{19}^2+\cdots+C_2^2)\\&=190\times 21-2C_{21}^3\\&=190\times 21-190\times 14\\&=190\times 7,\end{aligned}$$

所以

$$S=20+190\times(1+4\times 7)=5530.$$

乙：这些例子与 S 的最小值、最大值有什么关系？

师：第一个例子给出 S 的最小值 4200.

甲：为什么？我想一下. 哦，S 是 $20\times 20=400$ 个加数的和，其中每个加数至多出现 20 次.这些加数 $\in\{1,2,\cdots,40\}$，所以在这些加数为 $1,2,\cdots,20$，并且各出现 20 次时最小. 这也就是第一个例子.

乙：那么 5530 就是 S 的最大值？

师：是的. 不过要证明这一点，稍有困难.

先将 S 的形状改为以下：

$$S=\sum_{i=1}^{20}\sum_{j=1}^{20}\sum_{k\leqslant\min(a_i,b_j)}1=\sum_{k=1}^{39}\sum_{i=1}^{20}\sum_{\substack{j=1\\ \min(a_i,b_j)\geqslant k}}^{20}1.$$

设 $\{a_1,a_2,\cdots,a_{20}\}$ 中有 x_k 个 $\geqslant k$，$\{b_1,b_2,\cdots,b_{20}\}$ 中有 y_k 个 $\geqslant k$，则 $x_k+y_k=41-k$，并且 $0\leqslant x_k,y_k\leqslant 20$，

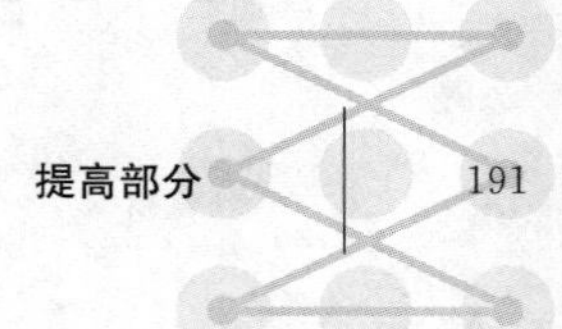

$$S=\sum_{\substack{k=1\\x_k+y_k=41-k\\0\leqslant x_k,y_k\leqslant 20}}^{39} x_k y_k.$$

$k=1$ 时，$x_1+y_1=40, x_1y_1\leqslant 20\times 20$，

$k=2$ 时，$x_2+y_2=39, x_2y_2\leqslant 20\times 19$，

$k=3$ 时，$x_3+y_3=38, x_3y_3\leqslant 19\times 19$，

…

$k=38$ 时，$x_{38}+y_{38}=3, x_{38}y_{38}\leqslant 2\times 1$，

$k=39$ 时，$x_{39}+y_{39}=2, x_{39}y_{39}\leqslant 1\times 1$，

于是

$$S\leqslant 20\times 20+20\times 19+19\times 19+19\times 18+18\times 18+\cdots+2\times 1+1\times 1.$$

甲：这个和我会求.

$$\begin{aligned}S&\leqslant 20+19+18+\cdots+1+2\times(20\times 19+19\times 18+\cdots+2\times 1)\\&=20+190+4(C_{20}^2+C_{19}^2+\cdots+C_2^2)\\&=20+190+4C_{21}^3\\&=20+190+190\times 28\\&=5530.\end{aligned}$$

正好与第二个例子结果相同. 实际上，那个例子就是使上面不等式中等号成立的唯一例子.

师：所以 S 的最大值是 5530.

本题先举出两个实例，增加对题意的理解. 而这两个例子恰好是 S 取最小值与最大值的情况. 所以功不唐捐. “唐捐”就是白白浪费. 举具体的实例从来都不是白费工夫.

102 元素的和

问题 设 m、n 为整数，$n\geqslant m\geqslant 2$. S 是 n 元整数集合.

证明：S 至少有 2^{n-m+1} 个子集，每个子集的元素的和均被 m 整除（这里约定

空集的元素的和为 0).

甲:$n-m+1$ 元集恰有 2^{n-m+1} 个子集. 因此,我们先设法找一个 $m-1$ 元子集 A,使得 A 中子集的元素的和能取遍 mod m 的剩余类. 这时 $S-A$ 是 $n-m+1$ 元集,它有 2^{n-m+1} 个子集. 设 B 是其中一个,B 中元素的和为 b.在 A 中取若干个数,和 $\equiv -b \pmod m$,这时它们与 B 合在一起的子集,元素的和被 m 整除.

乙:但是,是否一定有一个 $m-1$ 元子集 A,A 中子集的元素的和能取遍 mod m 的剩余类? 如果有,怎么构造或证明它确实存在?

甲:这个,我要细细想一想.

师:所说的 A 不一定存在. 例如 S 中每个数皆被 m 整除,那么任一子集 A 中,子集的元素的和均被 m 整除,即只有一个 mod m 的剩余类.

乙:再如 m 与 S 中的数都是偶数,那么任一子集 A 中,子集的元素的和除以 m,余数只能为偶数,不会为奇数. 所以也不可能跑遍 mod m 的剩余类.

甲:这么说来,我们设想的 A 不一定存在. 那怎么办呢?

师:你的设想还是很好的.

如果你设想的 A 存在,那么问题已迎刃而解.

如果你设想的 A 不存在,我们也可以设法补救. 车到山前自有路,不必紧张.

甲:如果 S 中每个数皆被 m 整除(您举的例子),那么 S 的任一个子集皆满足要求(元素的和被 m 整除),即这时有 2^n 个子集(比 2^{n-m+1} 更多)满足要求.

师:虽然题目给出的 $m\geqslant 2$. 但 $m=1$ 时,显然 S 的 2^n 个子集满足要求,即结论也成立.

甲:因此,可以假定 S 中有不被 m 整除的元素 a 存在(这时当然 $m\geqslant 2$).

乙:是不是考虑对 m 进行归纳? $m=1$ 时命题已真. 如果还想讨论 $m=2$,也很简单. 正如甲所说,可设 S 中有 a 为奇数,那么 $A=\{a\}$ 的子集有两个:空集的元素和为 0,$\{a\}$ 的元素和为 a. 0 与奇数 a,取遍 mod 2 的剩余类,所以如甲开始所说,命题成立.

于是,奠基已经完成. 可以假设在 m 换成比它小的正整数时结论成立,往证结论对 m 成立.

甲:这一步正是困难所在.

师:还是用你的想法.不过降低对 A 的要求:只要假定 A 的子集的元素的和能取 $|A|+1$ 个 $\bmod m$ 的剩余类.

甲:这不难做到.上面的 $A=\{a\}$(a 不被 m 整除)就满足要求:$|A|=1$,而 0 与 a 是 $\bmod m$ 的两个(不同的)剩余类.

乙:我们可以往$\{a\}$中添加一个 S 的元素,使元素的个数增加 1,希望子集元素的和也能增加一个剩余类.如果这样陆续添加,能使$|A|=m-1$,而剩余类个数增加到 m,那么就大功告成了.

甲:但上面的例子已经说过,未必能一直添加下去.也就是会出现一个 $h-1$ 元 $A(\subseteq S)$,它的子集的和构成 $\bmod m$ 的 h 个不同的剩余类 $s_1,s_2,\cdots,s_h$($2\leqslant h<m$),但对任一 $s\in S-A$,$s+s_1,s+s_2,\cdots,s+s_h$ 都不是新的剩余类.

乙:这时 $s+s_1,s+s_2,\cdots,s+s_h$ 就是 $s_1,s_2,\cdots,s_h$,只是排列顺序不同($\bmod m$).

甲:所以

$$(s+s_1)+(s+s_2)+\cdots+(s+s_h)\equiv s_1+s_2+\cdots+s_h \pmod m. \quad ①$$

从而

$$hs\equiv 0 \pmod m. \quad ②$$

设 h 与 m 的最大公约数为 d,并且

$$h=h'd,m=m'd,$$

则$(h',m')=1$,由②得

$$s\equiv 0 (\bmod m'), \quad ③$$

即 $m'|s$.这对 $S-A$ 中任一个 s 均成立.

乙:因此

$$S-A=\{m'x_1,m'x_2,\cdots,m'x_{n-h+1}\}.$$

令

$$S'=\{x_1,x_2,\cdots,x_{n-h+1}\}.$$

因为 $d\leqslant h<m$,所以由归纳假设,S'有 $2^{n-h+1-d+1}$个子集,每个子集的元素的和均被 d 整除.

甲:相应地(将 S'的每个元素乘以 m'),$S-A$ 有 $2^{n-h+1-d+1}$个子集,每个子集的元素的和被 $m'd=m$ 整除.

乙:因为 $h<m$,$(h,m)=d$,所以

$$h \leqslant m-d,$$

从而

$$n-h+1-d+1 \geqslant n-m+1+1.$$

甲:因此,在无法逐步添加产生我开始希望的子集 A 时,S 有 2^{n-m+2} 个子集,每个子集的元素的和被 m 整除.

乙:总之,本题的结论成立.

评注 在面前有一座大山阻挡自己前进时,要设法找到绕过它的路,切勿像共工氏那样坚持用头撞山.

本题解法来自广东的严文兰老师.我作过一个解法,错了.

103 集合、映射

问题 设集合 $X=\{1,2,\cdots,100\}$. 函数 $f: X \to X$ 同时满足

(1) 对任意 $x \in X$,都有 $f(x) \neq x$.

(2) 对 X 的任一个 40 元子集 A,都有 $A \cap f(A) \neq \varnothing$.

求最小的正整数 k,使得对任意满足上述条件的函数 f,都有 X 的 k 元子集 B,使得 $B \cup f(B)=X$.

甲:要满足 $B \cup f(B)=X$,必须 $k=|B| \geqslant 50$. 50 不会就是所求的最小值吧?

乙:当然不是. 如果 $k=50$,那么 $f(B)$ 与 B 必须互为补集. 这时 B 中的 40 元子集 A 与 $f(A)$ 无公共元素,与(2)不符.

我觉得 $k \geqslant 61$. 如果 $|B|=60$,那么因为 $60>40$,由(2)知 B 中必有元素 $c_1 \in B \cap f(B)$,即有 $f(b_1)=c_1$,去掉 c_1 后,又有 $c_2 \in B \cap f(B)$,即有 $f(b_2)=c_2$,…,从而 B 中有 21 个不同的数 $c_1, c_2, \cdots, c_{21}$ 及 $b_1, b_2, \cdots, b_{21}$,满足 $f(b_i)=c_i$, $i=1,2,\cdots,21$.

去掉 $b_1, b_2, \cdots, b_{21}$ 后,B 中还有 39 个数,它们的像至多 39 个. 所以

$$|B \cup f(B)| \leqslant 60+39<100.$$

因此 $k \geqslant 61$.

甲：f 有很多种. 我觉得$|B|=61$ 也是不行的. 例如将 X 中分为 32 个三元子集$\{a_i,b_i,c_i\}(1\leqslant i\leqslant 32)$，及一个 4 元子集$\{a_{33},b_{33},c_{33},d_{33}\}$. 将 $f(x)=y$ 记为 $x\to y$，并令

$$a_i\to b_i\to c_i\to a_i(1\leqslant i\leqslant 33),d_{33}\to b_{33},$$

则 f 满足条件(任 40 个数的子集 A 必含有上述 33 个三元子集$\{a_i,b_i,c_i\}$中某一个的两个数). 但 B 如果满足 $B\cup f(B)=X$，那么对每个 $1\leqslant i\leqslant 32$，B 必含有$\{a_i,b_i,c_i\}$中至少 2 个数，又必须含有 d_{33} 以及$\{a_{33},b_{33},c_{33}\}$中至少 1 个数，所以$|B|\geqslant 66$.

师：很好. 可以再改进一下，保留你的 30 个三元子集$\{a_i,b_i,c_i\}$，$1\leqslant i\leqslant 30$. 剩下 10 个数，比如说是 $1,2,\cdots,10$，令

$$f(1)=f(2)=\cdots=f(8)=f(9)=10,f(10)=9,$$

这时条件(1)、(2)均满足(任一 40 元子集或者含有某个三元子集中的 2 个数，或者包含$\{1,2,\cdots,10\}$).

若 $B\cup f(B)=X$，则 B 含有每个$\{a_i,b_i,c_i\}$中的至少 2 个数$(1\leqslant i\leqslant 32)$，并且$\{1,2,3,4,5,6,7,8\}\subseteq B$，9 或 $10\in B$，所以

$$|B|\geqslant 30\times 2+8+1=69.$$

乙：因此，$k\geqslant 69$. 另一方面，是不是对每个满足要求的 f，都有某个 B，$B\cup f(B)=X$ 并且$|B|\leqslant 69$，也就是 k 的最小值为 69?

师：是的.

甲：怎么证明呢?

师：先分析一下. $|B|$应尽量小，也就是 $\overline{B}$ 应尽量大. 记 $V=\overline{B}$. 因为 $B\cup f(B)=X$，所以 $V\subseteq f(B)$. 即有集合 $C\subseteq B$，并且 $V=f(C)$. 当然 $C\cap f(C)=\varnothing$，同样希望 $f(C)$尽量大.

因此，对每个满足要求的 f，可以这样取 B：

首先，由于(1)，$\{x\}\cap\{f(x)\}=\varnothing$. 所以 X 有子集 M 满足

$$M\cap f(M)=\varnothing. \quad ①$$

在这种子集中，取 M 使得$|f(M)|$最大. 记这样的 M 为 C(如果这种 M 不只一个，任取其一作为 C)，可设$|C|=|f(C)|$.

乙：为什么可设$|C|=|f(C)|$? 哦，对于每个 $f(C)$，可以有多个元素 c_1，c_2，$\cdots$，满足 $f(c_1)=f(c_2)=\cdots=f(c)$，但我们只取一个放在 C 中，其余的不

要. 这样就有$|C|=|f(C)|$了.

师:记

$$V=f(C), B=\overline{V},$$

则$B\supseteq C$,

$$B\cup f(B)=B\cup f(C)=X.$$

如果$|V|\leqslant 30$,那么$|C|\leqslant 30$,$|B-C|\geqslant 100-30-30=40$. 从而由$f$的定义中的(2),有$y\in(B-C)\cap f(B-C)$,即有$x$、$y\in B-C$,并且

$$f(x)=y$$

(由(1),$x\neq y$).

这时$\{x\}\cup C$的像集是$\{y\}\cup V$,并且$x\notin\overline{B}=V$,$y\notin C$,所以

$$(\{x\}\cup C)\cap(\{y\}\cup V)=\varnothing,$$

这与$f(C)=V$的最大性矛盾.

所以$|V|\geqslant 31$,$|B|\leqslant 100-31=69$.

评注 本题采用了"极端性原理",在满足①式的子集中,取一个使$|f(M)|$最大的M.

104 好子集

问题 对正整数n及$\{1,2,\cdots,2n\}$的一个非空子集A,如果集合$\{u\pm v|u,v\in A\}$不包含集合$\{1,2,\cdots,n\}$,那么A称为好子集. 求最小的正实数c,使得对任意正整数n及$\{1,2,\cdots,2n\}$的任一个好子集A,均有

$$|A|\leqslant cn. \quad ①$$

甲:如果A是好子集,那么至少有一个$m\in\{1,2,\cdots,n\}$,$m\notin\{u\pm v|u,v\in A\}$.

乙:如果$m=1$,那么A中无相邻的数,而$A=\{2,4,\cdots,2n\}$不含1. 这时$|A|=n$,所以$c\geqslant 1$.

甲:一般的情况,c未必可取1.

师:是的.

乙:设$1<m\leqslant n$,由带余除法,设

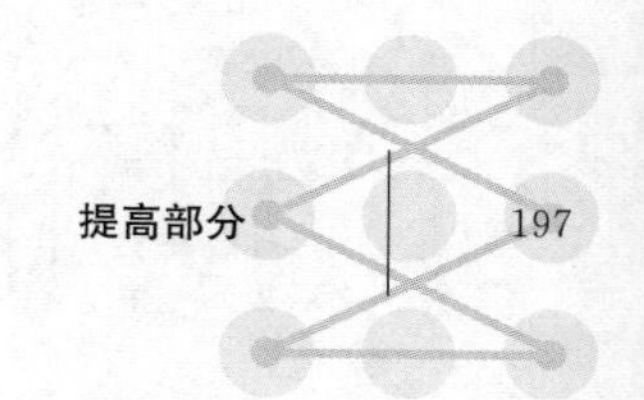

$$2n=mq+r, 0\leqslant r\leqslant m-1. \quad ②$$

因为 $m\notin\{u-v\mid u, v\in A\}$，所以

$$j, j+m, j+2m, \cdots, j+qm(1\leqslant j\leqslant r) \quad ③$$

中，每相邻两项（相差为 m）只有一项可能属于 A.

$$j, j+m, j+2m, \cdots, j+(q-1)m(r<j\leqslant m) \quad ④$$

也是如此.

因此，在 q 为偶数时，

$$|A|\leqslant\left(\frac{q}{2}+1\right)r+\frac{q}{2}(m-r)=r+\frac{qm}{2}=n+\frac{r}{2}. \quad ⑤$$

在 $q>2$ 时，

$$2n\geqslant q(r+1)+r>(q+1)r\geqslant 5r, \quad ⑥$$

所以

$$|A|<n+\frac{n}{5}=\frac{6}{5}n. \quad ⑦$$

甲：在 q 为奇数时，

$$|A|\leqslant\frac{q+1}{2}r+\frac{q+1}{2}(m-r)=\frac{(q+1)m}{2}=n+\frac{m-r}{2}. \quad ⑧$$

在 $q>3$ 时，

$$2n\geqslant 5m+r\geqslant 5m, \quad ⑨$$

所以

$$|A|\leqslant n+\frac{n}{5}=\frac{6}{5}n. \quad ⑩$$

看来，$c=\frac{6}{5}$. 只余下 $q=2,3$ 的情况.

师：到目前为止，只用到

$$m\notin\{u-v\mid u, v\in A\}.$$

$q=2,3$ 的情况，需要利用

$$m\notin\{u+v\mid u, v\in A\}.$$

乙：$q=2$ 时，$2n=2m+r, 0\leqslant r<m$.

如果 $r\leqslant\frac{m}{2}$，那么

$$2n=2m+r\geqslant 5r.$$

⑦仍然成立.

如果 $r>\frac{m}{2}$,那么

$$j,j+m,j+2m\left(m-r\leqslant j<\frac{m}{2}\right)$$

与

$$m-j,2m-j,3m-j\left(m-r\leqslant j<\frac{m}{2},\text{所以}\frac{m}{2}<m-j\leqslant r\right)$$

这 6 个数中,最多有 3 个数属于 A(如果有 4 个属于 A,那么必定是 $j,j+2m,m-j,3m-j$. 但 $j+(m-j)=m\notin\{u+v\mid u,v\in A\}$).这比原来取的 4 个至少少 1,所以⑤应改为

$$|A|\leqslant n+\frac{r}{2}-\left(\frac{m}{2}-(m-r)\right)=n+\frac{m-r}{2}, \tag{11}$$

而

$$2n=2m+r>5m-5r,$$

所以

$$|A|<n+\frac{n}{5}=\frac{6}{5}n. \tag{12}$$

甲:$q=3$ 时,$2n=3m+r$,$0\leqslant r<m$.

如果 $r\geqslant\frac{m}{3}$,那么

$$2n=3m+r\geqslant\frac{10}{3}m,$$

$$|A|\leqslant n+\frac{m-r}{2}\leqslant n+\frac{n}{5}=\frac{6}{5}n. \tag{13}$$

如果 $2\leqslant r<\frac{m}{3}$,与 $q=2$ 的情况类似,在

$$j,j+m,j+2m\left(r+1\leqslant j<\frac{m}{2}\right)$$

与

$$m-j,2m-j,3m-j\left(r+1\leqslant j<\frac{m}{2},\text{所以}\frac{m}{2}<m-j\leqslant m-r-1\right)$$

这 6 个数中，最多有 3 个数属于 A. 所以⑧应改为

$$|A|\leqslant n+\frac{m-r}{2}-\left(\frac{m}{2}-r-1\right)=n+\frac{r}{2}+1, \tag{14}$$

而 $r\geqslant 2$ 时，

$$2n=3m+r\geqslant 3(3r+1)+r>5r+10,$$

所以

$$|A|\leqslant n+\frac{r}{2}+1<n+\frac{n}{5}=\frac{6}{5}n.$$

乙：$r=1$ 时，$2n=3m+1$，这时 m 是奇数. 由 $m>3r=3$ 得 $m\geqslant 5$，$n\geqslant 8$. 上面推导仍然适用，并且由⑭(因为 $|A|$ 是整数)得

$$|A|\leqslant n+1<n+\frac{n}{5}=\frac{6}{5}n. \tag{15}$$

$r=0$ 时，$2n=3m$. m 为偶数，$m\geqslant 4$ 时，$n\geqslant 6$，同样可得⑮. $m=2$ 时，$n=3$. 这时由于

$$1+1=2=5-3=4-2=6-4,$$

所以 A 中不能有 1，3 与 5 只能有 1 个，2、4、6 只能有 2 个，$|A|\leqslant 3<\frac{6}{5}\times 3$.

于是恒有

$$|A|\leqslant\frac{6}{5}n. \tag{16}$$

甲：另一方面，$n=5$ 时，

$$A=\{2,3,4,8,9,10\},$$

这时

$$3\notin\{u\pm v\mid u\in A, v\in A\}.$$

所以 c 的最小值为 $\frac{6}{5}$.

师：这是唯一的使得

$$|A|=\frac{6}{5}n$$

的情况.

评注　本题仍是用枚举法. 需要耐心地、细心地讨论.

105 元素的和相等

问题 设 S 是集合$\{1,2,\cdots,2015\}$的一个 68 元子集. 证明 S 有三个互不相交的非空子集 A、B、C,满足

$$|A|=|B|=|C|, \tag{①}$$

且

$$\sum_{a\in A}a=\sum_{b\in B}b=\sum_{c\in C}c. \tag{②}$$

甲:如果 S 具体给出,那么我就可以具体地找出满足条件的 A、B、C.

乙:可是 S 并未具体给出,所以无法具体构造出 A、B、C,只能证明它们存在.

甲:怎么证明?

乙:A、B、C 需满足很多条件,它们是 S 的互不相交的非空子集,而且还要满足①、②.

甲:这我早已知道.

师:在众多要求中,我们先放弃一些. 还有一些要求可以尝试将它具体化.

乙:我先放弃"互不相交"这一要求. 再将$|A|$、$|B|$、$|C|$暂定为 2($|A|=|B|=|C|=1$ 当然不能使②成立).

S 有 $C_{68}^2=\dfrac{68\times 67}{2}=2278$ 个二元子集. 两个元素的和至少为 3,至多为 $2014+2015=4029$. 因为

$$2278<4029,$$

所以无法用抽屉原理,得出有两个子集元素的和相等.

甲:那就改用三元子集. S 有

$$C_{68}^3=50116$$

个三元子集,每个子集中元素的和至少为 $1+2+3=6$,至多为

$$2013+2014+2015=6042,$$

所以由抽屉原理,至少有(天花板函数$\lceil x\rceil$表示不小于 x 的最小整数)

$$\left\lceil\frac{50116}{6042-6}\right\rceil=9$$

个三元子集,元素和相等.

乙:如果这 9 个子集中有 3 个两两无公共元素,那么结论已经成立.

甲:如果这 9 个子集中仅有 A、B 两个集无公共元素,其余子集均与 A 或 B 相交,那么其余 7 个集中至少有 4 个与 A(或与 B)的交非空. 不妨设 C_1、C_2、C_3、C_4 与 A 的交非空. 因为 $|A|=3$,所以 A 中有一个元素 a 属于至少两个 C_i $(1\leqslant i\leqslant 4)$. 不妨设 $a\in C_1\cap C_2$.

因为 $\sum\limits_{x\in A}x=\sum\limits_{x\in C_1}x=\sum\limits_{x\in C_2}x$,所以 $A\cap C_1=A\cap C_2=C_1\cap C_2=\{a\}$(如果 $|A\cap C_1|\geqslant 2$,那么 $A=C_1$). 从而

$$A-\{a\},C_1-\{a\},C_2-\{a\} \tag{③}$$

这三个二元集合无公共元素,并且它们的元素之和相等.

乙:如果上述 9 个集中,每两个都有公共元素,那么先确定一个为 A,其余 8 个均与它有公共元素(而且恰有一个公共元素). 从而 A 必有一个元素 a 至少属于另两个集,设为 C_1、C_2,则③满足要求.

师:本题从简单的情况做起. 二元子集的个数不够多. 三元子集的个数够了:其中有一些子集(9 个)的元素之和相等. 而且这些元素之和相等的子集,每两个至多有一个公共元素(如果有 2 个公共元素,那么由和相等得出第三个元素也相同),从而导出结论. 元素个数太多反而难以掌控.

106 暗示

问题 对于非空数集 S、T,定义

$$S+T=\{s+t\mid s\in S,t\in T\},$$
$$2S=\{2s\mid s\in S\}.$$

设 n 为正整数,A、B 均为 $\{1,2,\cdots,n\}$ 的非空子集.

证明:存在 $A+B$ 的子集 D,使得

$$D+D\subseteq 2(A+B) \tag{①}$$

且

$$|D| \geqslant \frac{|A| \cdot |B|}{2n}. \quad ②$$

甲:这题从何下手啊?

师:题目本身有许多暗示.

乙:哪些暗示?

师:$|A| \cdot |B|$是什么?

甲:集合

$$M=\{(a,b) | a \in A, b \in B\}$$

的元数.

师:是啊! $\frac{|A| \cdot |B|}{2n}$呢?

乙:那是把 M 分为 $2n$ 个子集. 其中必有一个子集(元数最多的子集)C,满足

$$|C| \geqslant \frac{|A| \cdot |B|}{2n}. \quad ③$$

甲:但是 D 是 $A+B$ 的子集,不是 M 的子集.

师:我们应当有类似的或相应的方法,将 M 与 $A+B$ 都分为若干个(希望是 $2n$ 个)子集,并且 $A+B$ 中的某个子集与 M 中元数最多的子集 C,元数一样多.

乙:怎么分呢?

师:①式又给我们一些暗示. 它指出子集 D 的特征:

D 中任两个元素 $a+b$ 与 a_1+b_1(a、$a_1 \in A$,b、$b_1 \in B$)相加,结果是 $2(a_2+b_2)$($a_2 \in A$,$b_2 \in B$)的形式.

乙:这里 a_2、b_2 与 a、b、a_1、b_1 有什么关系呢?

师:这种关系应当是简单的,而不是复杂的. 最简单的关系就是相等. 所以我们大胆假设

$$a_2=a.$$

这时不能再设 $b_2=b$(否则 $a_1+b_1=2(a_2+b_2)-(a_2+b_2)=a_2+b_2=a+b$,即 a_1+b_1 与 $a+b$ 是D 中同一个元素,没有一般性).

甲：设 $b_2=$？

乙：我想，$b_2=b_1$. 这样，由

$$(a+b)+(a_1+b_1)=2(a+b_1)$$

得

$$a-b=a_1-b_1. \tag{④}$$

师：于是，D 中元素是由 $a-b$ 为同一个值的那些 (a,b) 产生的. 这也就是分 M 为子集的方法.

甲：因为 A、$B\subseteq\{1,2,\cdots,n\}$，所以 $1\leqslant a,b\leqslant n$，

$$1-n\leqslant a-b\leqslant n-1,$$

即差 $a-b$ 至多有 $2n-1$ 种.

将差 $a-b$ 相同的 (a,b) 归于同一个子集，M 便被分为至多 $2n-1$ 个子集. 不是 $2n$ 个子集啊！

乙：那没关系，这些子集中，必有一个子集 C，

$$|C|\geqslant\frac{|M|}{2n-1}>\frac{|M|}{2n}=\frac{|A|\cdot|B|}{2n}.$$

甲：取定满足④的集合

$$C=\{(a,b)\mid a-b=k\}$$

（k 为 $1-n$ 与 $n-1$ 间的某个整数）. 令

$$D=\{a+b\mid(a,b)\in C\}.$$

我想 D 就是满足要求的集合.

首先，对 D 中任意二数 $a+b$，a_1+b_1，$(a,b)\in C$，$(a_1,b_1)\in C$，

$$a_1-b_1=a-b=k,$$

所以

$$(a+b)+(a_1+b_1)=(a+b_1)+(a_1+b)=2(a+b_1),$$

即①成立.

乙：其次，应证明 $|D|=|C|$. 令 C 中元素

$$(a,b)\rightarrow a+b\in D,$$

如果 C 中元素 (a,b)，(a_1,b_1) 的像相同，即

$$a+b=a_1+b_1, \tag{⑤}$$

那么由于

$$a-b=a_1-b_1(=k), \qquad ⑥$$

⑤+⑥,得

$$a=a_1,$$

代入⑤得 $b=b_1$. 即 $(a,b)=(a_1,b_1)$.

所以上述从 C 到 D 的对应是一一对应,$|C|=|D|$. 从而 D 满足②.

甲:实际上②的分母 $2n$ 可改为 $2n-1$.

师:那就暗示得更加多了.

评注 在很多问题中,都有简单的、而不是复杂的关系. 应当努力找寻这些简单的关系.

问题的结论往往给我们很多暗示,所以应当仔细分析结论的构造与意义.

107 元数的最大值

问题 给定整数 $n\geqslant 2$. 设集合

$$X=\{(a_1,a_2,\cdots,a_n)\mid a_k\in\{0,1,\cdots,k\},k=1,2,\cdots,n\},$$

对任意 $s=(s_1,s_2,\cdots,s_n)\in X,t=(t_1,t_2,\cdots,t_n)\in X$,定义

$$s\vee t=(\max\{s_1,t_1\},\max\{s_2,t_2\},\cdots,\max\{s_n,t_n\}),$$

$$s\wedge t=(\min\{s_1,t_1\},\min\{s_2,t_2\},\cdots,\min\{s_n,t_n\}).$$

求 X 的非空真子集 A 的元素个数的最大值,使得对任意 $s,t\in A$,都有 $s\vee t\in A,s\wedge t\in A$.

甲:先看看 $n=2$ 的情况. 这时,

$$X=\{(0,0),(0,1),(0,2),(1,0),(1,1),(1,2)\}$$

共有 6 个元.

$$A=\{(0,0),(0,1),(1,0),(1,1),(1,2)\}$$

有 5 个元. 它满足要求.

乙:一般地,从 X 中去掉所有形如 $(0,a_2,\cdots,a_{n-1},n)$ 的元素,得到子集 A. $|A|=(n+1)!-(n-1)!$.

猜想 A 满足要求.

若 $s=(s_1,s_2,\cdots,s_n)$,$t=(t_1,t_2,\cdots,t_n)$,而 $s\wedge t\notin A$,则

$$s_n=t_n=0,s_1=0 \text{ 或 } t_1=0.$$

从而 s,t 中至少有一个不属于 A. 换句话说,在 $s,t\in A$ 时,$s\wedge t\in A$.

同样,在 $s,t\in A$ 时,$s\vee t\in A$.

甲:再证 $|A|$ 为最大,最大值为 $(n+1)!-(n-1)!$.

换一句话说,假设 $|A|>(n+1)!-(n-1)!$,往证 $A=X$.

$n=2$ 的情况显然. 设结论对 $n-1$ 成立.

将 X 分为 $n+1$ 类,第 k 类由最后一个分量为 k 的元素组成($k=0,1,\cdots,n$).

因为

$$((n+1)!-(n-1)!)\div(n+1)>n!-(n-2)!,$$

所以必有一个类,至少有 $n!-(n-2)!$ 个元素在 A 中,由归纳假设,这个类全在 A 中. 不妨设这类是第 k 类,并且 $k<n$.

设 $k<h\leqslant n$,第 h 类有元素 $a=(a_1,a_2,\cdots,a_{n-1},h)\notin A$.

因为第 h 类元素个数 $=n!>|X|-|A|$,所以第 h 类中必有属于 A 的元素,设 $b=(a_1,a_2,\cdots,a_j,b_{j+1},\cdots,b_{n-1},h)\in A$,并且与 a 的共同分量最多(为方便起见,我们假定前 j 个分量相同. 其他情况的证明类似).

取 $c=(a_1,a_2,\cdots,a_{n-1},k)\in A$. $c\vee b\in A$,由于 b 与 a 的共同分量最多,所以

$$c\vee b=(a_1,a_2,\cdots,a_j,b_{j+1},\cdots,b_{n-1},h)=b,$$

$$b_i>a_i(j+1\leqslant i\leqslant n-1).$$

在第 h 类中,第 $n-1$ 个分量为 a_{n-1}的,个数

$$\geqslant(n-1)!>|X|-|A|,$$

所以其中必有属于 A 的元素.

设 $d=(\cdots,a_{n-1},h)\in A$,则

$$(c\vee d)\wedge b=(a_1,a_2,\cdots,a_j,\cdots,a_{n-1},h)\in A,$$

其中至少有 $j+2$ 个分量与 a 相同. 这与 b 的定义矛盾. 矛盾表明第 h 类元素全属于 A.

同样可得其他类也全属于 A. 于是 $A=X$.

评注 $n=2$ 的实例启示了 A 的构造方法,并猜出最大值.

108 小孩买糖

问题 设 n,k 为给定的正整数. 一个糖果售卖机里有许多不同颜色的糖果,每种颜色的糖果卖出 $2n$ 颗. 有一些小孩来买糖果,每个小孩买两颗糖果,颜色不同. 已知在任意 $k+1$ 个小孩中均有两个小孩,他们至少有一颗糖果的颜色相同. 求小孩总数的最大值.

甲:本题有两种对象:小孩、糖果.

师:确切地说是小孩与糖果的颜色. 可将糖果的颜色用点集 X 的点表示,小孩用点集 Y 的点来表示.

如果小孩 b 买颜色为 c 的糖果,那么就在 b、c 之间连一条边(线). 这样形成一个两部分图. X 中的每一个点向 Y 引 $2n$ 条边,Y 中的每个点向 X 引 2 条边.

乙:Y 中任意 $k+1$ 个点中,必有 2 个点,它们与 X 中同一个点相连.

甲:求 $|Y|$ 的最大值.

乙:显然图中的边数

$$2|Y|=2n|X|, \quad ①$$

所以

$$|Y|=n|X|, \quad ②$$

即 $|Y|$ 一定是 n 的倍数.

师:可以先举一个实例. 如果这个例子中,$|Y|$ 正好取最大值那就更好了.

甲:我举 $|Y|=2kn$,这时 $|X|=2k$. 集 X 的点可分为 k 组,每组 2 个点. Y 的点也可分为 k 组,每组 $2n$ 个点. X 的第 i 组的 2 个点与 Y 的第 i 组的 $2n$ 个点互相连结. 这样的图中,每 $k+1$ 个 Y 的点中,必有 2 个点在同一组,它们与 X 中同一个点相连.

师:很好的例子. 但 $|Y|$ 还可以再大些.

乙:我举 $|Y|=3kn$,这时 $|X|=3k$. 集 X 的点可分为 k 组,每组 3 个点. Y 的点也可分为 k 组,每组 $3n$ 个点. X 的第 1 组的 3 个点记为 x_1、x_2、x_3,Y 的第 1 组的 $3n$ 个点记为 y_1、y_2、…、y_{3n}. 令 x_1 与 y_1、y_2、…、y_{2n} 相连,x_2 与 y_{n+1},y_{n+2},…,y_{3n} 相连,x_3 与 y_{2n+1},…,y_{3n},y_1,…,y_n 相连. 其他各组类似. 这时,在任意 $k+1$ 个 Y 的点中,必有 2 个点在同一组. 不妨设它们在 y_1、y_2、…、y_{2n} 中,

这时它们都与 x_1 相连.

师:$3kn$ 就是所求的最大值. 剩下的事情是要证明 $|Y|$ 不能更大,也就是在 $|Y|>3kn$ 时,必有 $k+1$ 个 $y\in Y$,它们中没有两个点与同一个 $x\in X$ 相连.

甲:这有点难.

师:可先试一试 $k=1$ 的情况.

甲:如果 $|Y|>3n$,那么由于②,$|Y|\geqslant 4n$,$|X|\geqslant 4$.

设点 y_1 与 X 中的 x_1、x_2 相连. 与 x_1、x_2 相连的点共 $2\times 2n=4n$ 个,其中 y_1 与两点均相连,所以与 x_1、x_2 之一相连的点至多有 $4n-1$ 个. 从而 Y 中必有一点 y_2 与 x_1、x_{12} 均不相连.

y_1、y_2 即为所求的 $2(=k+1)$ 个点.

乙:一般情况可用归纳法. 假设将 k 换为 $k-1$ 时,$|Y|$ 的最大值为 $3(k-1)n$.

在 $|Y|>3nk$ 时,由于②,$|Y|\geqslant(3k+1)n$,$|X|\geqslant 3k+1$.

设点 y_1 与 X 中的 x_1、x_2 相连,则与点 x_1、x_2 中至少一个相连的 y,个数 $\leqslant 4n-1$(包括 y_1 在内). 不与 x_1、x_2 相连的,个数

$$\geqslant(3k+1)n-(4n-1)=3(k-1)n+1>3(k-1)n.$$

由归纳假设,存在 k 个点,它们中没有两个点与同一个 $x\in X$ 相连. 这 k 个点与 y_1 合在一起,组成 $k+1$ 个点,它们中没有两个点与同一个 $x\in X$ 相连.

所以,所求最大值是 $3kn$.

评注 在讨论两种对象(例如孩子与糖果颜色)的关系时,常用两部分图.

在两部分图中,用两种方法计算边数,常得出形如①的等式.

本题中,建立②式后,$|Y|$ 是 n 的倍数. 这条性质可省去许多讨论.

从简单的做起,仍是解决问题的基本方法. 本题后半部分先讨论 $k=1$. 一般情况即由归纳法得出.

109 图的染色

问题 一个简单图(每两点至多连一条线的图),连了 mn 条线(边). 已用

m 种颜色将边染色(每条边染一种颜色),使得同一点引出的边不同色.

证明:可以有一种染色方法,仍用 m 种颜色,同一点引出的边不同色,并且每种颜色的边都是 n 条.

师:应利用原来的染色,作为基础,再加以调整.

甲:$m=1$ 时,原来的染色就满足要求.

乙:$m=2$ 时,设原来染第 i 种颜色的边有 c_i $(i=1,2)$条,并且 $c_1 \geqslant c_2$,$c_1+c_2=2n$.

如果 $c_1=n$,那么原来的染色就满足要求.

如果 $c_1>n$,那么 $c_2<n$. 差 c_1-c_2 是偶数,至少为 2. 因为每一点至多引出两条边,而且两条边颜色不同,所以沿着边前进,直至无路可走(不能再继续前进),得到一条颜色交错的链. 链可能仅由一条边组成,也可能有多条边. 链可能形成一个圈(首尾相同),圈的长度一定是偶数(两种颜色相间的圈). 于是图被分为若干条链,这些链没有公共点(因为每点至多引出两条边).

因为 $c_1>c_2$,所以必有一条链的长度是奇数(长度为偶数的链上,两种颜色的边同样多),而且第一种颜色的边多 1 条,将这条链上的边都改变颜色(第一种改为第二种,第二种改为第一种). 这时 c_1 减少 1,c_2 增加 1.

继续上面的做法,直至 $c_1=n=c_2$. 即结论对于 $m=2$ 成立.

甲:对一般的 $m>2$,证明与 $m=2$ 类似. 设染第 i 种颜色的边是 c_i 条$(i=1,2,\cdots,m)$,并且 $c_1 \geqslant c_2 \geqslant \cdots \geqslant c_m$.

如果 $c_1>n$,那么 $c_m<n$. 只考虑由第一种颜色与第 m 种颜色组成的子图. 在这个子图中,同样,一定有一条奇数长的链上第一种颜色的边比第 m 种多 1 条. 将这条链上的边全改变颜色,c_1 减少 1,c_m 增加 1.

每这样做一次后,将 c_i $(i=1,2,\cdots,m)$依照从大到小的顺序重新排定(在 c_1 减少 1 后,c_2 可能最大,成为新的 c_1;c_{m-1} 也可能成为新的 c_m). 继续上面的做法,经过有限多次,所有的 c_i $(i=1,2,\cdots,n)$都变成 n,即结论成立.

评注 原有的染色应当利用,适当调整. 不应完全弃之不用.

"损有余,补不足",每次调整将最大的减少 1,最小的减少 1. 这样多次调整就达到"均贫富"的目的.

110 友好的赛事

问题 一项赛事共有100位选手参加.对于任意两位选手x,y,他们之间恰比赛一次且分出胜负,以$x \to y$表示x战胜y.如果对任意两位选手x,y,均能找到某个选手序列$u_1, u_2, \cdots, u_k (k \geqslant 2)$,使得$x = u_1 \to u_2 \to \cdots \to u_k = y$,那么称这赛事结果是"友好"的.

(Ⅰ)证明对任意一个友好的赛事结果,存在正整数m满足如下条件:对任意两位选手x,y,均能找到m名选手的序列$z_1, z_2, \cdots, z_m$(这里的$z_1, z_2, \cdots, z_m$可以有重复),使得$x = z_1 \to z_2 \to \cdots \to z_m = y$.

(Ⅱ)对任意一个友好的赛事结果T,将符合①中条件的最小正整数m记为$m(T)$.求$m(T)$的最小值.

师:在图论中,如果每两个点x,y之间都有一条向量从x指向y或从y指向x,即$x \to y$或$y \to x$,那么这图就称为竞赛图或完全的有向图.

在竞赛图中,如果对任意两点x、y,都有一条由x到y的链$x = u_1 \to u_2 \to \cdots \to u_k = y$,那么这图称为强连通图.

所以(Ⅰ)就是:"对100点组成的强连通图,存在正整数m满足:对任意两个点x、y,均能找到一条由m个点组成的链(长为$m-1$)

$$x = z_1 \to z_2 \to \cdots \to z_m = y."$$

100太大.先取简单的情况看看.

3个点的强连通图只有一种,如下图:

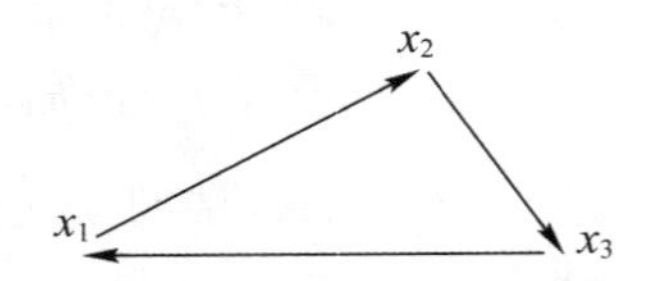

图中有一个长为3(3个点)的圈.x_1到x_2的链长可为$1, 4, \cdots$,即$1+3k$(k为非负整数).x_1到x_3的链长为$2+3h$(h为非负整数).因为$1+3k \neq 2+3h$,所以这时并无相应的m存在.

4个点的强连通图如下图(也只有这一种):

图中有一个长为4的圈,每点又各在一个长为3的圈上.因此x_1到x_2有

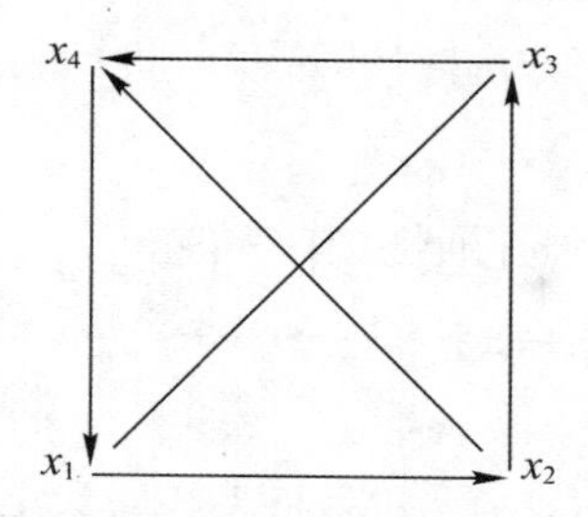

一条长为 $1+4\times2=9$ 的链，x_1 到 x_3 有一条长为 $1+4\times2=9$ 的链，x_1 到 x_4 有一条长为 $2+3+4=9$ 的链. x_3 到 x_2 有一条长为 $3+2\times3=9$ 的链，其他的点对之间也均有长为 9 的链. 因此 $m=10$.

于是，我们可以猜想点数大于 3 的强连通图或者点数为 4 的倍数的强连通图有相应的 m 存在. 不过，我们不必给自己增加任务(在考试时需要尽快完成所面对的试题)，还是先限定为具体的 100 个点.

由简单的情况启发. 第一，证明图中有一条长为 100 的圈.

设有 $x_1\to x_2$. 由强连通性又有 $x_2\to x_3\to\cdots\to x_k\to x_1$. 所以有一长为 k 的圈，如果 $k<100$，那么有点 x_{k+1} 不在上述圈上.

不妨设有 $x_1\to x_{k+1}$. 若有 $x_i\to x_{k+1}$，$x_{k+1}\to x_{i+1}$ $(1\leqslant i<k)$，则圈可扩大为

$$x_1\to x_2\to\cdots\to x_i\to x_{k+1}\to x_{i+1}\to x_{i+2}\to\cdots\to x_k(\to x_1).$$

若一切 $x_i\to x_{k+1}$ $(1\leqslant i\leqslant k)$，则由于强连通性，$x_{k+1}$ 必引出一条到圈上的链，设这链上第一个在圈上的点是 x_{j+1} $(0\leqslant j\leqslant k-1)$，则圈可扩大为

$$x_1\to x_2\to\cdots\to x_j\to x_{k+1}\to\cdots\to x_{j+1}\to x_{j+2}\to\cdots\to x_k$$

(在 $x_{j+1}=x_1$ 时，圈扩大为

$$x_{k+1}\to\cdots\to x_1\to x_2\to\cdots\to x_k(\to x_{k+1})).$$

总之，圈长可不断增加，直至 100 个点全在圈上.

于是可设图中有圈

$$x_1\to x_2\to\cdots\to x_{100}(\to x_1).$$

其次，过每一点有一长为 3 或 99 的圈.

如果 $x_3\to x_1$，那么 $x_1\to x_2\to x_3\to x_1$ 就是长为 3 的圈. 如果 $x_1\to x_3$，那么 $x_1\to x_3\to x_4\to\cdots\to x_{100}\to x_1$ 就是长为 99 的圈.

现在证明所说的 m 存在. 事实上，取

$$m>100\times 99-99,$$

则 m 即为所求. 理由如下：

图中任意两点 u，v，由强连通性，有一条链

$$u=x_1\to x_2\to\cdots\to x_s=v,$$

其中 $s\leqslant 100$.

$$m-s>100\times 99-99-100>100\times 3-3-100,$$

因为 3、99 均与 100 互质，根据数论中熟知定理，存在非负整数 u_1、v_1、u_2、v_2，满足

$$m-s=u_1\times 100+v_1\times 99,$$

$$m-s=u_2\times 100+v_2\times 3,$$

即

$$m=s+u_1\times 100+v_1\times 99=s+u_2\times 100+v_1\times 3.$$

上式表明，从点 u 出发有一条长为 $m-1$ 的链到 v.

② 我们证明 $m(T)$的最小值为 3.

设 $x\to y$，则 y 没有直接到 x 的有向线段. 即从 y 到 x 的链长$\geqslant 2$.

我们构造一个 100 个点的强连通图，使得相应的 $m=3$.

首先作一个圈

$$x_1\to x_2\to\cdots\to x_{100}\to x_1.$$

对于任两点 x_i，x_j（$1\leqslant i<j\leqslant 100$），

如果 $j-i>50$，那么作 $x_j\to x_i$.

如果 $j-i\leqslant 50$，并且 $j-i\neq 3$，那么作 $x_i\to x_j$.

如果 $j-i=3$，那么作 $x_j\to x_i$.

在这个图中，对任意两点 x_i，x_j（$1\leqslant i<j\leqslant 100$），

如果 $j=i+1$，那么有链

$$x_i\to x_{i+4}\to x_{i+1}=x_j;$$

如果 $j=i+4$，那么有链

$$x_i\to x_{i+2}\to x_j;$$

如果 $j\leqslant i+51$，并且 $j\neq i+1$，$i+4$，那么有链

$$x_i\to x_{j-1}\to x_j;$$

如果$j>i+51$,并且$j\neq i+53$,那么有链

$$x_i\to x_{i+50}\to x_j;$$

如果$j=i+53$,那么有链

$$x_i\to x_{i+49}\to x_{i+53}=x_j.$$

因此,$m=3$.

上面的100个点显然可改为$n\geqslant 11$个点.

附注1 可以证明$n\geqslant 4$时,n点的强连通图一定有一个长为$n-1$的圈.

首先,图中有一长为n的圈

$$x_1\to x_2\to x_3\to\cdots\to x_n\to x_1.$$

如果有$x_1\to x_3$,那么

$$x_1\to x_3\to x_4\to\cdots\to x_n\to x_1$$

就是长为$n-1$的圈.

于是,设$x_3\to x_1,x_4\to x_2,\cdots,x_{i+2}\to x_i,\cdots,x_2\to x_n$.

这时,若去掉任一个点,不妨设去掉x_1,所得的图仍为强连通图.理由如下:

显然$x_2\to x_3\to\cdots\to x_n$,即$x_2$可到任意一点.$x_4\to x_2,x_3\to x_4\to x_2$,从而$x_4$、$x_3$也可到图中任意一点.在$i>4$时,

$$x_i\to x_{i-2}\to x_{i-1},x_i\to x_{i-2}\to x_{i-4}\to x_{i-3},\cdots,x_i\to x_{i-2}\to\cdots\to x_3\text{ 或 }x_2,$$

所以x_i也可到图中任意一点.

这$n-1$个点的图既是强连通的,根据前面所证,有一个长为$n-1$的圈.

附注2 由于$n\geqslant 4$的强连通图既有长为n的圈,又有长为$n-1$的圈.我们可以证明必有所说的m存在(即100可改为大于3的n).证明如下:

对任两点x、y,由强连通性,存在链

$$x=u_1\to u_2\to\cdots\to u_s=y(s\leqslant n),$$

在$m>n+n(n-1)-n-(n-1)=n^2-2n+1$时,必有非负整数$\lambda,\mu$,满足

$$m-s=\lambda n+\mu(n-1).$$

如果长为$n-1$的圈上有x,那么由x出发,绕这圈μ次,再绕长为n的圈λ次,然后再沿上面的链到y.

如果长为$n-1$的圈上无x,那么由x出发,沿上面的链到y,再由y绕长为$n-1$的圈μ次,长为n的圈λ次,回到y.

于是,从x到y有一条长为$m-1$的链.

眼界与品味

看一些书，做一些题(例如本书的110道题)，可以开拓眼界，提高品味.

学有余力的同学，可以读一些课外读物，看一些数学小册子，也可以学一些大学数学的课程，如数学分析、线性代数、抽象代数等. 不必在一些古老的分支，如平面几何上花太多的时间.

当然，平面几何(在现代数学中已没有什么地位)也可以训练我们的思维能力，但不必钻得太深(少数爱好者爱走多远是他们自己的事)，而且更应当了解其主要思想，了解一些优雅的、大气磅礴的定理. 例如帕斯卡定理、笛沙格定理等.

帕斯卡(Pascal，1623—1662)在16岁左右发现并证明了以下定理：

任一圆锥曲线的内接六边形 $ABCDEF$，三组对边(AB 与 DE，BC 与 EF，CD 与 FA)的交点，在同一条直线上.

这里的圆锥曲线指椭圆、双曲线与抛物线. 在初等平面几何中只涉及圆.

这里的六边形，并不只是简单多边形，更不限于凸六边形，它的边可以在内部相交，即 A、B、C、D、E、F 只是曲线上顺序任意的六个点.

这里的交点，可以是无穷远点，即包括 $AB /\!/ DE$ 等的情况. 在射影几何中，平行直线 $a_1 /\!/ a_2 /\!/ a_3 /\!/ \cdots$ 可以看作一个无穷远点，或者说它们相交于同一个无穷远点 A. 另一组平行直线(不与 a 平行)$b_1 /\!/ b_2 /\!/ b_3 /\!/ \cdots$，相交于另一个无穷远点 B. 所有的无穷远点在一条过两个无穷远点的无穷远线 AB 上.

可见帕斯卡定理应用非常广泛.

这样的"大"定理，应当多知道一些，即使它的证明不很清楚或一时不能完全领会.

当然在初等平面几何题中，用到这类大定理的机会不多，也不必杀鸡用牛刀，轻易就搬出大定理来. 但需要时用一用，立即显示其威力. 这里举一个例子：

$\odot O$ 的内接四边形 $ABCD$ 与 $A'B'C'D'$ 中，$AB /\!/ A'B'$，$BC /\!/ B'C'$，$CD /\!/ C'D'$. 求证 $DA /\!/ D'A'$.(这题是叶中豪先生2016年公布的)

有了无穷远点的概念，上面的问题可以推广为：

一个圆锥曲线的内接四边形 $ABCD$ 与 $A'B'C'D'$ 中，设 AB 与 $A'B'$ 相交于

L，BC 与 $B'C'$ 相交于 M. CD 与 $C'D'$ 相交于 P，DA 与 $D'A'$ 相交于 Q. 如果 L、M、P 共线，那么 Q 也在这条直线上（在 LM 为无穷远直线时，就是上面的叶中豪先生给出的定理）.

证明很简单，对六边形 $ABCA'B'C'$ 用帕斯卡定理，立即得出 L、M、CA' 与 $A'C$ 的交点 N，三点共线.

再应用于六边形 $A'CDAC'D'$，得出 N、P、Q 共线.

于是在 L、M、P 共线时，L、M、N、P、Q 共线.

可见帕斯卡定理威力之大.

问题的解法，应当寻求优雅的，简单而又一般的. 有些解法利用一些很偏僻的“独门武器”，不必学习，也不值得提倡.

眼界要开阔一些，品味要高雅一些.

附录

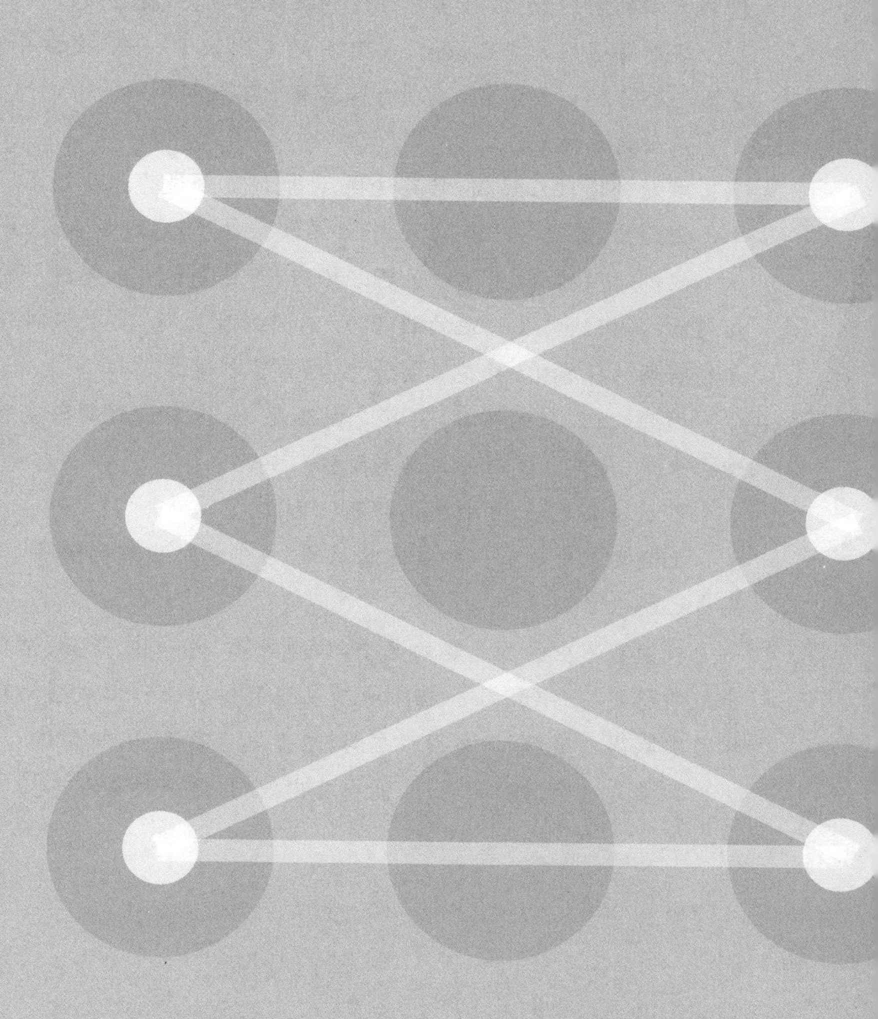

这一部分由我在《学数学》杂志上发表的一些文章(19篇)组成.这些文章均与解题有关.

涉及的题目,有高考的,大学自主招生的,高中数学联赛的,学数学邀请赛的,也有中国数学奥林匹克与国际数学奥林匹克的.五花八门,多种多样.

这些题目是试金石,可以测试我们解题的能力.这些题目也是砥砺石,可以增强我们的解题能力.应当抓住这种锻炼的机会,自己做一做,切勿放过.

我是每道题都自己做的,而且有的不止做了一遍.文章中所写的解法绝大多数与公布的标准解答不尽相同,甚至大不相同.

应当自己做题.

解题必须自己实践.只有这样,才能培养创造力.

创造力,除了极少数的天才,都是要经过培养,逐步养成的.

我们所做的题,虽然结论已经给出,而且早已有人解过.但对每个第一次做这题的人,仍然需要一定的创造力.不同程度的题,要求不同程度的创造力.正是在解题的探索中,激发了创造力,培养了创造力.

因此,我们做的题目,尤其是竞赛题,虽然不是好的研究题目,但对培养创造力来说,却是非常好的工具与阶梯.

当然还要总结,才能提高解题能力.

上述文章中也有一些是谈总结的.应当总结出好的解法,学习好的解法,提高自己的数学品味.

我国有不少参加竞赛的选手,如颜华菲、姚一隽、王崧、恽之伟、……都在从事数学研究,并作出成绩(当然也有从事其他职业作出成绩的).我们的同学,在学习中取得成绩后,切勿固步自封,应当志存高远,不断向前.

数学是一个浩瀚的海洋,能在其中航行,是一种幸福.

1 代数问题应当用代数解法

代数问题用代数解法，三角问题用三角解法，这是常规. 代数问题用三角解法，三角问题用代数解法，不是常规. 通常，应当采用常规解法. 除非非常规的解法特别简洁.

例 1 设 $a, b \in (0,1)$.

求证：
$$\frac{a}{1-a^2}+\frac{b}{1-b^2} \geqslant \frac{a+b}{1-ab}+\frac{a+b}{1-ab}\left(\frac{a-b}{1+ab}\right)^2. \quad ①$$

解析 证明不等式的常规方法是根据不等式的特点，将不等式适当变形. 本题左边两个分式，分子分别为 a, b. 右边第一个分式，分子为 $a+b$，显然应当将它拆成分子为 a, b 的两个分式，分别与左边的分式合并，即

$$\begin{aligned}
&\frac{a}{1-a^2}+\frac{b}{1-b^2}-\frac{a+b}{1-ab}\\
=&\frac{a}{1-a^2}-\frac{a}{1-ab}+\frac{b}{1-b^2}-\frac{b}{1-ab}\\
=&\frac{a^2(a-b)}{(1-a^2)(1-ab)}+\frac{b^2(b-a)}{(1-b^2)(1-ab)} \quad ②\\
=&\frac{(a-b)(a^2-b^2)}{(1-ab)(1-a^2)(1-b^2)}\\
=&\frac{(a-b)^2(a+b)}{(1-ab)(1-a^2)(1-b^2)}.
\end{aligned}$$

于是，①等价于

$$\frac{1}{(1-a^2)(1-b^2)} \geqslant \frac{1}{(1+ab)^2}. \quad ③$$

而③显然成立，因为左边 $\geqslant 1$，右边 $\leqslant 1$.

这题如果用三角变换，上面式子的特点立即湮没不见. 而且三角式的化简远比分式化简麻烦. 如果化了一阵，又回到代数，那么所谓三角解法岂不是自寻烦恼？

例 2 求函数

$$f(x)=\frac{\sqrt{x^2+1}}{x-1}$$

的值域.

(2011 年全国高中数学联赛第 2 题)

解析 分母有两项,令 $t=x-1$,则分母成为单项式,比多项式方便.

原来的函数化成 $g(t)=\dfrac{\sqrt{(t+1)^2+1}}{t}$.

在 $t>0$ 时,

$$g(t)=\sqrt{1+\frac{2}{t}+\frac{2}{t^2}}\in(1,+\infty).$$

在 $t<0$ 时,

$$\begin{aligned}g(t)&=-\sqrt{1+\frac{2}{t}+\frac{2}{t^2}}\\&=-\sqrt{2\left(\frac{1}{t}+\frac{1}{2}\right)^2+\frac{1}{2}}\\&\in\left(-\infty,-\frac{\sqrt{2}}{2}\right].\end{aligned}$$

于是 $f(x)$ 的值域为 $\left(-\infty,-\dfrac{\sqrt{2}}{2}\right]\cup(1,+\infty)$.

本题如用三角变换 $x=\tan\alpha$,那么正好有 $\sqrt{x^2+1}=(\cos\alpha)^{-1}$. 巧诚巧矣!但太巧则缺乏一般性、普遍性. 如果根号里面是 $3x^2+x-5$,岂能奏效? 而且,虽然本题能够化去根号,接下去还需要三角运算,也颇费事.

例 3 设 a,b 为直角三角形的直角边,c 为斜边. 求使 $\dfrac{a^3+b^3+c^3}{abc}\geqslant k$ 成立的最大的 k.

(第 4 届北方数学奥林匹克邀请赛试题)

解析 对等腰直角三角形,

$$a=b,c=\sqrt{2}a,\frac{a^3+b^3+c^3}{abc}=2+\sqrt{2}.$$

所以 $k\leqslant 2+\sqrt{2}$.

我们证明恒有

$$\frac{a^3+b^3+c^3}{abc}\geqslant 2+\sqrt{2}.\qquad ①$$

显然

$$c^3=c(a^2+b^2)\geqslant 2abc,$$

所以只需证明

$$a^3+b^3\geqslant\sqrt{2}abc. \quad ②$$

上式即$(a^3+b^3)^2\geqslant 2a^2b^2(a^2+b^2)$. ③

因为

$$\begin{aligned}&a^6-a^4b^2+b^6-a^2b^4\\=&a^4(a^2-b^2)-b^4(a^2-b^2)\\=&(a^2-b^2)^2(a^2+b^2)\\=&(a-b)^2(a+b)^2(a^2+b^2)\\\geqslant&a^2b^2(a-b)^2\\=&a^4b^2-2a^3b^3+a^2b^4.\end{aligned} \quad ④$$

所以③成立.

整个证明几乎全是代数式的恒等变形,④中只有一步是不等关系,也非常简单. 这种问题没有必要用三角去折腾.

代数问题应当用代数解法. 现在有些同志喜欢鼓吹数形结合,在学生数、形均未学好时就急忙搞数形结合,恐怕是欲速则不达,适得其反.

2 近在眼前

问题 1 已知 x、y、z、$s\in\mathbf{N}$, $x+y+z=s$, $xy=zs$. 求证存在边长是整数,面积为 xy 的直角三角形.

甲:这种"存在性"的问题,我最怕做. 不知道从哪里去找那个符合要求的直角三角形.

乙:我知道这道题实际上就是 2012 年江苏初赛的 14 题. 答案看得懂. 可是不知那个直角三角形是怎么找到的. 我自己可找不到.

师:应当从你们熟悉的图形中找. 你们最熟悉的直角三角形是——

甲：当然是“勾三股四弦五”的直角三角形.

乙：这个三角形的面积是 $3\times4\div2=6$.

甲：所以 x,y 不能是两条直角边. 那么 x,y 在哪里呢？

师：其实“勾三股四弦五”后面还有三个字：“黄方二”. 黄方就是内切圆的直径，如图 1，$\triangle ABC$ 中，$\angle C=90^\circ$，$BC=3$，$AC=4$，$AB=5$. 内切圆的圆心为 I，与各边的切点为 D、E、F. 则有 $DC=CE=1$.

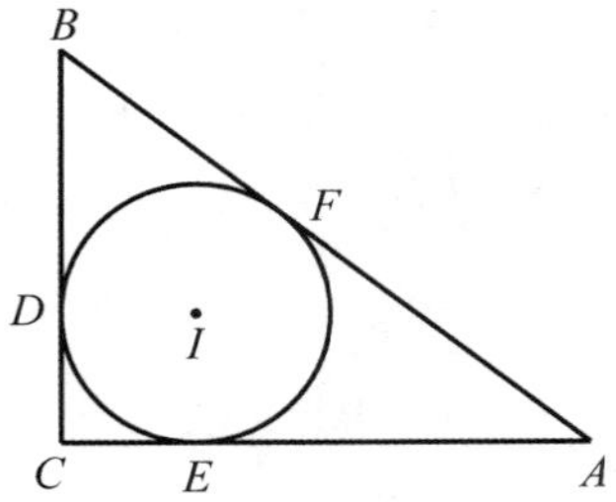

图 1

乙：所以 $BD=2$，$AE=3$，$BD\cdot AE$ 是$\triangle ABC$ 的面积.

甲：$BF\cdot FA$ 也是$\triangle ABC$ 的面积.

师：对于一般的直角三角形，如果 F 是内切圆与斜边 AB 的切点，不难证明 $BF\cdot FA$ 也是$\triangle ABC$ 的面积.

乙：所以 $x=BF$，$y=FA$，$x+y$ 就是斜边 AB.

甲：在图 1 中，$2\times3=1\times6$. $z=1=DC$，$s=6$.

乙：一般地，z 是 DC，s 就是半周长. $x+z$，$y+z$ 是两条直角边.

甲：验证 $x+y$，$y+z$，$z+x$ 组成直角三角形，面积为 xy，是很容易的事.

乙：原来最常见的图形，对找到答案大有帮助.

问题 2 正整数 $n=4k+2$，$k\in\mathbf{N}$，p 不是 n 的因数，且满足 $p<2\sqrt{n}$，$p\mid n+h^2$，h 是正整数. 求证有互不相同的正整数 a、b、c 使得 $n=ab+bc+ca$.

甲：这像 2014 年冬令营的第 5 题. 我做不出.

师：条件比冬令营的那题弱，所以这道改过的题更难一些. 不过不要以为冬令营的题一定很难. 这道题就不能算难.

乙：还是不知道如何去找符合要求的 a,b,c.

师：如果有 $n=ab+bc+ca$，那么 $n+a^2$ 可以写成什么？

甲：$n+a^2=a^2+ab+bc+ca=(a+b)(a+c)$.

师：很好啊！看看与已知条件有何关系？

乙：条件 $p\mid n+h^2$ 可以写成 $n+h^2=pm$，$m\in\mathbf{N}$. 难道 h 就是 a，$p=a+b$？

甲：这需要 $p>a$（$b=p-a>0$）. 但已知中没有这个条件.

师：没有条件，我们可以设法创造. 如果 h 不比 p 小，可以用 h 除以 p，用所得的余数作为 a.

乙：即设 $h=qp+a$，$0\leqslant a<p$. 这时 $n+a^2=n+(h-qp)^2=n+h^2+pq(qp-2h)$ 被 p 整除.

甲：a 会为 0 吗？唔，不会的. 因为 $a=0$ 导致 $p\mid n$，与已知不符.

乙：所以 $n+a^2=pm'=(a+b)(a+c)$. 这里 m'，$b=p-a$ 都是正整数，$c=m'-a$.

甲：c 是正整数吗？也就是 $m'>a$ 吗？

乙：我正要证明这一点. 由已知 $ap<2a\sqrt{n}\leqslant n+a^2=pm'$，所以 $m'>a$，$c=m'-a$ 是正整数.

师：于是，$n=(a+b)(a+c)-a^2=ab+bc+ca$，其中 a、b、c 都是正整数.

甲：还要证明 a，b，c 互不相同.

乙：如果 $a=b$，那么由 $n+a^2=(a+b)(a+c)$，得 $n+a^2$ 是偶数. 因为 n 是偶数，所以 a 是偶数. $a+b=2a$，a^2 都是 4 的倍数. 从而 n 也是 4 的倍数. 与已知矛盾.

甲：$a=c$ 同样矛盾. $a=b$ 呢？用 $n+b^2=(b+a)(b+c)$ 也同样导致矛盾.

师：可见大多数问题中，需要我们找的数都不是远在天边，而是近在眼前.

3 相似形、透视形、位似形

相似三角形是大家熟悉的. 一般地，如果两个图形 F 与 F' 的点之间存在一一对应，并且对任意三对对应点 A、B、C 与 A'、B'、C'，均有

$$\triangle ABC\backsim\triangle A'B'C'.$$

那么就说图形 F 与 F' 相似.

如果两个图形 F 与 F' 的点之间存在一一对应，并且对任意三对对应点 A、B、C 与 A'、B'、C'，均有直线 AA'、BB'、CC' 交于同一点 O，那么就说图形 F 与 F' 透视，O 称为透视中心. 对于透视形，有著名的笛沙格(Desargues)定理：

当且仅当 $\triangle ABC$ 与 $\triangle A'B'C'$ 透视时，对应边 AB 与 $A'B'$ 的交点，BC 与 $B'C'$ 的交点，CA 与 $C'A'$ 的交点，在同一条直线上.

如果两个图形 F 与 F' 的点之间存在一一对应，并且对任意三对对应点 A、

B、C 与 A'、B'、C'，均有

(1) 直线 AA'、BB'、CC'交于同一点 O.

(2) $\frac{OA}{OA'}=\frac{OB}{OB'}=\frac{OC}{OC'}$.

(如果点 A、A'位于 O 的异侧，那么规定比值$\frac{OA}{OA'}$为负数，其余亦然.)

那么就说图形 F 与 F'位似.

这个定义中的(1)表明位似形一定是透视形. 由这个定义也不难推出位似形一定是相似形.

但反过来，如果两个图形既是透视形，又是相似形，它们却未必是位似形.

我们可以构造一个反例：

取一个圆内接四边形 $OABC$. 再过 O、A 作一个圆分别交 OB、OC 于 B_1、C_1. 如图 1 所示.

这时

$$\angle B_1AC_1=\angle BOC=\angle BAC,$$
$$\angle AC_1B_1=\angle AOB=\angle ACB.$$

所以

$$\triangle AB_1C_1\backsim\triangle ABC.$$

但$\frac{OB}{OB_1}\neq\frac{OA}{OA}=1$，所以这两个三角形并非位似形，虽然对应顶点的连线通过同一点 O.

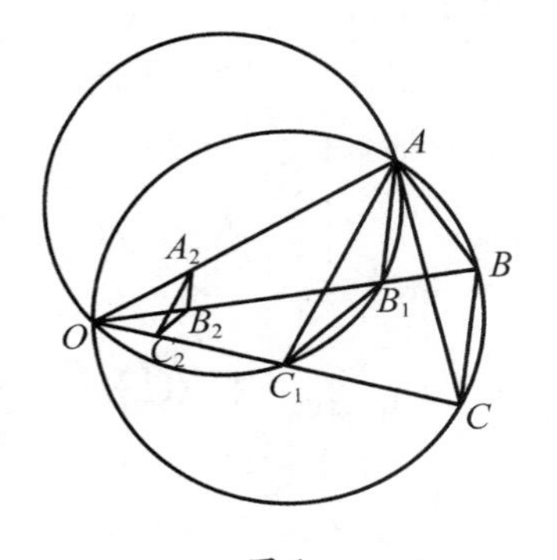

图 1

如果对这个反例中两个三角形有一个公共点感到不满意的话，只需以 O 为位似中心，作一个位似变换，将$\triangle AB_1C_1$ 变为$\triangle A_2B_2C_2$，则$\triangle A_2B_2C_2$ 与$\triangle ABC$ 相似，而且透视，但并不位似.

上面的反例见《趣味数学 100 题》(单墫著，中国科学技术大学出版社 2012 年出版)或《数学趣题巧解 100 例》(单墫著，中国少年儿童出版社 1991 年出版).

不知道上述反例，因而搞错的恐怕不在少数. 如《中等数学》2012 年第 11 期“两道几何竞赛题的简证”题 2 的证明. 再如《平面几何》(范端喜，邓博文著，华东师大出版社 2012 年出版)第 1 页就说“如果两个图形不仅是相似图形，且对应点连线相交于一点，那么这样的两个图形叫做位似图形.”这个定义是错的. 由这个定义推不出该书所说“位似图形的任意一对对应点……到位似中心的距离

的比等于相似比”(理由即上面的反例).

在上面的反例中,透视中心 O 在$\triangle ABC$ 的外接圆上. 是否一定如此? 回答是一定如此. 即设$\triangle ABC$ 与$\triangle A_1B_1C_1$ 是透视形,而且相似,但不位似,我们可以证明它们的透视中心 O 一定在外接圆上.

首先 OA、OB、OC 中至多有两条与$\triangle ABC$ 的外接圆相切. 不妨设 OA 与这外接圆相交,设另一个与 A 不同的交点是 P,如图 2.

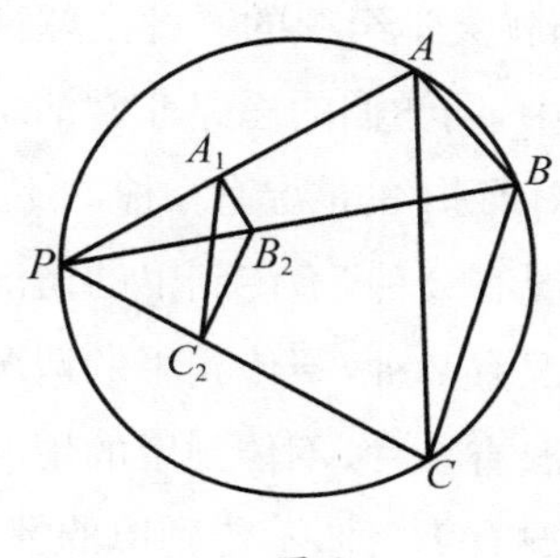

图 2

又设直线 A_1B_1 与 PB 相交于 B_2,直线 A_1C_1 与 PC 相交于 C_2[注].

因为$\angle C_2A_1B_2=\angle C_1A_1B_1=\angle CAB=\angle CPB$,所以 P 也在$\triangle A_1B_2C_2$ 的外接圆上. $\angle A_1C_2B_2=\angle A_1PB_2=\angle APB=\angle ACB$,所以$\triangle A_1B_2C_2\backsim\triangle ABC\backsim\triangle A_1B_1C_1$. 因此 B_1C_1 与 B_2C_2 平行或重合. 对于其他情况,上面的推导也成立,就不一一复述了,读者不妨自己画图检验.

因为透视,所以由 Desargues 定理,AB 与 A_1B_1 的交点 Z,BC 与 B_1C_1 的交点 X,CA 与 C_1A_1 的交点 Y,在同一条直线上. 同理,BC 与 B_2C_2 的交点 X_2 也在直线 YZ 上. 因此 X_2 即 X. 从而 B_1C_1 与 B_2C_2 重合. P 就是透视中心 O.

附注 如果 $AB_1 /\!/ PB$,$AC_1 /\!/ PC$,那么

$$\frac{OB_1}{OB}=\frac{OA_1}{OP}=\frac{OC_1}{OC}.$$

所以$\triangle A_1B_1C_1$ 与$\triangle PBC$ 位似. $\triangle ABC\backsim\triangle A_1B_1C_1\backsim\triangle PBC$. 但由$\triangle ABC\backsim\triangle PBC$,易导出 A 与 P 重合.

因此可设直线 A_1B_1 与 PB 相交. 如果 $A_1C_1 /\!/ PC$,那么 A_1C_1 与 PB 相交,设交点为 Q,则$\angle BAC=\angle CPB=\angle PQA_1>\angle B_1A_1C_1$,与已知矛盾.所以直线 A_1C_1 也与 PC 相交.

4 一题五解

不久前，我在南京书人学校与江苏的高中学生讨论了下面的一道题：

问题 甲、乙、丙三人传球. 开始球在甲手上. 问传 7 次，球回到甲手上的情况有________种.

这道题源自美国普林斯顿大学组织的一种全球性的高中竞赛. 不难. 高考、自主招生也都可以用. 讨论中，同学们的思路非常活跃，提出了多种解法.

第一种解法 传 1 次，球传到甲的情况有 0 种，不传到甲的情况有 $2-0=2$ 种.

传 2 次，球传到甲的情况有 2 种，不传到甲的情况有 $2^2-2=2$ 种.

传 3 次，球传到甲的情况有 2 种，不传到甲的情况有 $2^3-2=6$ 种.

传 4 次，球传到甲的情况有 6 种，不传到甲的情况有 $2^4-6=10$ 种.

传 5 次，球传到甲的情况有 10 种，不传到甲的情况有 $2^5-10=22$ 种.

传 6 次，球传到甲的情况有 22 种，不传到甲的情况有 $2^6-22=42$ 种.

传 7 次，球传到甲的情况有 42 种.

第二种解法 可以设甲、乙、丙三人排在一个圆上. 记顺时针传球 1 次为 $+1$，逆时针传球 1 次为 -1. 设 7 次传球中顺时针 m 次，逆时针 n 次，则 $m+n=7$. 因为最后球传到甲手上，所以 m、n 的差是 3 的倍数. 这只能是 $m=5$，$n=2$ 或 $m=2$，$n=5$.

在 7 次中有 5 次顺(逆)时针传球的情况有 C_7^5 种，因此所求答案为

$$2C_7^5=2\times 21=42. \quad ①$$

第三种解法 设开始球在甲手上，n 次传球，球传到甲手上的情况有 a_n 种，球传到乙手上的情况有 b_n 种，则球传到丙手上的情况有 b_n 种，并且

$$\begin{cases} a_{n+1}=2b_n, \\ b_{n+1}=a_n+b_n. \end{cases}$$

将第二个方程乘 2，再利用第一个方程代入，得

$$a_{n+2}=2a_n+a_{n+1}. \quad ②$$

因为 $a_1=0$，$a_2=2$，由上面的递推公式得出数列 $\{a_n\}$ 为

$$0,2,2,6,10,22,42,\cdots.$$

特别地，$a_7=42$.

第四种解法 设开始球在甲手上，n 次传球，球传到甲手上的概率为 P_n，则 $P_1=0$，并且 n 次传球，球不传到甲手上的概率为 $1-P_n$，再下一次传球，球可从乙(或丙)传到甲或丙(乙)，各有$\frac{1}{2}$可能，所以

$$P_{n+1}=\frac{1}{2}(1-P_n). \quad ③$$

由③

$$P_{n+1}-\frac{1}{3}=-\frac{1}{2}\left(P_n-\frac{1}{3}\right)=\left(-\frac{1}{2}\right)^2\left(P_{n-1}-\frac{1}{3}\right)$$
$$=\cdots=\left(-\frac{1}{2}\right)^n\left(P_1-\frac{1}{3}\right)=\frac{(-1)^{n+1}}{3\times 2^n},$$

所以

$$P_n=\frac{1}{3}+\frac{(-1)^n}{3\times 2^{n-1}}. \quad ④$$

特别地，$P_7=\frac{21}{2^6}$. 传球到甲的种数为

$$2^7P_7=42.$$

评注 以上解法都很好. 其中第二种与第四种都是我以前没有想到的. 可见同学之间开展讨论，互相启发，集思广益，取长补短，乃是极其重要的学习方法.

本题是填空题，只需要填上正确的答案. 所以，第三种解法中，不必求通项公式，直接由递推式②得出答案为好. 而且，填空题应当尽快得到答案，有些同学得到②后，再用特征方程求通项公式，就本题而言，实属浪费时间.

不过，即使是填空题，也应当明白解题的理由. 在改为说理题，需要说明理由时，应当能够说得清清楚楚. 例如解法二，如果只写①式，就无法令人明白. 必须加上前面的说明.

第四种解法，考虑了一般情况，更具有普遍性. 如果用第三种解法的符号，实际已得出

$$a_n=2^nP_n=2^n\left(\frac{1}{3}+\frac{(-1)^n}{3\times 2^{n-1}}\right)=\frac{2(2^{n-1}-(-1)^{n-1})}{3}. \quad ⑤$$

当然，第三种解法也可以得出通项公式⑤. 但导出过程不及解法四简单.

解法一，由简单的情况做起，值得提倡. 这种解法也不难得出一般结论. 事实上，采用解法三的记号，由于第 n 次传球共有 2^n 种(每次传球均有 2 种可

能)，所以第 n 次不传到甲的种数是 2^n-a_n. 再传一次，可以传给甲. 所以

$$a_{n+1}=2^n-a_n=2^n-2^{n-1}+a_{n-1}$$
$$=\cdots=2^n-2^{n-1}+\cdots+(-1)^{n-1}\times 2=\frac{2(2^n-(-1)^n)}{3} \quad ⑥$$

还可以由上述的简单的情况直接归纳出

$$a_n=2^{n-1}-2^{n-2}+\cdots-(-1)^{n-1}\times 2,$$

再用数学归纳法证明(利用 $a_{n+1}=2^n-a_n$). 这也比用特征方程简单.

解法二颇为有趣，但推广到一般情况有点困难. 如果坚持走这条路，那么需分三种情况处理：

(1) $n=3k$(k 为正整数). 根据上面的推理(顺时针传 $0,3,\cdots,n$ 次)，

$$a_n=C_n^0+C_n^3+\cdots+C_n^n.$$

(2) $n=3k+1$(k 为正整数). 根据上面的推理，

$$a_n=C_n^2+C_n^5+\cdots+C_n^{n-2}.$$

(3) $n=3k+2$(k 为正整数). 根据上面的推理，

$$a_n=C_n^1+C_n^4+\cdots+C_n^{n-1}.$$

这三个和不太好求. 因此，就题论题，用第二种解法求 a_n，不是一条康庄大道. 但它也向我们提出一个有趣的问题，即如何求这些和.

以 $n=3k$ 为例. 令

$$A=C_n^0+C_n^3+\cdots+C_n^n,$$
$$B=C_n^2+C_n^5+\cdots+C_n^{n-2},$$
$$C=C_n^1+C_n^4+\cdots+C_n^{n-1},$$

则在

$$(1+x)^n=C_n^0+C_n^1x+\cdots+C_n^nx^n \quad ⑦$$

中，令 $x=1$，得

$$A+B+C=2^n. \quad ⑧$$

令 $x=\omega=e^{\frac{2\pi i}{3}}$，得

$$A+B\omega^2+C\omega=(1+\omega)^n=(-\omega^2)^n=(-1)^n. \quad ⑨$$

即

$$A-B+(C-B)\omega=(-1)^n, \quad ⑩$$

所以

$$A-B=(-1)^n, C=B.$$

结合⑧,得

$$A=\frac{2(2^{n-1}-(-1)^{n-1})}{3}.$$

同样可以处理其他两种情况.

最后,简单说一说第五种解法.

第五种解法 首先列出下面的表:

一次传球表

传球人＼接球人	甲	乙	丙
甲	0	1	1
乙	1	0	1
丙	1	1	0

表中第 i 行第 j 列的数表示球从 i 传到 j 的种数. 这个表也可以只写数,变成更简单的形式

$$\begin{pmatrix}0 & 1 & 1\\1 & 0 & 1\\1 & 1 & 0\end{pmatrix}.$$

熟悉矩阵运算的人知道,这个矩阵的 n 次方

$$\begin{pmatrix}0 & 1 & 1\\1 & 0 & 1\\1 & 1 & 0\end{pmatrix}^n$$

中的第 i 行第 j 列的数,恰好表示经过 n 次传球球从 i 传到 j 的种数. 特别地,

$$\begin{pmatrix}0 & 1 & 1\\1 & 0 & 1\\1 & 1 & 0\end{pmatrix}^7=\begin{pmatrix}42 & \cdot & \cdot\\\cdot & \cdot & \cdot\\\cdot & \cdot & \cdot\end{pmatrix}$$

所以本题答案为 42(矩阵的乘法及幂不难计算. 如果有 mathematica 或 maple 等软件,那么揿揿按钮就可得出结果. 但求 n 次幂,方法与求数列通项类似).

5 两道 2013 年江苏高考题

2013 年江苏高考题，普遍反映不难. 各题解法也比较单一，只有最后的第 19、20 两题，有些讨论的余地. 本文目的就是提供这两道题的与标准答案不同的解法.

问题 1 设 $\{a_n\}$ 是首项为 a、公差为 d 的等差数列 $(d\neq0)$，S_n 是其前 n 项的和. 记 $b_n=\dfrac{nS_n}{n^2+c}$，$n\in\mathbf{N}$，c 为实数.

(1) 略.

(2) 若 $\{b_n\}$ 是等差数列，证明 $c=0$.

（2013 年江苏省高考数学卷第 19 题）

解 $S_n=\dfrac{a+a+(n-1)d}{2}\cdot n=\left(a+(n-1)\cdot\dfrac{d}{2}\right)n.$

$$b_n=\frac{nS_n}{n^2+c}=\frac{\left(a+(n-1)\dfrac{d}{2}\right)n^2}{n^2+c}$$
$$=a+(n-1)\frac{d}{2}-\frac{c}{n^2+c}\left(a+(n-1)\frac{d}{2}\right).$$

$\left\{a+(n-1)\dfrac{d}{2}\right\}$是首项为 a，公差为$\dfrac{d}{2}$的等差数列.

若 $\{b_n\}$ 是等差数列，则 $\left\{a+(n-1)\dfrac{d}{2}-b_n\right\}$ 是等差数列，即 $\left\{\dfrac{c}{n^2+c}\left(a+(n-1)\dfrac{d}{2}\right)\right\}$是等差数列.

易知一个等差数列，如果公差大于零，那么随着 n 的增加，第 n 项趋于正无穷；如果公差小于零，那么随着 n 的增加，第 n 项趋于负无穷；如果公差等于零，那么数列为常数数列，无论 n 如何增加，第 n 项保持不变，它的“极限”仍然是同一个常数.

由于$\dfrac{c}{n^2+c}\left(a+(n-1)\dfrac{d}{2}\right)$的分母是 n 的二次式，而 $c\left(a+(n-1)\dfrac{d}{2}\right)$是 n 的一次式，所以随着 n 的增加，它的值趋于零. 根据上一段所说，等差数列

$\left\{\frac{c}{n^2+c}\left(a+(n-1)\frac{d}{2}\right)\right\}$是常数数列，而且这个常数是零. 因为 $d\neq 0$，所以 $\left\{a+(n-1)\frac{d}{2}\right\}$不是常数数列，不恒为零. 从而必有 $c=0$.

问题 2 设函数 $f(x)=\ln x-ax$，$g(x)=e^x-ax$，a 为实数.

(1) 略.

(2) 若 $g(x)$在$(-1,+\infty)$上是单调增函数，求 $f(x)$的零点个数.

(2013 年江苏省高考数学卷第 20 题)

解 因为 $g(x)$在$(-1,+\infty)$上是单调增函数，所以在$(-1,+\infty)$上，

$$g'(x)=e^x-a>0,$$

在 $x\downarrow -1$ 时，$e^x\downarrow e^{-1}$，所以由上式得 $a\leqslant e^{-1}$.

$f(x)=\ln x-ax$ 的定义域是$(0,+\infty)$. $f'(x)=\frac{1}{x}-a$.

若 $a\leqslant 0$，则 $f'(x)\geqslant\frac{1}{x}>0$，$f(x)$严格递增. $f(1)=-a\geqslant 0$；$x\downarrow 0$ 时，$f(x)\downarrow -\infty$. 因此，$f(x)$恰有一个零点.

若 $0<a<e^{-1}$，则在 $x=\frac{1}{a}$时，$f'(x)=0$；在 $x<\frac{1}{a}$时，$f'(x)>0$；在 $x>\frac{1}{a}$时，$f'(x)<0$. 所以在 $x=\frac{1}{a}$时，$f(x)$取最大值 $\ln\frac{1}{a}-1>0$. 在 $x<\frac{1}{a}$时，$f(x)$严格递增，$f(1)=-a<0$，所以在$\left(0,\frac{1}{a}\right)$上，$f(x)$恰有一个零点. 在 $x>\frac{1}{a}$时，$f(x)$严格递减，并且 $f(x)\to-\infty$，所以在$\left(\frac{1}{a},+\infty\right)$上，$f(x)$恰有一个零点. 因此，$f(x)$有两个零点.

若 $a=e^{-1}$，则由上面的讨论，$f(e)=0$ 是 $f(x)$的最大值，$f(x)$恰有一个零点.

评注 问题 2 是大学微积分中最普通的问题，放到中学作为考题，增加不少困难. 这反映出新课标的尴尬：一方面，将微积分放到中学，另一方面，又回避极限，等于阉割了微积分的精神.

本题的主要困难在证明 $a>0$ 时，$f(x)$可取负值. 由于 $\ln x$ 与 ax 均$\to+\infty$ $(x\to+\infty)$，但后者是更高阶的无穷大，因此显然有

$$f(x)=\ln x-ax\to-\infty.$$

如果不知道无穷大的阶，可以采取下面的办法证明 x 充分大时，$f(x)$ 为负：

取 $x=\mathrm{e}^n$，n 为正整数.

$$f(x)=n-a\mathrm{e}^n<n-a\cdot 2^n=n-a\left(1+n+\frac{n(n-1)}{2}+\cdots\right)<n-\frac{an(n-1)}{2}.$$

在 $n>\frac{2}{a}+1$ 时，$f(x)<0$.

标准答案引进辅助函数，“搅得周天寒彻”. 未学过微积分的人，恐怕不会这样做. 学过微积分的，大概也很少有人会这样做.

6 三次函数与中心对称

三次函数 $y=x^3$ 是奇函数，它的图像是一条中心对称的曲线，对称中心是原点.

再进一步，三次函数

$$y=ax^3+cx(a\neq 0)$$

也是奇函数，所以它的图像也是以原点为对称中心的中心对称的曲线.

一般的三次函数

$$y=ax^3+bx^2+cx+d(a\neq 0) \quad ①$$

不一定是奇函数. 但是我们可以证明它的图像仍然是中心对称的曲线，而且对称中心在它的图像上. 本文给出两个证明.

证法 1 采用解三次方程的同样方法. 作恒等变形，去掉二次项. 即

$$y=ax^3+bx^2+cx+d=a\left(x+\frac{b}{3a}\right)^3+c_1\left(x+\frac{b}{3a}\right)+d_1, \quad ②$$

其中 c_1，d_1 是与 a，b，c，d 有关的常数，具体表达式可以算出，但不必算出.

于是，式①变为

$$y-d_1=a\left(x+\frac{b}{3a}\right)^3+c_1\left(x+\frac{b}{3a}\right), \quad ③$$

即将坐标轴平移，以$\left(-\frac{b}{3a},d_1\right)$为新原点，则①的图像就是三次函数

$$y=ax^3+c_1x(a\neq 0) \quad ④$$

的图像. 所以①的图像仍是中心对称的，对称中心是点 A，A 的坐标是

$$\left(-\frac{b}{3a},d_1\right), \quad ⑤$$

若记

$$f(x)=ax^3+bx^2+cx+d,$$

则由式②，得

$$d_1=f\left(-\frac{b}{3a}\right), \quad ⑥$$

所以对称中心 A 在 $y=f(x)$ 的图像上.

证法 2 仍设

$$f(x)=ax^3+bx^2+cx+d, \quad ⑦$$

考虑曲线

$$y=f(x)$$

上的一点

$$A(x_0,f(x_0)).$$

又设 x_1,x_2 满足

$$x_1+x_2=2x_0, \quad ⑧$$

寻求

$$f(x_1)+f(x_2)=2f(x_0) \quad ⑨$$

时，x_0 应当满足的条件.

由式⑧，可令

$$x_1=x_0+h,x_2=x_0-h. \quad ⑩$$

于是

$$\begin{aligned}
&f(x_1)+f(x_2)\\
&=f(x_0+h)+f(x_0-h)\\
&=a((x_0+h)^3+(x_0-h)^3)+2b((x_0+h)^2+(x_0-h)^2)+2cx_0+2d\\
&=2a(x_0^3+3h^2x_0)+2b(x_0^2+h^2)+2cx_0+2d\\
&=2f(x_0)+2h^2(3ax_0+b).
\end{aligned} \quad ⑪$$

取 $x_0=-\frac{b}{3a}$，则对一切满足式⑧的 x_1,x_2，均有式⑨成立. 即曲线

$$y=ax^3+bx^2+cx+d(a\neq 0)$$

中心对称，而且对称中心

$$\left(-\frac{b}{3a},f\left(-\frac{b}{3a}\right)\right)$$

在曲线上.

有趣的是，三次函数

$$y=ax^3+bx^2+cx+d(a\neq 0)$$

的拐点（使二阶导数 $y''=0$ 的点）正好是它的图像的对称中心.

7 谈谈提高解题能力

甲：《学数学》真是一本好杂志，上面有很多的题目，又有很好的解法.

乙：可是，有很多的题目我不会做，看解答，有的看不懂；有的好像看懂了，但不知道人家怎么想出来的，有时觉得自己很笨，有时又觉得自己懂得太少，人家用的很多东西都不知道或不熟悉.

甲：我们的解题能力需要提高.

乙：怎么提高呢？老师有什么好办法？

师：首先，你得增强自信：你懂得并不少. 高中的知识，你基本掌握了，做中学的题已经足够，不必去恶补课外的内容. 其次，你应当选一些题，想方设法用已有的知识，自己努力去做，不要先看解答.

甲：选什么样的题呢？

师：这个，你们可以根据自己的需要任意选择. 开始解题时，选一些基本的题为好，不要急于做过偏过难的题.

乙：自己做，做不出来怎么办？

师：如果实在做不出来，也可以找同学或老师讨论. 这正是我想说的第三点：要多交流，多讨论. 不仅在题做不出来时，需要在已经深入思考的基础上与

别人讨论.而且在题已经解出来后,更应当充分讨论,及时总结.这样做,解题能力才能很快地提高.

甲:能不能举些例子来说明?

乙:这里是清华大学自主招生的一道试题.

问题 1 x,y 为实数,且 $x+y=1$.求证:对于任意正整数 n,

$$x^{2n}+y^{2n}\geqslant\frac{1}{2^{2n-1}}. \qquad ①$$

我看到的解答(《学数学》2012 年第 4 期第 26 页)很好,但第一步我就不明白是怎么想到的.另外,我觉得如果 x,y 都是正数,处理不等关系好办一些.现在不一定是正数,这就麻烦了.

师:不要怕麻烦.不过,我们可以从简单的情况做起.先假定 x,y 都是正数.而且先做 $n=1$ 的情况.

甲:这很容易.由已知的等式平方,得

$$1=(x+y)^2=x^2+2xy+y^2\leqslant 2(x^2+y^2).$$

因此①式成立.

乙:这我也能做.一般的情况是不是也这样做?首先将已知等式 $2n$ 次方,得

$$1=(x+y)^{2n}=\sum_{k=0}^{2n}\mathrm{C}_{2n}^{k}x^{k}y^{2n-k}.$$

接下去怎么办?

师:右边的和中已经有 $x^{2n}+y^{2n}$.不过,为更整齐一些,可以将同样的和倒过来与自身相加,得

$$\begin{aligned}2=&(x^{2n}+y^{2n})+\mathrm{C}_{2n}^{1}(x^{2n-1}y+xy^{2n-1})\\&+\cdots+\mathrm{C}_{2n}^{2n-1}(xy^{2n-1}+x^{2n-1}y)+(y^{2n}+x^{2n}).\end{aligned}$$

甲:接下去证明第一个括号中的两项的和,大于或等于其他括号中的两项的和.

乙:这也不难.设正整数 a,b 满足 $a+b=2n$,则

$$x^{2n}+y^{2n}-(x^a y^b+x^b y^a)=(x^a-y^a)(x^b-y^b)\geqslant 0.$$

甲:于是

$$2\leqslant 2^{2n}(x^{2n}+y^{2n}),$$

即①式成立.

乙:这好像比我看到的解答简单.不过 x,y 不都是正数,怎么办?

师：你看呢？

乙：可以给 x,y 加上绝对值符号. 因为

$$|x|+|y|\geqslant x+y=1,$$

所以用上面的方法同样得到

$$|x|^{2n}+|y|^{2n}\geqslant\frac{1}{2^{2n-1}},$$

即①式成立.

师：所以解题应当从简单的情况做起，再推广到一般情况.

甲：我还看到一个有趣的不等式，是北京大学自主招生题.

问题 2 已知实数 a_1,a_2,a_3,b_1,b_2,b_3 满足

$$a_1+a_2+a_3=b_1+b_2+b_3,$$

$$a_1a_2+a_2a_3+a_3a_1=b_1b_2+b_2b_3+b_3b_1,$$

$$\min\{a_1,a_2,a_3\}\leqslant\min\{b_1,b_2,b_3\}.$$

求证：$\max\{a_1,a_2,a_3\}\leqslant\max\{b_1,b_2,b_3\}$.

乙：我也看到这道题. 解答(《学数学》2012 年第 4 期第 25 页和第 3 期第 28 页)都用到三次函数. 想不到啊！

师：其实并不是非用函数去做. 用通常证明不等式的方法，做些代数式的变形就可以证明了.

甲：怎么证？

师：由对称，不妨设

$$a_1\leqslant a_2\leqslant a_3,b_1\leqslant b_2\leqslant b_3.$$

于是 $a_1\leqslant b_1$. 题目中有没有说这些数都是正数？

乙：没有.

师：我们可以将题中的数都加上同一个数 m，不难验证这时所有的条件都仍然成立. 所以我们可以设题中的数都是正数或非负数. 特别地，可设 $a_1=0$(即将每个已知数都加上 $-a_1$).

甲：这样，条件就变成 a_2,a_3,b_1,b_2,b_3 都是非负数，并且

$$a_2+a_3=b_1+b_2+b_3,$$

$$a_2a_3=b_1b_2+b_2b_3+b_3b_1.$$

乙：只剩两个 a_i 了. 我们可以消去 a_2，得到

$$a_3(b_1+b_2+b_3-a_3)=b_1b_2+b_2b_3+b_3b_1,$$

即

$$a_3^2-(b_1+b_2+b_3)a_3+b_1b_2+b_2b_3+b_3b_1=0. \quad ②$$

可是还得不出所要的结果 $a_3 \leqslant b_3$.

甲:将式②的两边乘以 a_3,得

$$\begin{aligned} 0 &= a_3^3-(b_1+b_2+b_3)a_3^2+(b_1b_2+b_2b_3+b_3b_1)a_3 \\ &\geqslant a_3^3-(b_1+b_2+b_3)a_3^2+(b_1b_2+b_2b_3+b_3b_1)a_3-b_1b_2b_3 \\ &= (a_3-b_1)(a_3-b_2)(a_3-b_3). \end{aligned}$$

$a_3-b_1, a_3-b_2, a_3-b_3$ 不能全是正数,所以必有 $a_3 \leqslant b_3$.

乙:最后这一步,我还是没有想到.不过下一次也许能够想到.

师:这就是经验积累吧.

甲:不难看出 6 个已知数的大小关系是

$$a_1 \leqslant b_1 \leqslant b_2 \leqslant a_2 \leqslant a_3 \leqslant b_3.$$

师:这道题,我们也是尽量将问题简化,从简单情况入手(特别是假定 $a_1=0$).

乙:下面的题是北京大学的试题(《学数学》2012 年第 4 期第 35 页).不是不等式,但也颇为有趣.是不是也应当从简单的情况做起?

问题 3 下面的 2013 阶实方阵中,每行都是等差数列,每列的平方也都是等差数列.

$$\begin{bmatrix} a_{1,1} & a_{1,2} & \cdots & a_{1,2013} \\ a_{2,1} & a_{2,2} & \cdots & a_{2,2013} \\ a_{3,1} & a_{3,2} & \cdots & a_{3,2013} \\ \vdots & \vdots & \vdots & \vdots \\ a_{2013,1} & a_{2013,2} & \cdots & a_{2013,2013} \end{bmatrix}$$

求证:

$$a_{1,1} \cdot a_{2013,2013}=a_{2013,1} \cdot a_{1,2013}. \quad ③$$

师:是啊.你试试看.

乙:我先考虑三阶方阵的情况.可以设第 i 行的三个数是

$$a_i, a_i+d_i, a_i+2d_i (i=1,2,3).$$

我们有

$$a_1^2+a_3^2=2a_2^2, \quad ④$$

$$(a_1+d_1)^2+(a_3+d_3)^2=2(a_2+d_2)^2, \quad ⑤$$

$$(a_1+2d_1)^2+(a_3+2d_3)^2=2(a_2+2d_2)^2, \quad ⑥$$

⑥+④−2×⑤,得

$$d_1^2+d_3^2=2d_2^2. \quad ⑦$$

由式⑦,④,⑤得

$$a_1d_1+a_3d_3=2a_2d_2, \quad ⑧$$

于是

$$(a_1d_1+a_3d_3)^2=(2a_2d_2)^2=(a_1^2+a_3^2)(d_1^2+d_3^2), \quad ⑨$$

即

$$(a_1d_3-a_3d_1)^2=0. \quad ⑩$$

所以

$$a_1d_3=a_3d_1, \quad ⑪$$

$$a_1(a_3+2d_3)=a_3(a_1+2d_1), \quad ⑫$$

即结论对于三阶方阵成立.

甲:式⑨正好是柯西(Cauchy)不等式的等号成立的情况.

师:做得很好.再看一般的 $2n+1$ 阶方阵.

乙:设第 i 行的数是

$$a_i, a_i+d_i, \cdots, a_i+2nd_i (i=1,2,\cdots,2n+1).$$

要证明的结论实质就是

$$a_1d_{2n+1}=a_{2n+1}d_1. \quad ⑬$$

我们已经有式⑪,又可以作归纳假设

$$(a_3+2d_3)d_{2n+1}=(a_{2n+1}+2d_{2n+1})d_3, \quad ⑭$$

即

$$a_3d_{2n+1}=a_{2n+1}d_3. \quad ⑮$$

在式⑮的两边同乘 a_1,得

$$a_1a_3d_{2n+1}=a_{2n+1}d_3a_1=a_{2n+1}a_3d_1. \quad ⑯$$

如果 $a_3\neq0$,那么在⑯两边约去 a_3,便得⑬.结论成立.

甲:如果 $a_3=0$,那么由

$$a_2^2+a_4^2=2a_3^2=0,$$

得 $a_2=a_4=0$. 同理,一切

$$a_i=0(i=1,2,\cdots,2n+1).$$

式⑬当然成立.

乙:我想再讨论一道北京大学出的几何题.

问题 4 在$\triangle ABC$ 中存在点 L,使得

$$\angle LBC=\angle LCA=\angle LAB=\angle LAC.$$

求证:$\triangle ABC$ 的三边成等比数列.

《学数学》2012 年第 3 期第 19 页已有多种解法. 老师有没有不同的解法? 你的解法是怎样想到的?

师:先看条件. 如图,直线 AL 是角平分线. 角平分线与外接圆的交点是一个重要的点. 解题时经常用到. 我们设 AL 交外接圆于 D.

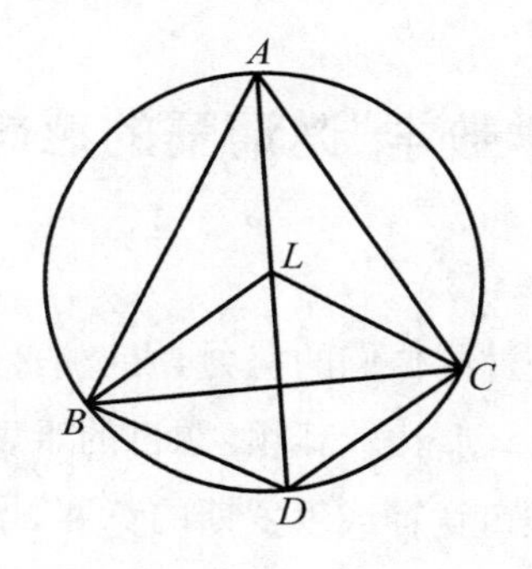

甲:D 是弧 BC 的中点. $DB=DC$.

师:有了 D 点,形成两个三角形. 即$\triangle BLD$,$\triangle LDC$. 它们与原来的$\triangle ABC$ 有什么关系?

乙:

$$\angle BLD=\angle BAL+\angle ABL=\angle LBC+\angle ABL=\angle ABC,$$

$$\angle LDB=\angle BCA,$$

所以

$$\triangle BLD\backsim\triangle ABC.$$

同样,

$$\triangle LDC\backsim\triangle ABC.$$

于是,
$$\triangle BLD\backsim\triangle LDC.$$

甲：由此，有比例线段

$$\frac{BL}{LD}=\frac{LD}{DC}.$$

从而

$$LD^2=BL\times DC=BL\times DB.$$

即$\triangle BLD$的三边成等比数列. 与它相似的$\triangle ABC$也是如此：

$$BC^2=AB\times AC.$$

乙：这个解法倒是与我见到的都不相同. 记住角平分线与外接圆的交点很有用处，就不难发现这个证明.

师：今天先说到这里，有机会以后再继续讨论.

8 解首届“学数学”邀请赛的感想

首届学数学邀请赛，经过同仁们的努力，成功举行.

这次竞赛的试题大多原创，比较新颖. 题目的难度适当，相当于全国高中联赛的水平. 如果能像国际城市竞赛或俄罗斯的竞赛，增加一些趣味性，那就更加完美.

看到试题，我也有点见猎心喜，立即做了一遍. 有点感想，解答也有些与标准解答不全相同，写在下面：

先说填空题(试题附后).

第1题 可以画一个草图. $y=x^2-2x$的图像是开口向上的抛物线，以直线$x=1$为对称轴，交x轴于$x=0,2$的两个点. $y=3g(x)$的图像也以直线$x=1$为对称轴，交x轴于$x=0,2$的两个点. 因此，x轴上$x=0,2$的两个点都是上述两个图像的交点.

在对称轴右面，由

$$x^2-2x=3(x-2)$$

得$x=2,3$.所以$2\leqslant x\leqslant 3$是

$$f(x)\leqslant 3g(x)$$

的解. 而由对称，在对称轴左边，还有另一部分解 $-1\leqslant x\leqslant 0$.

对称，不仅优美，而且可以事半功倍.

第 2 题 由已知 a_1，$3a_2$，a_1+a_2 成等比数列，所以 $a_1\neq 0$，并且

$$\begin{cases}3a_2=qa_1,\\ a_1+a_2=3qa_2.\end{cases}$$

将第二个方程乘以 3，并用第一个方程中的 $3a_2$ 代入，消去 a_2，得到

$$3a_1+qa_1=3q^2a_1.$$

约去不为零的 a_1，解出 $q=\dfrac{1\pm\sqrt{37}}{6}$.

解题，应当直奔目标. 本题只需求 q，不必求其他的值.

第 3 题 可以先试一试 3 个特殊的锐角 $\dfrac{\pi}{6}$，$\dfrac{\pi}{4}$，$\dfrac{\pi}{3}$. 发现 $\dfrac{\pi}{3}$ 满足要求.

原等式可化为

$$(2\sin x+1)(\sin x-\cos x)=1. \qquad ①$$

命题者非常聪明地指出 $\dfrac{\pi}{4}<x<\dfrac{\pi}{2}$，并且在这区间上，式①的左边是严格增加的，因而只有一个解，即上面已经得到的 $\dfrac{\pi}{3}$.

如果没有发现单调性，也可以由式①展开得

$$\sin x-\cos x=\cos 2x+\sin 2x.$$

再和差化积得

$$\sin\left(x-\frac{\pi}{4}\right)=\sin\left(\frac{3\pi}{4}-2x\right).$$

从而

$$x-\frac{\pi}{4}=\frac{3\pi}{4}-2x, x=\frac{\pi}{3}.$$

第 4 题 这是一个“拟柱”. 两底面面积均为 $2a^2$；中截面是边长为 $\dfrac{3a}{2}$ 的正方形，面积为 $\dfrac{9a^2}{4}$. 侧面等腰梯形的高是

$$\sqrt{1^2-\left(\frac{1}{2}\right)^2}\,a=\frac{\sqrt{3}}{2}a,$$

拟柱的高是

$$\sqrt{\left(\frac{\sqrt{3}}{2}\right)^2-\left(1-\frac{1}{2}\right)^2}\,a=\frac{\sqrt{2}}{2}a.$$

因此,拟柱的体积是

$$\frac{1}{6}\times\frac{\sqrt{2}}{2}a\times\left(2+2+4\times\frac{9}{4}\right)a^2=\frac{13}{12}\sqrt{2}a^3.$$

拟柱体积$=\frac{h}{6}(S_1+S_2+4M)$,其中 S_1,S_2,M 分别为上、下底面与中截面的面积.

第 5 题 可设圆为 $x^2+y_2=1$,$M(x,y)$在线段 $x+y=1$ 上,E 的坐标为$(\cos\alpha,\sin\alpha)$,F 的坐标为$(-\cos\alpha,-\sin\alpha)$. 这时

$$\overrightarrow{ME}=(\cos\alpha-x,\sin\alpha-y),$$

$$\overrightarrow{MF}=(-\cos\alpha-x,-\sin\alpha-y),$$

$$\begin{aligned}\overrightarrow{ME}\cdot\overrightarrow{MF}&=x^2-\cos^2\alpha+y^2-\sin^2\alpha\\&=x^2+y^2-1\\&=\frac{1}{2}(x+y)^2+\frac{1}{2}(x-y)^2-1\\&\geqslant-\frac{1}{2}.\end{aligned}$$

在 $x=y$,即 M 为正方形 $ABCD$ 的边的中点时,取得最小值$-\frac{1}{2}$.

本题如果建立坐标,以坐标轴与圆的交点作为正方形 $ABCD$ 的顶点更好一些,因为这样做,既充分利用了图上的特殊点,更具有对称性.

第 6 题 抛物线过点 $A(x_0,x_0^2)$的切线,斜率为 $2x_0$. 过点 $A(x_0,x_0^2)$的法线为

$$2x_0y+x=2x_0^3+x_0,$$

这个方程的左边,由法线斜率为切线斜率的负倒数得到,右边则是左边在$x=x_0$时的值. 法线与抛物线的另一个交点 $B(x_1,x_1^2)$的横坐标满足

$$2x_0x_1^2+x_1=2x_0^3+x_0,$$

即

$$x_1=-x_0-\frac{1}{2x_0}.$$

$$\triangle OAB \text{ 的面积} = \frac{1}{2}\begin{vmatrix} x_0 & y_0 \\ x_1 & y_1 \end{vmatrix}$$

$$= \frac{1}{2}\begin{vmatrix} x_0 & x_0^2 \\ x_1 & x_1^2 \end{vmatrix}$$

$$= \frac{1}{2}x_0x_1(x_1 - x_0)$$

$$= \frac{1}{2}\left(x_0^2 + \frac{1}{2}\right)\left(2x_0 + \frac{1}{2x_0}\right).$$

以下用求导的办法确定最小值,不必多说.

第 8 题 设各抛 10 次,硬币正面朝上的次数,乙多于甲的概率为 a,乙等于甲的概率为 b,则甲多于乙的概率也为 a,并且 $2a+b=1$.

乙再抛 1 次(乙抛 11 次,甲抛 10 次),硬币正面朝上的次数乙多于甲的概率为

$$a\times 1 + b\times\frac{1}{2} = \frac{1}{2}(2a+b) = \frac{1}{2}.$$

再看解答题.

第 9 题 设椭圆方程为

$$\frac{x^2}{a^2} + \frac{y^2}{b^2} = 1,$$

则

$$e = \frac{\sqrt{a^2-b^2}}{a} = \frac{c}{a}.$$

$C(x,y)$在椭圆上(不妨设 $y>0$),所以

$$y^2 = b^2\left(1-\frac{x^2}{a^2}\right) = (1-e^2)(a^2-x^2).$$

$$|CA| = a - ex,\ |CB| = a + ex.$$

$$\sin A = \frac{y}{|CA|},\ \sin B = \frac{y}{|CB|},$$

$$\cos A = \frac{x+c}{|CA|},\ \cos B = \frac{c-x}{|CB|}.$$

$$\frac{1+\cos A\cos B}{\sin A\sin B} = \frac{|CA|\cdot|CB| + (c+x)(c-x)}{y^2}$$

$$=\frac{(a-ex)(a+ex)+(c-x)(c+x)}{(1-e^2)(a^2-x^2)}$$

$$=\frac{a^2+c^2-(1+e^2)x^2}{(1-e^2)(a^2-x^2)}$$

$$=\frac{1+e^2}{1-e^2}.$$

解析几何的问题，以用解析几何的知识来解为宜. 现在的课程标准中，解析几何课程中应当有的内容，如上述解法中用到的一些结果以及第6题中的面积公式等，都没有了. 造成解析几何的问题学生不会用解析几何，反而用平面几何的知识解；而平面几何的问题学生又不会用平面几何，只能用解析几何解. 将主、次完全颠倒了.

第11题 要证

$$f(x_1)f(x_2)\leqslant f^2(\sqrt{x_1x_2}).$$

而$\left(\text{记 } a=\frac{1}{3},b=\frac{1}{4}\right)$

$$f(x_1)f(x_2)=a^{x_1+x_2}+b^{x_1+x_2}-(a^{x_1}b^{x_2}+a^{x_2}b^{x_1})$$

$$\leqslant\left(a^{\frac{x_1+x_2}{2}}-b^{\frac{x_1+x_2}{2}}\right)^2$$

$$=f^2\left(\frac{x_1+x_2}{2}\right),$$

因此只需证 $f(x)$ 单调递减. 这用导数不难完成.

最后看看第二试试题.

第一题 利用对称，仿照蝴蝶定理的标准证明即不难解决.

第二题 $a\circ b$ 就是 $ab \bmod 999$ 的最小正剩余.

(1) $559\times758=423722$，所以

$$559\circ758=423+722-999=146.$$

(2) $559\circ x=1$ 即 $559x\equiv1 \pmod{999}$，因此在 M（或者说在999的缩化剩余系）中

$$x=\frac{1}{559}=\frac{1}{-440}=\frac{-1-999}{440}=\frac{-25}{11}=\frac{974}{11}=\frac{3971}{11}=361.$$

(3)

$$(a\circ b)\circ c\equiv(a\circ b)c\equiv abc\equiv a(b\circ c)\equiv a\circ(b\circ c) \pmod{999},$$

即结合律成立.

第三题 可先考虑 $n=2$ 的简单情况. 这时

$$a_1a_2\left(\frac{b_1}{a_1}+\frac{b_2}{a_2}\right)=a_2b_1+a_1b_2$$

$$=(a_1+b_1)(a_2+b_2)-\frac{1}{2}$$

$$\leqslant\left(\frac{a_1+b_1+a_2+b_2}{2}\right)^2-\frac{1}{2}$$

$$=\frac{1}{2}.$$

一般情况可由同样方法得出.

第四题 在 $a_{2013}=2013m$,其他数为零时,优组个数为 C_{2012}^2. 困难在于证明这是所求的最小值.

记 $n=2013$. 不妨设 $a_1\leqslant a_2\leqslant\cdots\leqslant a_n$,且均非负(否则将每个数都加上 $-a_1$),平均值 $m=1$(否则将每个数除以 m).

若所有数均为 1,则优组个数为 C_n^3. 显然 $C_n^3>C_{n-1}^2$.

设 $h\geqslant 1$,已知数中有 h 个大于 1,即

$$a_n\geqslant a_{n-1}\geqslant\cdots\geqslant a_{n-h+1}>1.$$

记

$$a_j=1-e_j(1\leqslant j\leqslant n-h),$$

$$e_1\geqslant e_2\geqslant\cdots\geqslant e_{n-h}\geqslant 0.$$

若 $h=1$,则

$$a_n=1+e_1+e_2+\cdots+e_{n-1}.$$

a_n 与任两个其他的数组成优组. 优组个数 $\geqslant C_{n-1}^2$.

若 $h=2$,则

$$a_n+a_{n-1}\geqslant 2+e_1+e_2+e_3+e_4.$$

所以

$$a_n\geqslant 1+e_1+e_2$$

与 $a_{n-1}\geqslant 1+e_3+e_4$ 至少有一个成立. 前一种情况,优组个数 $\geqslant C_{n-1}^2$;后一种情况,$a_3,a_4,\cdots,a_{n-2}$ 中任两个与 a_n 或 a_{n-1} 都组成优组,优组个数 $\geqslant 2C_{n-4}^2>C_{n-1}^2$.

若 $2<h<231$,同样得出

$$a_{n-i+1} \geqslant 1 + e_{2i-1} + e_{2i} (1 \leqslant i \leqslant h)$$

中至少有一个成立. 不妨设

$$a_{n-h+1} \geqslant 1 + e_{2h-1} + e_{2h},$$

则

$$a_{2h-1}, a_{2h}, \cdots, a_{n-h}$$

中任两个与 $a_n, a_{n-1}, \cdots, a_{n-h+1}$ 中任一个都组成优组，优组个数 $\geqslant h\mathrm{C}_{n-3h}^2 > \mathrm{C}_{n-1}^2$.

若 $h \geqslant 231$，则 $a_n, a_{n-1}, \cdots, a_{n-h+1}$ 中任三个都组成优组，优组个数 $\geqslant \mathrm{C}_h^3 > \mathrm{C}_{n-1}^2$.

于是结论成立.

首届“学数学”邀请赛试题

第一试

（2013 年 7 月 13 日　8:00～9:20）

一、填空题（本题满分 64 分，每小题 8 分）

1. 已知函数

$$f(x) = x^2 - 2x, g(x) = \begin{cases} x-2, x \geqslant 1, \\ -x, x < 1. \end{cases}$$

则不等式 $f(x) \leqslant 3g(x)$ 的解集是__________.

（安振平　供题）

2. 等差数列 $\{a_n\}$ 的前 n 项和为 S_n，若 S_1, S_3, S_2 成公比为 q 的等比数列，则 $q=$__________.

（李　红　供题）

3. 满足关系式 $(\sin 2x + \cos x)(\sin x - \cos x) = \cos x$ 的锐角 $x=$__________（用弧度表示）.

（安振平　供题）

4. 用 4 块腰长为 a，上下底边长分别为 a，$2a$ 的等腰梯形硬纸片，和两块长和宽分别为 $2a$ 和 a 的矩形硬纸片，可以围成一个六面体，则该六面体的体积为__________.

（李　红　供题）

5. 已知⊙O 的半径为 1,四边形 $ABCD$ 为其内接正方形,EF 为⊙O 的一条直径,M 为正方形 $ABCD$ 边界上一动点,则$\overrightarrow{ME}\cdot\overrightarrow{MF}$的最小值为__________.

(杨　颛　供题)

6. 过抛物线 $y=x^2$ 上一点 A 作法线(法线是过切点且与切线垂直的直线)与抛物线相交于另一点 B,O 为坐标原点. 当$\triangle OAB$ 面积的取最小值时,点 A 的纵坐标为__________.

(刘凯峰　供题)

7. 若 $n\in\mathbf{N}^*$,则 $\lim\limits_{n\to\infty}\sin^2(\pi\sqrt{n^2+n})=$__________.

(闫伟锋　供题)

8. 甲乙两人各自独立地抛掷一枚均匀硬币,甲抛掷 10 次,乙抛掷 11 次. 则乙的硬币出现正面向上的次数比甲多的概率是__________.

(甘志国　供题)

二、解答题(本题满分 56 分)

9. (16 分)设$\triangle ABC$ 的顶点 A、B 为椭圆 Γ 的两个焦点,点 C 在椭圆 Γ 上,椭圆 Γ 的离心率为 e.

求证:$\dfrac{1+\cos A\cos B}{\sin A\sin B}=\dfrac{1+e^2}{1-e^2}$.

(李　红　供题)

10. (20 分)设数列$\{a_n\}$的前 n 项和为 S_n,且

$$S_n=2n-a_n(n\in\mathbf{N}^*).$$

(1) 求数列$\{a_n\}$的通项公式;

(2) 若数列$\{b_n\}$满足 $b_n=2^{n-1}a_n$,求证:$\dfrac{1}{b_1}+\dfrac{1}{b_2}+\cdots+\dfrac{1}{b_n}<\dfrac{5}{3}$.

(杨志明　供题)

11. (20 分)设 I 是区间$(0,+\infty)$上的一个子区间,$f(x)$是 I 上取值非负的函数.

任取 $x_1,x_2\in I$,若恒有

$$f(\sqrt{x_1\cdot x_2})\leqslant\sqrt{f(x_1)\cdot f(x_2)},$$

则称函数 $f(x)$为 I 上的"几何凹函数";若恒有

$$f(\sqrt{x_1\cdot x_2})\geqslant\sqrt{f(x_1)\cdot f(x_2)},$$

则称函数 $f(x)$ 为 I 上的“几何凸函数”.

已知函数

$$f(x)=\left(\frac{1}{3}\right)^{x}-\left(\frac{1}{4}\right)^{x}(x\in[1,+\infty)).$$

试判断 $f(x)$ 为$[1,+\infty)$上的几何凸函数还是几何凹函数,并给出证明.

（刘凯峰　供题）

第二试

（2013 年 7 月 13 日　9:40～12:10）

一、（本题满分 40 分）

如图 1,已知$\triangle ABC$ 的外心为 O,其外接圆直径 MN 分别交 AB、AC 于点 E、F. E、F 关于 O 的对称点分别为 E_1、F_1.

求证:直线 BF_1 与 CE_1 的交点在$\triangle ABC$ 的外接圆上.

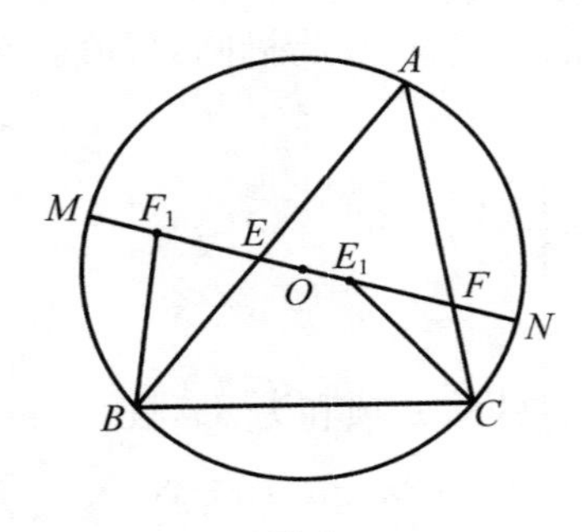

图 1

二、（本题满分 40 分）

设 M 为所有小于 1000 的正整数组成的集合. M 上的运算“$\circ$”定义如下:

设 $a,b\in M$,若 $ab\in M$,则 $a\circ b=ab$. 若 $ab\notin M$,设 $ab=1000k+r$,其中 k 为正整数,r 为非负整数,且 $r<1000$. 当 $k+r\in M$ 时,$a\circ b=k+r$;当 $k+r\notin M$ 时,再设 $k+r=1000+s$,$a\circ b=s+1$.

例如,

$$559\times297=166023,$$

所以

$$599\circ297=166+23=189.$$

再如

$$559\times983=549497,549+497=1046,$$

所以

$$559\circ983=1+46=47.$$

(1) 求 $559\circ758$；

(2) 求 $x\in M$，使得 $559\circ x=1$；

(3) 问：该运算是否满足结合律？即对于任意的 $a,b,c\in M$，是否一定有 $a\circ(b\circ c)=(a\circ b)\circ c$？如果成立，请加以证明；如果不成立，请举出反例.

三、(本题满分 50 分)

设正整数 $n\geqslant2$，正实数 $a_1,a_2,\cdots,a_n$ 与非负实数 $b_1,b_2,\cdots,b_n$ 满足

(1) $a_1+a_2+\cdots+a_n+b_1+b_2+\cdots+b_n=n$；

(2) $a_1a_2\cdots a_n+b_1b_2\cdots b_n=\dfrac{1}{2}$.

试求 $a_1a_2\cdots a_n\left(\dfrac{b_1}{a_1}+\dfrac{b_2}{a_2}+\cdots+\dfrac{b_n}{a_n}\right)$ 的最大值.

四、(本题满分 50 分)

设实数 $a_1,a_2,\cdots,a_{2013}$(允许有相同的)的算术平均值为 m，称满足

$$a_i+a_j+a_k\geqslant3m(1\leqslant i<j<k\leqslant2013)$$

的 $\{i,j,k\}$ 为"优组". 求优组个数的最小可能值.

9 Möbius 函数

2014 年国家集训队三次选拔考试中，至少有两道题与莫比乌斯(Möbius)函数 $\mu(n)$ 有关(下面的例 5 与例 6). 本文拟对莫比乌斯函数 $\mu(n)$ 作一些介绍. 这是一个奇妙的函数，定义极简单，用处却非常之大.

定义 $\mu(n)$ 定义在正整数数集上，

$$\mu(n)=\begin{cases}1, & n=1;\\(-1)^k, & n\text{ 是 }k\text{ 个不同质数的积；}\\0, & n\text{ 被一个质数的平方整除.}\end{cases}\qquad①$$

基本性质

$$\sum_{d \mid n} \mu(d)=\begin{cases}1, \text{若 } n=1; \\ 0, \text{若 } n \neq 1.\end{cases} \tag{②}$$

这个性质的证法很多. 这里介绍三种.

证明 (法一)显然可设 n 大于 1 并且无平方因子,即

$$n=p_1 p_2 \cdots p_k, \tag{③}$$

这里,$p_1, p_2, \cdots, p_k$ 是不同质数. d 是这 k 个质数中 t 个的乘积的情况有 C_k^t 种,所以

$$\sum_{d \mid n} \mu(d)=\sum_{t=0}^{k}(-1)^t \mathrm{C}_k^t=(1-1)^k=0.$$

(法二)采用归纳法. 设同前,并且结论对 n 成立. 质数 $p \nmid n$,对 $n_1=pn$,有

$$\begin{aligned}\sum_{d \mid n_1} \mu(d) &= \sum_{d \mid n} \mu(d)+\sum_{\substack{p \mid d \\ d \mid n_1}} \mu(d) \\ &= \sum_{d \mid n} \mu(d)-\sum_{\frac{d}{p} \mid n} \mu\left(\frac{d}{p}\right) \\ &= \sum_{d \mid n} \mu(d)-\sum_{d \mid n} \mu(d)=0.\end{aligned}$$

(法三)设同前. 若 k 为奇数,则对 $d \mid n$,$\mu\left(\frac{n}{d}\right)$ 与 $\mu(d)$是相反数,因而和为 0. 又 n 不是平方数,所以$\frac{n}{d} \neq d$,$\mu(d)$与 $\mu\left(\frac{n}{d}\right)$逐对抵消,总和为 0.

在 k 为偶数时,取定 n 的一个质因数 p,n 的不含 p 的因数 d 与 pd 一一对应,并且对每一对,和

$$\mu(d)+\mu(pd)=\mu(d)-\mu(d)=0,$$

总和为 0.

基本性质虽然简单,应用却极广泛.

例 1 用 $\varphi(n)$表示不超过 n,并且与 n 互质的正整数的个数. 证明:

$$\varphi(n)=n \sum_{d \mid n} \frac{\mu(d)}{d}. \tag{④}$$

证明

$$\varphi(n)=\sum_{\substack{m \leqslant n \\ (m, n)=1}} 1=\sum_{m \leqslant n} \sum_{d \mid (m, n)} \mu(d)=\sum_{d \mid n} \mu(d) \sum_{\substack{m \leqslant n \\ d \mid m}} 1=\sum_{d \mid n} \mu(d) \cdot \frac{n}{d}.$$

其中利用式②，生出"内和" $\sum\limits_{d\mid(m,n)}\mu(d)$，再交换求和号，得出结果④.

$\varphi(n)$称为欧拉(Euler)函数，设 n 的分解式为

$$n=p_1^{a_1}p_2^{a_2}\cdots p_k^{a_k}, \tag{5}$$

$p_1,p_2,\cdots,p_k$ 为不同质数，$a_1,a_2,\cdots,a_k$ 为正整数，则式④就是

$$\varphi(n)=n\sum_{d\mid p_1p_2\cdots p_k}\frac{\mu(d)}{d}=n\left(1-\frac{1}{p_1}\right)\left(1-\frac{1}{p_2}\right)\cdots\left(1-\frac{1}{p_k}\right). \tag{6}$$

这是 Euler 函数的计算公式.

例 2 证明：

$$\sum_{d=1}^{n}\mu(d)\left[\frac{n}{d}\right]=1. \tag{7}$$

证明

$$\sum_{d=1}^{n}\mu(d)\left[\frac{n}{d}\right]=\sum_{d=1}^{n}\mu(d)\sum_{\substack{k\leqslant n\\ d\mid k}}1=\sum_{k=1}^{n}\sum_{d\mid k}\mu(d)=1.$$

最后一步利用式②，其中内和$\sum\limits_{d\mid k}\mu(d)$仅在 $k=1$ 时不是 0.

例 3 证明：$\sum\limits_{s^2\mid n}\mu(s)=\mu^2(n)$.

证明 设 $n=b^2n_1$，n_1 无平方因子，则

$$\sum_{s^2\mid n}\mu(s)=\sum_{s\mid b}\mu(s)=\begin{cases}1, b=1,\\ 0, b\neq 1\end{cases}=\mu^2(n).$$

例 4 证明：对任意正实数 x，

(1) $\sum\limits_{1\leqslant k\leqslant x}\mu(k)\left[\frac{x}{k}\right]=1$；

(2) $\left|\sum\limits_{1\leqslant k\leqslant x}\frac{\mu(k)}{k}\right|\leqslant 1$.

证明 (1)

$$\sum_{1\leqslant k\leqslant x}\mu(k)\left[\frac{x}{k}\right]=\sum_{1\leqslant k\leqslant x}\mu(k)\sum_{n\leqslant\frac{x}{k}}1=\sum_{m\leqslant x}\sum_{k\mid m}\mu(k)=\mu(1)=1.$$

(2) 由(1)，

$$\begin{aligned}&\left|[x]\sum_{1\leqslant k\leqslant x}\frac{\mu(k)}{k}-1\right|\\ =&\left|\sum_{1\leqslant k\leqslant x}\left(\frac{[x]}{k}-\left[\frac{[x]}{k}\right]\right)\mu(k)\right|\\ \leqslant&\sum_{k=2}^{[x]}1=[x]-1,\end{aligned}$$

所以，

$$\left|[x]\sum_{1\leqslant k\leqslant x}\frac{\mu(k)}{k}\right|\leqslant([x]-1)+1=[x],$$

从而(2)成立.

例 5 给定整数 $a\geqslant 9$，证明：至多存在有限多个正整数 n，它的正因数个数 $d(n)=a$，并且 n 整除 $\varphi(n)+\sigma(n)$，这里 $\varphi(n)$ 为 Euler 函数，$\sigma(n)$ 为 n 的正因数的和.

证明 首先 n 有平方因子，假设不然，n 的表达式为式③，因为这时

$$d(n)=2^k\geqslant 9,$$

所以 $k\geqslant 4$. 因为

$$\varphi(n)+\sigma(n)=n\left(1-\frac{1}{p_1}\right)\left(1-\frac{1}{p_2}\right)\cdots\left(1-\frac{1}{p_k}\right)+(1+p_1)(1+p_2)\cdots(1+p_k),$$

所以由 $n\mid\varphi(n)+\sigma(n)$，得

$$\begin{aligned}&(p_1-1)(p_2-1)\cdots(p_k-1)+(p_1+1)(p_2+1)\cdots(p_k+1)\\&=ns,\end{aligned}\tag{8}$$

其中 s 为整数.

因为只有一个质数是偶数，所以式⑧左边至少被 2^{k-1} 整除. 右边的 n 至多被 2^1 整除，所以 s 至少被 2^{k-2} 整除. 但

$$\begin{aligned}s&=\left(1-\frac{1}{p_1}\right)\left(1-\frac{1}{p_2}\right)\cdots\left(1-\frac{1}{p_k}\right)+\left(1+\frac{1}{p_1}\right)\left(1+\frac{1}{p_2}\right)\cdots\left(1+\frac{1}{p_k}\right)\\&<1+\left(1+\frac{1}{2}\right)\left(1+\frac{1}{3}\right)\cdots\left(1+\frac{1}{k+1}\right)\\&=1+\frac{k+2}{2}=\frac{k+4}{2}.\end{aligned}\tag{9}$$

当 $k=4$ 时，$\frac{k+4}{2}=4=2^{4-2}$.

当 $k>4$ 时，

$$\begin{aligned}2^{k-1}&=(1+1)^{k-1}\\&\geqslant 1+(k-1)+\frac{(k-1)(k-2)}{2}\\&\geqslant 1+(k-1)+(k-2)\\&=2k-1\end{aligned}$$

$$\geqslant k+4.$$

所以,式⑨与 $s\geqslant 2^{k-2}$ 矛盾.

这表明 n 有平方因子,$\mu(n)=0$.

其次,

$$s=\frac{1}{n}(\varphi(n)+\sigma(n))=\frac{1}{n}\Big(\sum_{d\mid n}\mu(d)\frac{n}{d}+\sum_{m\mid n}m\Big)$$

$$=\frac{1}{n}\Big(\sum_{d\mid n}\mu(d)\frac{n}{d}+\sum_{d\mid n}\frac{n}{d}\Big)=\sum_{d\mid n}\frac{\mu(d)+1}{d} \qquad ⑩$$

是正整数.

只需考虑式⑩中,$\mu(d)\neq -1$ 的那些 d,记它们为

$$d_1<d_2<\cdots<d_h, \qquad ⑪$$

其中 $d_n=n,h\leqslant a$.

显然

$$1\leqslant s=\sum_{i=1}^{h}\frac{\mu(d_i)+1}{d_i}\leqslant\frac{2h}{d_1},$$

所以

$$d_1\leqslant 2h. \qquad ⑫$$

假设有 $d_i\leqslant(2h)^{2^{i-1}}$,$i=1,2,\cdots,j-1<h$,则

$$\frac{2h}{d_j}\geqslant\sum_{i=j}^{h}\frac{\mu(d_i)+1}{d_i}=s-\sum_{i=1}^{j-1}\frac{\mu(d_i)+1}{d_i}. \qquad ⑬$$

式⑬的右边是正有理数,约分后分母至多为 $d_1d_2\cdots d_{j-1}$,分子至少为 1,所以

$$\frac{2h}{d_j}\geqslant\frac{1}{d_1d_2\cdots d_{j-1}}$$

即

$$d_j\leqslant 2hd_1d_2\cdots d_{j-1}\leqslant(2h)^{1+1+2+\cdots+2^{j-1}}=(2h)^{2^j}. \qquad ⑭$$

特别地,

$$n=d_h\leqslant(2h)^{2^{h-1}}\leqslant(2a)^{2^{a-1}}, \qquad ⑮$$

即满足要求的 n 至多有有限多个.

例 6 设 k 是给定的正偶数,n 的表达式为式③. 正整数 $a<b\leqslant n$,集合

$$S_1=\{d\mid d\mid N,a\leqslant d\leqslant b,d\text{ 的质因子个数是偶数}\},$$

$$S_2=\{d\mid d\mid N,a\leqslant d\leqslant b,d\text{ 的质因子个数是奇数}\}.$$

证明：

$$|S_1|-|S_2|\leqslant C_k^{\frac{k}{2}}.\tag{16}$$

证明

$$|S_1|-|S_2|=\sum_{\substack{d\mid n\\a\leqslant d\leqslant b}}\mu(d).\tag{17}$$

我们证明，更一般地，对任意正整数 b、k，

$$-C_{k-1}^{2t'-1}\leqslant\sum_{\substack{d\mid n\\d\leqslant b}}\mu(d)\leqslant C_{k-1}^{2t},\tag{18}$$

其中

$$t=\left[\frac{k+1}{4}\right],t'=\left[\frac{k+3}{4}\right].$$

因此 $2t$ 是不超过 $\frac{k+1}{2}$ 的最大偶数，$2t'-1$ 是不超过 $\frac{k+1}{2}$ 的最大奇数. 约定 $C_0^0=1$，$C_0^1=0$.

记 $X_r=\{d\mid d\mid n,d\leqslant b$，并且 d 是 r 个质数的积$\}$，$1\leqslant r\leqslant k$，$X_0=\{1\}$. 则 X_r 是下表第 $r+1$ 行中不超过 b 的数的个数.

$$1;$$

$$p_1,p_2,p_3,\cdots,p_k;$$

$$p_1p_2,p_1p_3,\cdots,p_1p_k,p_2p_3,\cdots,p_{k-1}p_k;$$

……

$$p_1p_2\cdots p_{k-1},p_1p_2\cdots p_{k-2}p_k,\cdots,p_2p_3\cdots p_k;$$

$$p_1p_2\cdots p_k.$$

在第 r 行与第 $r+1$ 行之间，将有整除关系的数连上线，则 X_r 中每个数均与上一行的 X_{r-1} 中的 r 个数相连（X_r 中的每个数去掉任一个质因数即成为 X_{r-1} 中的数），而 X_{r-1} 中的每个数至多与 X_r 中的 $k-r+1$ 个数相连（X_{r-1} 中每个数乘以其他 $k-(r-1)$ 个质数中的一个就成为下一行中的数，但乘积不一定不超过 b）. 因此

$$|X_{r-1}|\cdot r=\text{相连的边数}\leqslant|X_r|\cdot(k-r+1).$$

从而

$$|X_{r-1}|\geqslant\frac{r}{k-r+1}|X_r|.\tag{19}$$

当且仅当 $r\geqslant\frac{k+1}{2}$ 时，

$$|X_{r-1}|\geqslant|X_r|. \tag{20}$$

而在 $r<\frac{k+1}{2}$ 时，

$$\begin{aligned}|X_r|-|X_{r-1}|&\leqslant\left(1-\frac{r}{k-r+1}\right)|X_r|\leqslant\left(1-\frac{r}{k-r+1}\right)\mathrm{C}_k^r\\&=\mathrm{C}_k^r-\mathrm{C}_k^{r-1}.\end{aligned} \tag{21}$$

又熟知

$$\begin{aligned}\sum_{r=0}^{s}(-1)^r\mathrm{C}_k^r&=\sum_{r=0}^{s}(-1)^r(\mathrm{C}_{k-1}^{r-1}+\mathrm{C}_{k-1}^r)\\&=\sum_{r=0}^{s}(-1)^r\mathrm{C}_{k-1}^r-\sum_{r=0}^{s-1}(-1)^r\mathrm{C}_{k-1}^r\\&=(-1)^s\mathrm{C}_{k-1}^s.\end{aligned} \tag{22}$$

所以

$$\begin{aligned}\sum_{\substack{d\mid n\\d\leqslant b}}\mu(d)&=\sum_{r=0}^{k}(-1)^r\mid X_r\mid\\&\leqslant\mid X_0\mid+\sum_{\substack{r\leqslant 2t\\2\mid r}}(\mid X_r\mid-\mid X_{r-1}\mid)+\sum_{\substack{k\geqslant r>2t\\2\mid r}}(\mid X_r\mid-\mid X_{r-1}\mid)\\&\leqslant 1+\sum_{\substack{r\leqslant 2t\\2\mid r}}(\mid X_r\mid-\mid X_{r-1}\mid)\\&\leqslant 1+\sum_{\substack{r\leqslant 2t\\2\mid r}}(\mathrm{C}_k^r-\mathrm{C}_k^{r-1})\\&=\sum_{r=0}^{2t}(-1)^r\mathrm{C}_k^r=\mathrm{C}_{k-1}^{2t}.\end{aligned} \tag{23}$$

并且

$$\begin{aligned}\sum_{\substack{d\mid n\\d\leqslant b}}\mu(d)&=\sum_{r=0}^{k}(-1)^r\mid X_r\mid\\&\geqslant\sum_{\substack{1\leqslant r\leqslant 2t'-1\\2\nmid r}}(\mid X_{r-1}\mid-\mid X_r\mid)+\sum_{\substack{2t'+1\leqslant r\leqslant k\\2\nmid r}}(\mid X_{r-1}\mid-\mid X_r\mid)\\&\geqslant\sum_{\substack{1\leqslant r\leqslant 2t'-1\\2\nmid r}}(\mid X_{r-1}\mid-\mid X_r\mid)\end{aligned}$$

$$\geqslant -\sum_{\substack{1\leqslant r\leqslant 2t'-1\\ 2\nmid r}}(C_k^r - C_k^{r-1})$$

$$=\sum_{r=0}^{2t'-1}(-1)^r C_k^r = -C_{k-1}^{2t'-1}. \quad ㉔$$

于是,式⑱成立,

$$\left|\sum_{\substack{d\mid n\\ a\leqslant d\leqslant b}}\mu(d)\right| = \left|\sum_{\substack{d\mid n\\ d\leqslant b}}\mu(d) - \sum_{\substack{d\mid n\\ d\leqslant a-1}}\mu(d)\right|$$

$$\leqslant C_{k-1}^{2t} + C_{k-1}^{2t'-1}$$

$$= C_{k-1}^{\left[\frac{k+1}{2}\right]}. \quad ㉕$$

即

$$\big||S_1|-|S_2|\big| \leqslant C_{k-1}^{\left[\frac{k+1}{2}\right]}. \quad ㉖$$

当 k 为偶数时,$\left[\frac{k+1}{2}\right]=\frac{k}{2}$. 从而式⑯成立.

例 7 设 a、b 为非零整数,q 为正整数,a、b、q 的最大公约数 $(a,b,q)=1$. 证明:当 $N>12\sqrt{q}$ 时,N 项的等差数列

$$a, a+b, a+2b, \cdots, a+(N-1)b \quad ㉗$$

中必有一项与 q 互质.

证明 可设 q 无平方因子,即 q 的分解式为式③,但其中的 n 改写为 q.

先设 $(b,q)=1$.

$$\sum_{\substack{0\leqslant n\leqslant N-1\\ (q,a+nb)=1}} 1 = \sum_{0\leqslant n\leqslant N-1}\sum_{\substack{d\mid q\\ d\mid a+nb}}\mu(d)$$

$$=\sum_{d\mid q}\mu(d)\sum_{\substack{n=0\\ d\mid a+nb}}^{N-1} 1. \quad ㉘$$

当 b、q 互质时,q 的约数 d 与 b 互质,在 $a, a+b, \cdots, a+(N-1)b$ 中,每连续 d 项组成 mod d 的一个完全剩余系,其中恰有一项被 d 整除,因而在式㉗中,d 的倍数是 $\left[\frac{N}{d}\right]$ 或 $\left[\frac{N}{d}\right]+1$ 个$\left(\text{并且在}\frac{N}{d}=\left[\frac{N}{d}\right]\text{时,肯定是}\left[\frac{N}{d}\right]\text{个}\right)$,即式㉘的内和

$$\sum_{\substack{n=0\\ d\mid a+nb}}^{N-1} 1 = \frac{N}{d} + \varepsilon_d, \quad ㉙$$

其中，$-1<\varepsilon_d<1$.

于是

$$\sum_{\substack{0\leqslant n\leqslant N-1\\(q,a+nb)=1}} 1=N\sum_{d\mid q}\frac{\mu(d)}{d}+\sum_{d\mid q}\mu(d)\varepsilon_d, \tag{30}$$

$$\left|\sum_{d\mid q}\mu(d)\varepsilon_d\right|\leqslant\sum_{d\mid q}1=2^k, \tag{31}$$

$$\begin{aligned}\sum_{d\mid q}\frac{\mu(d)}{d}&=\left(1-\frac{1}{p_1}\right)\left(1-\frac{1}{p_2}\right)\cdots\left(1-\frac{1}{p_k}\right)\\&\geqslant\left(1-\frac{1}{2}\right)\left(1-\frac{1}{3}\right)\cdots\left(1-\frac{1}{k+1}\right)\\&=\frac{1}{k+1}.\end{aligned} \tag{32}$$

因此，当

$$\frac{N}{k+1}>2^k$$

时，$\sum\limits_{\substack{0\leqslant n\leqslant N-1\\(q,a+nb)=1}} 1>0$，即式 ㉗ 中有一项与 q 互质.

由归纳法易知

$$2^k(k+1)<2\times 3^k, \tag{33}$$

而

$$\begin{aligned}2\prod_{p\mid q}\frac{3}{\sqrt{p}}&=2\prod_{\substack{p\mid q\\\sqrt{p}<3}}\frac{3}{\sqrt{p}}\prod_{\substack{p\mid q\\\sqrt{p}>3}}\frac{3}{\sqrt{p}}<2\prod_{\substack{p\mid q\\\sqrt{p}<3}}\frac{3}{\sqrt{p}}<2\prod_{\sqrt{p}<3}\frac{3}{\sqrt{p}}\\&=2\times\frac{3}{\sqrt{2}}\times\frac{3}{\sqrt{3}}\times\frac{3}{\sqrt{5}}\times\frac{3}{\sqrt{7}}\\&=\frac{2\times 3^4}{\sqrt{210}}<\frac{2\times 3^4}{14}\\&=\frac{81}{7}<12,\end{aligned}$$

所以

$$12\sqrt{q}>2\prod_{p\mid q}3=2\times 3^k>2^k(k+1). \tag{35}$$

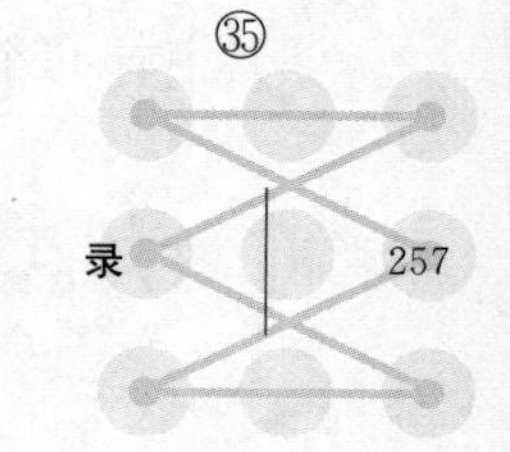

当 $N>12\sqrt{q}$ 时，式㉝成立，这时式㉗中有一项与 q 互质.

当 b 与 q 不互质时，设 $q=q_1q_2$，其中 q_2 的质因数都整除 b，而 q_1 与 b 互质.

根据上面所证，当 $N>12\sqrt{q}>12\sqrt{q_1}$ 时，式㉗中有一项 $a+n_0b$ 与 q_1 互质. 由于 $q_2\mid(b,q)$，而 $(a,b,q)=1$，所以 $(a,q_2)=1$，$(a+n_0b,q)=(a+n_0b,q_2)=(a,q_2)=1$.

从以上诸例可以看出 $\mu(d)$ 的作用在于将条件(或要求) $(a,n)=1$ 变为和 $\sum\limits_{\substack{d|a\\d|n}}\mu(d)$，然后常用变换和号的手法处理. 这种"算两次"的技术，有兴趣的读者可以参阅[1].

$\mu(n)$ 的最重要作用，是产生反转公式，限于篇幅，这里不再介绍，亦可参阅[1].

参考文献

[1] 单墫. 算两次(第一版)[M]. 合肥：中国科学技术大学出版社，1989.

10 再谈提高解题能力

日本数学家、菲尔兹奖得主小平邦彦曾经说过能否学好数学，关键在对于数学的感觉. 解题当然也是如此. 数、式或线段是否相等，直线是否平行或垂直，三角形是否相似或全等，图形是否对称，两个量孰大孰小，数列的极限或函数的极值是什么等等，往往可以事先感觉到. 解题的路线是否正确更是解题者必须具备的感觉，要努力培养这种感觉.

例 1 求由正整数组成的集合 S，使 S 中元素的和等于元素的积.

(清华大学自主招生考题)

解析 对于单元集，结论显然，设 S 的元数 s 大于 1.

不同的正整数，如果其中没有 1，那么它们的乘积一定大于它们的和. 即使其中有 1，个数大时，也应当是积比和大. 所以 s 不会太大. 这就是对于正整数的最起码的感觉.

具体的解法还是从简单的做起. 首先考虑 $s=2$ 的情况.

如果 $S=\{a,b\}$,$a<b$,那么在 $a=1$ 时,

$$ab=b<1+b=a+b.$$

而在 $a>1$ 时,

$$ab-a-b+1=(a-1)(b-1)\geqslant(2-1)(3-1)=2.$$

所以

$$ab\geqslant a+b+1, \quad ①$$

当且仅当 $a=2,b=3$ 时,等号成立.

在 $s=2$ 的基础之上(特别是有了式①),再考虑 $s=3$ 的情况. $S=\{a,b,c\}$, $a<b<c$ 时,

$$abc\geqslant a(b+c+1)\geqslant b+c+a,$$

当且仅当 $a=1,b=2,c=3$ 时,等号成立.

一般地,对于 $S=\{a_1,a_2,\cdots,a_n\}$,$a_1<a_2<\cdots<a_n$,$n\geqslant4$,

$$\begin{aligned}a_1a_2\cdots a_n&>a_1a_2\cdots a_{n-1}+a_n\geqslant\cdots\\&\geqslant a_1a_2a_3+a_4+\cdots+a_n\\&\geqslant a_1+a_2+a_3+a_4+\cdots+a_n.\end{aligned}$$

综上所述,$S=\{1,2,3\}$.

简单的不等式①体现了整数的离散性,在本题中起着重要的作用.

例 2 $n(n\geqslant2)$个小于 1 的正数 $x_1,x_2,\cdots,x_n$ 满足

$$x_1+x_2+\cdots+x_n=1. \quad ①$$

求证:

$$\frac{1}{x_1-x_1^3}+\frac{1}{x_2-x_2^3}+\cdots+\frac{1}{x_n-x_n^3}\geqslant4. \quad ②$$

解析 因为 $x_1,x_2,\cdots,x_n$ 均小于 1,所以式②中各分母都是正的.

又显然 $x_1-x_1^3<x_1$,所以

$$\frac{1}{x_1-x_1^3}\geqslant\frac{1}{x_1}, \quad ③$$

等等. 熟知

$$(x_1+x_2+\cdots+x_n)\left(\frac{1}{x_1}+\frac{1}{x_2}+\cdots+\frac{1}{x_n}\right)\geqslant n^2\geqslant4.$$

所以

$$\frac{1}{x_1-x_1^3}+\frac{1}{x_2-x_2^3}+\cdots+\frac{1}{x_n-x_n^3}\geqslant\frac{1}{x_1}+\frac{1}{x_2}+\cdots+\frac{1}{x_n}$$

$$=(x_1+x_2+\cdots+x_n)\left(\frac{1}{x_1}+\frac{1}{x_2}+\cdots+\frac{1}{x_n}\right)$$

$$\geqslant n^2\geqslant 4.$$

如果没有式③这种大小的感觉，不敢大胆地将三次项去掉，就不免老在三次项上浪费时间.

所以不等式的证明并不在于知道几种证明方法，重要的是对于大小的良好感觉.

本题结论(式②)中的4应当改进为n^2. 不过n^2容易启发解题者想到柯西(Cauchy)不等式或平均不等式. 或许本题的结论(式②)改为

$$\frac{1}{x_1-x_1^2-x_1^3+x_1^4}+\frac{1}{x_2-x_2^2-x_2^3+x_2^4}+\cdots+\frac{1}{x_n-x_n^2-x_n^3+x_n^4}\geqslant n^{\frac{7}{4}},$$

更为有趣(题目更迷惑人，解法完全一样).

例3 设实数$x_1,x_2,\cdots,x_n$满足条件

$$x_1+x_2+\cdots+x_n=0, \quad ①$$

$$x_1^2+x_2^2+\cdots+x_n^2=1. \quad ②$$

又设$x_1,x_2,\cdots,x_n$中最大的为a，最小的为b. 求证：

$$ab\leqslant-\frac{1}{n}. \quad ③$$

解析 这是国际城市竞赛的一道题. 我曾给一些人做过，大多“想入非非”，做得很复杂. 其实本题什么工具都不需要.

首先，式①表明$x_1,x_2,\cdots,x_n$不全为正. 不等式中有负数，处理起来有点麻烦，不小心就会搞错，必须十分谨慎，“如履薄冰，如临深渊”. 为了避免错误，我们把负数换成它的相反数处理：设$x_1,x_2,\cdots,x_n$中有k个为正，即

$$x_1\geqslant x_2\geqslant\cdots\geqslant x_k\geqslant 0.$$

又设其余$h=n-k$个是$-y_1,-y_2,\cdots,-y_h$. 这里

$$y_1\geqslant y_2\geqslant\cdots\geqslant y_h\geqslant 0.$$

于是式①、②成为

$$x_1+x_2+\cdots+x_k=y_1+y_2+\cdots+y_h, \quad ④$$

$$x_1^2+x_2^2+\cdots+x_k^2+y_1^2+y_2^2+\cdots+y_h^2=1. \quad ⑤$$

而要证明的式③成为

$$nx_1y_1\geqslant 1. \quad ⑥$$

所以只需证明式⑤左边的 n 项不大于 n 个 x_1y_1. 事实上我们可以逐步将式⑤中平方 $x_i^2(y_j^2)$ 改为乘积 $x_1x_i(y_1y_j)$，再改为 $x_1y_j(y_1x_i)$，最后改为 x_1y_1：

$$\begin{aligned}1&=x_1^2+x_2^2+\cdots+x_k^2+y_1^2+\cdots+y_h^2\\&\leqslant x_1(x_1+x_2+\cdots+x_k)+y_1(y_1+y_2+\cdots+y_h)\\&=x_1(y_1+y_2+\cdots+y_h)+y_1(x_1+x_2+\cdots+x_k)\\&\leqslant hx_1y_1+kx_1y_1=nx_1y_1.\end{aligned}$$

其中 $x_1+x_2+\cdots+x_k$ 与 $y_1+y_2+\cdots+y_h$ 交换颇为有趣. 这也是题中应有之意(应有的感觉)：交换才能产生 x_1y_1，而条件式④当然也不可不用！

顺便说一下品味(taste)或鉴赏能力的问题. 我们应当懂得什么是好的解法，什么是不好的解法(更进一步，懂得什么是好的数学，什么是不好的数学). 简单、优雅而又有普遍性的解法就是好的解法. 繁琐、冗长而又偏僻的解法就是不好的解法. 经常见到好的解法，耳濡目染，解题能力就能提高. 在解题时绝不可满足于有一个解法，应当努力寻找最好的解法. 尤其重要的是将基本题做好，打下扎实的基础.

例 4 $\triangle ABC$ 中，$a+b\geqslant 2c$，求证：$\angle C\leqslant\frac{\pi}{3}$.

(北约自主招生试题)

解析 这道题不难，做法很多. 要尽可能用简单的方法做. 用一点平面几何知识较好. $a+b$ 应当在图上反映出来. 这是最基本的做法，即延长 AC 到 D，使 $CD=CB$(如图 1).

这时

$$DA=a+b,\ \angle D=\angle CBD=\frac{1}{2}\angle ACB.\ 作\ AE\perp DB,$$

垂足为 E，则

$$\sin D=\frac{AE}{AD}\leqslant\frac{AB}{AD}=\frac{c}{a+b}\leqslant\frac{1}{2},$$

所以

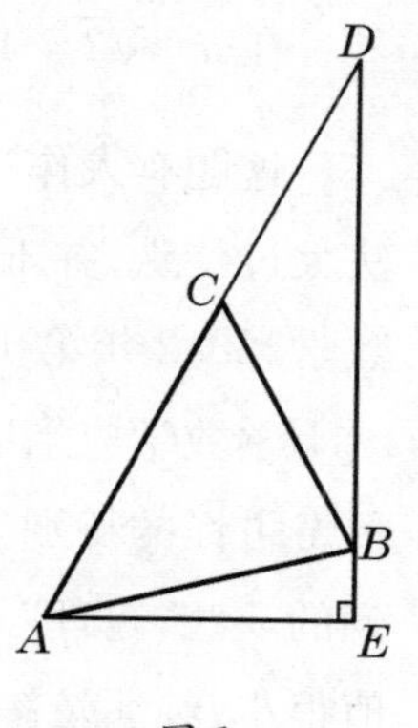

图 1

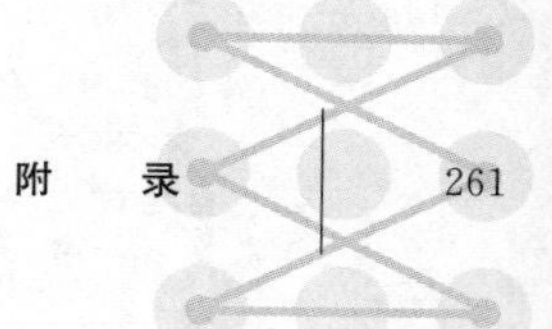

$$\angle D \leqslant \frac{\pi}{6}, \angle ACB \leqslant \frac{\pi}{3}.$$

本题如全用三角则较繁. 这里连正弦定理都未用，仅仅用到正弦的定义（如果再关于 DE 作一个轴对称，那么连三角函数的定义也可不用，纯粹用平面几何就可以得出结论）.

尽量用简单的方法解决复杂的问题，不要用复杂的方法解决简单的问题.

尽量用普通的、常用的方法解决问题，不要用偏僻的特别的方法解决问题.

例 5 求函数 $y=\frac{x-x^2}{1+2x^2+x^4}$ 的最大值与最小值.

解析 利用导数求函数的极值是最普通的方法，也是最有效的普遍的方法.

容易看出函数 $y=\frac{x-x^3}{1+2x^2+x^4}$ 是奇函数，有三个零点，即 $x=0,\pm 1$. 在区间 $(0,1)$ 上，函数为正. 在区间 $(1,+\infty)$ 上，函数为负，在 $x\to+\infty$ 时，$y\to 0$.

$$y'=\frac{(1-3x^2)(1+x^2)^2-4x(x-x^3)(1+x^2)}{(1+x^2)^4}=\frac{x^4-6x^2+1}{(1+x^2)^3}.$$

由 $y'=0$，得

$$x^4-6x^2+1=0,$$

$$x^2=3\pm\sqrt{2},$$

$$x=\pm(\sqrt{2}\pm 1).$$

在 $x=\sqrt{2}-1$ 与 $x=-\sqrt{2}-1$ 时，y 取最大值 $\frac{1}{4}$；

在 $x=\sqrt{2}+1$ 与 $x=-\sqrt{2}+1$ 时，y 取最小值 $-\frac{1}{4}$.

这题有人作三角代换 $x=\tan\theta$，化为三角来处理. 虽然也能得出结果，但方法太过特殊，并不具有普遍性. 我曾写过一篇《代数问题应当用代数解法》（《学数学》2012 年第 10 期），现在仍然坚持这样的观点.

学数学应当以学习基本、普适的方法为主. 不必花费大量时间去钻研那些稀奇古怪的特别方法. 例如通常几何书中没有，而只在某个人的专著中才能见到的一些“定理”. 这些定理其实解题时完全可以不用. 我们不赞成学习实用价值很小、纯属炫耀的“奇技淫巧”，但常用的重要技巧却是必须学习的.

例 6 已知

$$f(x)=\frac{(x-1)(x-2)\cdots(x-n)}{(x+1)(x+2)\cdots(x+n)}.$$

求 $f'(1)$.

解析 记

$$u(x)=(x-1)(x-2)\cdots(x-n),$$
$$v(x)=(x+1)(x+2)\cdots(x+n),$$

则

$$u'(x)=(x-2)\cdots(x-n)+(x-1)w(x),$$

其中 $w(x)$是多项式. 于是

$$u'(1)=(-1)^{n-1}(n-1)!.$$

又 $u(1)=0$,所以

$$\begin{aligned}f'(1)&=\frac{u'(1)v(1)-u(1)v'(1)}{v^2(1)}\\&=\frac{u'(1)v(1)}{v^2(1)}=\frac{u'(1)}{v(1)}\\&=\frac{(-1)^{n-1}(n-1)!}{(n+1)!}\\&=\frac{(-1)^{n-1}}{n(n+1)}.\end{aligned}$$

大学自主招生常常考到导数. 关于导数,我们应当知道以下知识:

(1) 导数的求法.

(2) 利用导数判别函数的增减.

(3) 利用导数求函数的极值.

以上两题就是典型的例子.

11 也谈一道竞赛题的纯几何解法

《学数学》2014 年 4～6 期合刊有一篇“一道竞赛题的纯几何解法”,讨论了下面的问题.

问题 如图1,已知在非等腰三角形ABC中,I为内心.AI、BI、CI分别交对边于D、E、F,DE、DF分别交BI、CI于P、Q.证明E、F、P、Q四点共圆的充分必要条件是$\angle BAC=120°$.

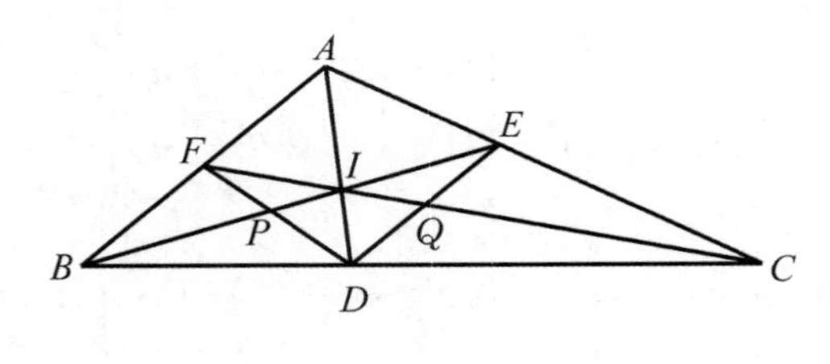

图1

纯几何的解法,既有丰富的几何意义,又可以巩固几何知识,值得提倡.但其中用到的知识不宜过多,尤其不能大量运用中学以外的知识,如完全四边形、密克圆、调和点列等等.也不应借助较多的引理.而应当尽量少用课外知识,直接证出结论.很可惜,上面所说的文章未能尽如人意,解法相当麻烦,而且证明充分性时,似有错误(该期12页右边第6行"∵在完全四边形$CASF'BD$中,I_C、F'、I、C为调和点列"不知从何而来.第13行$\angle SBA$应为$\angle SAB$,这大概是笔误或印刷错误).

因此,本文再次讨论这个问题,给出如下的解法.

充分性:

已知$\angle BAC=120°$.因为I是$\triangle ABC$的内心,

$$\angle DAC=\frac{1}{2}\angle BAC=60°=\frac{1}{2}(180°-\angle BAD),$$

所以AC是$\angle BAD$的外角平分线.又BE是内角平分线,所以E是$\triangle BAD$的旁心,DE平分$\angle ADC$.于是,Q是$\triangle ADC$的内心.

$$\angle IQE=\angle DQC=90°+\frac{1}{2}\angle DAC=120°.$$

同理$\angle FPI=120°=\angle IQE$.因此$E$、$F$、$P$、$Q$四点共圆.

必要性:

已知E、F、P、Q四点共圆.

如图2,$\odot(QIE)$与$\odot(PIF)$已有一个公共点I,设另一个公共点为K,则

$$\angle FKI=180^\circ-\angle FPI=180^\circ-\angle EQI=\angle EKI.$$

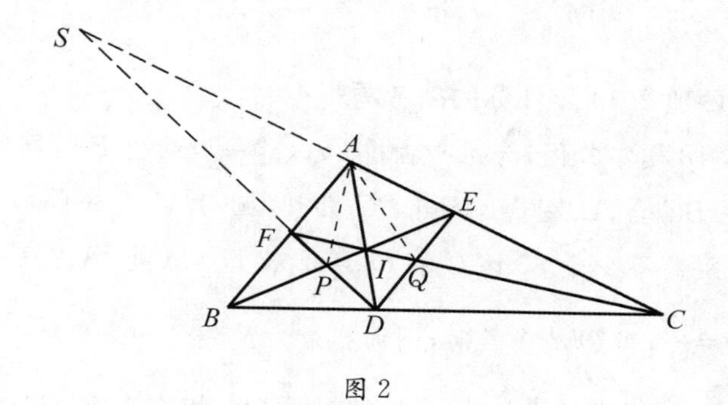

图 2

因为 E、F、P、Q 四点共圆，所以 $DP\cdot DF=DQ\cdot DE$，D 在$\odot(PIE)$与$\odot(PIF)$ 的公共弦 KI 上，也就是 K 在直线 DI 上. 但 A 也在直线 DI 上. 如果 A、K 不同，那么由 AI 平分$\angle FAE$ 与$\angle FKE$，得$\triangle FAK\cong\triangle EAK$，$AF=AE$. 而这与$\triangle ABC$ 非等腰矛盾. 因此 A、K 重合. A、F、P、I 四点共圆，A、E、Q、I 四点共圆.

设直线 DF、CA 相交于 S. 由梅涅劳斯(Menelaus)定理，

$$\frac{SA}{SC}=\frac{FA}{FB}\cdot\frac{DB}{DC}=\frac{CA}{CB}\cdot\frac{AB}{AC}=\frac{AB}{CB},$$

所以 BS 是$\angle ABC$ 的外角平分线.

$$\angle SBA=\frac{1}{2}(\angle BAC+\angle ACB)=\angle AIF=\angle APF,$$

因此 S、B、P、A 四点共圆.

$$\angle SAB=\angle FPB=\angle FAI=\angle IAE,\quad \angle BAC=120^\circ.$$

当前奥数领域有一种不正确的风气，就是恶补知识. 甚至有人炮制几种“独门绝招”，以为这样可以战无不胜. 其实“恶补”，容易消化不良，有害健康. 在正常情况下，我们的知识已经足够. 关键在如何运用好这些知识. 学奥数，着重的并不是知识的多寡，而是运用已有知识的能力.上面的证明，并没有很特别的东西(即使梅涅劳斯定理，也可以避免使用)，但同样得到了结果.

我们提倡用简单、常见的知识与方法去解决问题.

12 两道高考题

本文讨论两道2014年江苏的高考题.

例1 （原18题第二问）为保护古桥 OA，建一座新桥 BC，同时设立一个圆形保护区.新桥 BC 与 AB 垂直，圆与 BC 相切，圆心 M 在线段 OA 上，O、A 到圆上任一点的距离不少于 80 m.C 在 O 点正东 170 m 处，A 在 O 点正北 60 m 处，$\tan\angle BCO=\frac{4}{3}$，当 OM 多长时，圆面积最大？

解析 如图1，设圆的半径为 r，圆与射线 OA 相交于 E，切 BC 于 N，直线 BC 交 OA 于 D，则（以 m 为单位）

$$AE\geqslant 80,$$

$$MA\leqslant r-80,$$

$$OM\geqslant 60-(r-80)=140-r,$$

记 $\angle BCO=\alpha$，则 $\angle AMN=\alpha$.

$$OD=OC\times\tan\alpha=170\times\frac{4}{3},$$

$$DM=\frac{MN}{\cos\alpha}=\frac{5r}{3},$$

$$OM=170\times\frac{4}{3}-\frac{5r}{3}\geqslant 140-r,$$

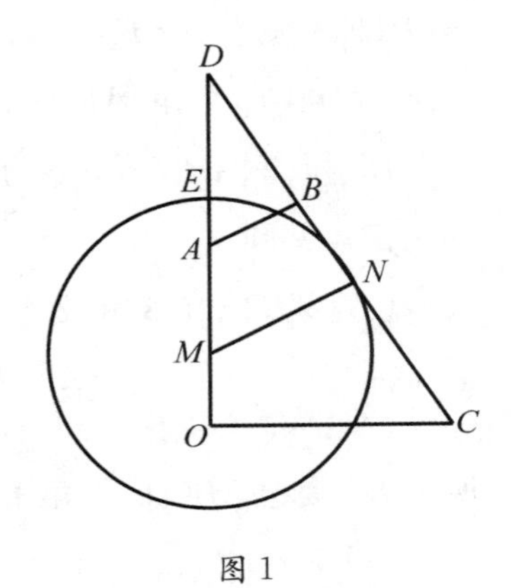

图1

所以 $r\leqslant 130$.在 $OM=10$ m 时，圆面积最大.

例2 （原20题的变形）设数列 $\{a_n\}$ 的前 n 项的和为 S_n.若对任意正整数 n，都有正整数 m，使得 $S_n=a_m$，则称 $\{a_n\}$ 为"H数列".

(1) 设 $\{a_n\}$ 为等差数列，首项为 a_1，公差为 d，求 $\{a_n\}$ 为"H数列"的充分必要条件.

(2) 证明对任意的等差数列 $\{a_n\}$，总存在两个"H数列" $\{b_n\}$ 与 $\{c_n\}$，使得 $a_n=b_n+c_n$，对所有正整数 n 成立.

解析 (1) $\{a_n\}$ 为"H数列"当且仅当对任意正整数 n，都有正整数 m，使得 $S_n=a_m$，即

$$\frac{a_1+a_1+(n-1)d}{2}\times n=a_1+(m-1)d,$$

这等价于对所有正整数 n，有相应的正整数 m 使得

$$m-1=\frac{(n-1)a_1}{d}+\frac{n(n-1)}{2}.$$

于是在上式成立时，取 $n=2$，得

$$\frac{a_1}{d}=m-1-1=m-2\geqslant -1,$$

所以 $\frac{a_1}{d}$ 是 $\geqslant -1$ 的整数.

另一方面，在 $\frac{a_1}{d}$ 是 $\geqslant -1$ 的整数时，

$$\frac{(n-1)a_1}{d}+\frac{n(n-1)}{2}=\left(\frac{n}{2}+\frac{a_1}{d}\right)(n-1)\geqslant 0$$

所以

$$m=1+\frac{(n-1)a_1}{d}+\frac{n(n-1)}{2}$$

是正整数.

因此，所求充分必要条件是"$\frac{a}{d}$ 是 $\geqslant -1$ 的整数."

特别地，$a_1=0$ 的等差数列一定是"H 数列". $d=\pm a_1$ 的等差数列也一定是"H 数列".

(2) 由(1)，我们可将 $\{a_n\}$ 写成一个首项与公差都是 a_1 的等差数列加上一个首项为零的等差数列，即令

$$\begin{aligned}b_n&=a_1+(n-1)a_1=na_1,\\ c_n&=a_n-b_n\\ &=a_1+(n-1)d-na_1\\ &=0+(n-1)(d-a_1).\end{aligned}$$

显然 $a_n=b_n+c_n$ 对所有正整数 n 成立，并且 $\{b_n\}$ 与 $\{c_n\}$ 都是等差数列，同时也都是"H 数列".

13 每道题做三遍

怎样提高解题能力?

每道题做三遍!

一道题(当然不是 1+1=2 那样简单的题),做第一遍时,可能费了很多时间与脑力.跌跌撞撞,瞎冲瞎闯,好不容易,最终做出来了.有时候,可能还听了别人的提示,甚或偷偷瞥了一眼现成的解答.

仅仅这样做一遍当然是不够的.要真正掌握这道题的解法得再做一遍.这一次是"回顾与总结",应当比第一次进步很多.少走了不少弯路,明白了哪些步骤是关键所在,明白了为什么要这样做.

或许做两遍也可以了.不过,最好再做第三遍.花点工夫,将你的解答正式地写下来.这可以使你的思路更加清晰,解法更加精炼.有时候以为一个地方已经清楚了,写的时候才发现还有问题,需要修正或澄清.有机会(尤其是当教师的)最好向其他人讲一次.群众的眼睛是雪亮的,可能发现解法中存在疏漏,或者还可以有更好的处理方法.集思广益,教学相长,这些古人的教诲是有道理的.

第三遍,也就是"评论"的阶段,最好多一些人参加,多一些解法讨论.评头论足,看看哪一种解法好? 好在哪里? 有比较,有鉴别,眼光就敏锐了,品味就提高了.以后解题,居高临下,虽不敢说解题易如反掌,通常的题目应当不在话下.

有人以为题目做得愈多愈好.其实不然.做题不能简单地在数量上做加法,更重要的是学会做乘法.一道题,做了三遍,真正掌握了,可以举一反三,所以做了 5 道题,就等于做了

$$5\times(1+3)=5\times4=20$$

道题.在数量上也超过做 19 道题的人.

举一道例题评论一下.(《学数学》2014 年 4~6 合刊,37 至 39 页,第二届"学数学"邀请赛第一题)

问题 已知实数 α、β、γ 满足

$$\alpha+\beta+\gamma=\pi,$$

并且

$$\tan\frac{\beta+\gamma-\alpha}{4}+\tan\frac{\gamma+\alpha-\beta}{4}+\tan\frac{\alpha+\beta-\gamma}{4}=1.$$

证明：

$$\cos\alpha+\cos\beta+\cos\gamma=1."$$

这题《学数学》上提供了三种解法，抄录如下：

解法一　在 $\sum\tan\frac{\beta+\gamma-\alpha}{4}=1$ 两边同乘 $4\cos\frac{\pi-2\alpha}{4}\cos\frac{\pi-2\beta}{4}\cos\frac{\pi-2\gamma}{4}$，得

$$4\cos\frac{\pi-2\alpha}{4}\cos\frac{\pi-2\beta}{4}\cos\frac{\pi-2\gamma}{4}=4\sum\sin\frac{\pi-2\alpha}{4}\cos\frac{\pi-2\beta}{4}\cos\frac{\pi-2\gamma}{4}\quad ①$$

一方面

$$4\cos\frac{\pi-2\alpha}{4}\cos\frac{\pi-2\beta}{4}\cos\frac{\pi-2\gamma}{4}=2\cos\frac{\pi-2\alpha}{4}\left(\cos\frac{2\alpha}{4}+\cos\frac{2\gamma-2\beta}{4}\right)$$

$$=\cos\frac{\pi-4\alpha}{4}+\cos\frac{\pi}{4}+\cos\frac{\pi-2\alpha+2\beta-2\gamma}{4}+\cos\frac{\pi-2\alpha-2\beta+2\gamma}{4}$$

$$=\cos\frac{\pi}{4}+\cos\frac{\pi-4\alpha}{4}+\cos\frac{4\beta-\pi}{4}+\cos\frac{4\gamma-\pi}{4}$$

$$=\frac{\sqrt{2}}{2}\left(1+\sum\cos\alpha+\sum\sin\alpha\right).\quad ②$$

另一方面

$$4\sin\frac{\pi-2\alpha}{4}\cos\frac{\pi-2\beta}{4}\cos\frac{\pi-2\gamma}{4}$$

$$=2\sin\frac{\pi-2\alpha}{4}\left(\cos\frac{2\alpha}{4}+\cos\frac{2\gamma-2\beta}{4}\right)$$

$$=\sin\frac{\pi}{4}+\sin\frac{\pi-4\alpha}{4}+\sin\frac{\pi-2\alpha+2\gamma-2\beta}{4}+\sin\frac{\pi-2\alpha-2\gamma+2\beta}{4}$$

$$=\frac{\sqrt{2}}{2}(1+\cos\alpha-\sin\alpha+\sin\gamma-\cos\gamma+\sin\beta-\cos\beta).$$

所以

$$4\sum\sin\frac{\pi-2\alpha}{4}\cos\frac{\pi-2\beta}{4}\cos\frac{\pi-2\gamma}{4}$$

$$=\frac{\sqrt{2}}{2}\left(3+\sum\sin\alpha-\sum\cos\alpha\right).\quad ③$$

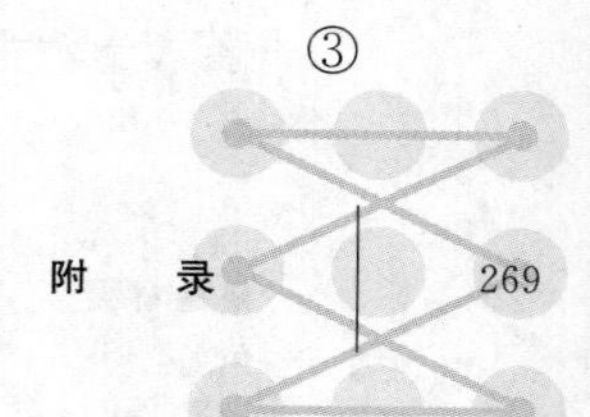

由①、②、③得 $\sum\cos\alpha=1$.

解法二 令

$$x=\frac{\beta+\gamma-\alpha}{4}, y=\frac{r+\alpha-\beta}{4}, z=\frac{\alpha+\beta-\gamma}{4}.$$

则

$$x+y+z=\frac{\pi}{4},\quad \tan x+\tan y+\tan z=1.$$

当 $y+z\neq k\pi+\frac{\pi}{2}(k\in\mathbf{Z})$时,注意到

$$\tan\left(\frac{\pi}{4}-x\right)=\tan(y+z),$$

所以

$$\frac{1-\tan x}{1+\tan x}=\frac{\tan y+\tan z}{1-\tan y\tan z},$$

整理,得

$$(\tan x-1)(\tan y-1)(\tan z-1)=0.$$

不妨设 $\tan x=1$,则 $\tan y+\tan z=0$.

于是

$$\sin 2x=\frac{2\tan x}{1+\tan^2 x}=1,$$

$$\sin 2y+\sin 2z=\frac{2\tan y}{1+\tan^2 y}+\frac{2\tan z}{1+\tan^2 z}=0.$$

而

$$\alpha=2(y+z)=2\left(\frac{\pi}{4}-x\right)=\frac{\pi}{2}-2x,$$

同理

$$\beta=\frac{\pi}{2}-2y, \gamma=\frac{\pi}{2}-2z.$$

于是

$$\cos\alpha+\cos\beta+\cos\gamma=\sin 2x+\sin 2y+\sin 2z=1.$$

若 $y+z=k\pi+\frac{\pi}{2}(k\in\mathbf{Z})$,则

$$x=-k\pi-\frac{\pi}{4},$$

从而 $\sin 2x=-1$，

$$\tan y+\tan z=1-\tan x=2.$$

同时

$$\tan y=\tan\left(\frac{\pi}{2}-z\right)=\frac{1}{\tan z},$$

所以 $\tan y=\tan z=1$，从而

$$\sin 2x+\sin 2y+\sin 2z=-1+2\times\frac{2\times 1}{1+1^2}=1.$$

解法三　由于

$$\tan\frac{\beta+\gamma-\alpha}{4}=\tan\left(\frac{\pi}{4}-\frac{\alpha}{2}\right),$$

所以

$$\tan\left(\frac{\pi}{4}-\frac{\alpha}{2}\right)+\tan\left(\frac{\pi}{4}-\frac{\beta}{2}\right)+\tan\left(\frac{\pi}{4}-\frac{\gamma}{2}\right)=1.$$

若 $\frac{\alpha}{2}=k\pi+\frac{\pi}{2}(k\in\mathbf{Z})$，则 $\beta+\gamma=-2k\pi$，由上式，可得

$$\tan\left(\frac{\pi}{4}-\frac{\beta}{2}\right)+\tan\left(\frac{\pi}{4}+\frac{\beta}{2}\right)=2,$$

解得

$$\tan\left(\frac{\pi}{4}-\frac{\beta}{2}\right)=1.$$

所以

$$\beta=-2t\pi(t\in\mathbf{Z}),\quad \gamma=(2t-2k)\pi,$$
$$\cos\alpha+\cos\beta+\cos\gamma=-1+2=1.$$

若 $\frac{\alpha}{2},\frac{\beta}{2},\frac{\gamma}{2}\neq k\pi+\frac{\pi}{2}(k\in\mathbf{Z})$，记

$$x=\tan\frac{\alpha}{2},y=\tan\frac{\beta}{2},z=\tan\frac{\gamma}{2},$$

则

$$\frac{1-x}{1+x}+\frac{1-y}{1+y}+\frac{1-z}{1+z}=1.$$

整理,得

$$2xyz+xy+yz+zx=1.$$

而

$$z=\tan\frac{\gamma}{2}=\tan\frac{\pi-\alpha-\beta}{2}=\frac{1-xy}{x+y},$$

整理,得

$$xy+yz+zx=1.$$

所以 $xyz=0$.

不妨设 $x=0$,则 $yz=1$,

$$\cos\alpha+\cos\beta+\cos\gamma=\frac{1-x^2}{1+x^2}+\frac{1-y^2}{1+y^2}+\frac{1-z^2}{1+z^2}=1+\frac{2-2y^2z^2}{(1+y^2)(1+z^2)}=1.$$

第一种解法正合我意.我看到题目,没有看到解法,自己做了一遍,也是这样做的.

要点是将"切"化成"弦".为什么将"切"化成"弦"呢?因为一来,我对"弦"较为熟悉.对"切"了解较少.二来"切"是正弦除以余弦,有分母,处理起来不甚方便.所以,解题的第一步就是去分母,将"切"化成"弦".然后进行三角的恒等变形.主要是和差化积.这没有什么困难.

再后一个关键是将所有的函数都化成 α、β、γ 的正弦或余弦.最后比较两边就导出结论.

整个过程一目了然,而且整齐对称(α、β、γ 的地位平等).

第二种解法先作简单代换,也很好.得出

$$x+y+z=\frac{\pi}{4},\tan x+\tan y+\tan z=1$$

后,$x+y$、$y+z$、$z+x$ 不能都是$\frac{\pi}{2}$加上 π 的整数倍.否则 $x=\frac{\pi}{4}-(y+z)=-\frac{\pi}{4}$加上 π 的整数倍,$\tan x=-1$.同理,$\tan y=-1$,$\tan z=-1$.与 $\tan x+\tan y+\tan z=1$ 矛盾.

因此,不妨设 $y+z\neq k\pi+\frac{\pi}{2}$($k$ 为整数).

这一个"不妨设"虽然简单,用了它,就省去了解答的后一半(即原解答 38 页左边末行"若 $y+z=k\pi+\frac{\pi}{2}$(k 为整数)"及后面的全部内容).

解答者熟悉正切，很快得到

$$(\tan x-1)(\tan y-1)(\tan z-1)=0,$$

从而不妨设“$\tan x=1$”.

但得到这个重要结论后，应当直接得出

$$x=k\pi+\frac{\pi}{4}(k\text{ 为整数}),$$

从而

$$\alpha=2(y+z)=2\left(\frac{\pi}{4}-x\right)=-2k\pi,$$

$$\beta+\gamma=\pi-\alpha=(2k+1)\pi,$$

$$\cos\alpha+\cos\beta+\cos\gamma=1+0=1.$$

原解答却不求出 x，忽然转向求 $\sin 2x$ 等等，有点莫名其妙，好像帽子明明在头上，却跑出去找帽子. 绕了一个大圈子再回来.

第二种解答的最大优点就是得出一个重要结论“α、β、γ 中有一个是 π 的偶数倍”. 可惜解答者没有看出这一点.

如果题目改为证明“α、β、γ 中有一个是 π 的偶数倍”，那么第一种解法就不灵了. 幸好原题没有这样问，否则我恐怕还做不出来.

第三种解法也是用正切. 似乎更繁，不及第二种解法.

14 一同做 2015 年江苏省数学高考试题

2015 年江苏省数学高考试题，总的来说难易适当，覆盖面广，又有一定的区分度. 我觉得它优于全国统一考试的试卷，只是最后一题(第 20 题)的最后一问实在太难，在考场上很难完成，不如索性放弃，腾出时间复核其他试题.

考试时，切忌紧张，应当“好整以暇”，想好了再下笔. 这需要在平时逐步养成. 我们现在从这份试题中选一些来做，请准备参加高考的同学一同做. 大家的心态比较平和，可以边做边讨论.

填空题往往只见答案,不见过程,其实过程也很重要. 看到解题过程,加以改进,才能做得又快又好. 请看以下各题.

第 10 题 在平面直角坐标系 xOy 中,以点(1,0)为圆心且与直线 $mx-y-2m-1=0$ $(m\in\mathbf{R})$ 相切的所有圆中,半径最大的圆的标准方程为____________.

解析 半径 r 即圆心(1,0)到 $mx-y-2m-1=0$ 的距离为 $\frac{|m-2m-1|}{\sqrt{m^2+1}}$,

$$r^2=\frac{(m+1)^2}{m^2+1}=1+\frac{2m}{m^2+1}\leqslant 1+1=2(\text{当 } m=1 \text{ 时等号成立}).$$

所以半径最大的圆的标准方程为 $(x-1)^2+y^2=2$.

求 r^2 的最大值,只需用最基本的不等式 $2m\leqslant m^2+1$,但应注意等号可以成立.

第 11 题 设数列 $\{a_n\}$ 满足 $a_1=1$,且 $a_{n+1}-a_n=n+1(n\in\mathbf{N}^*)$,则数列 $\left\{\frac{1}{a_n}\right\}$ 的前 10 项和为____________.

解析 满足 $a_{n+1}-a_n$ 等于常数的数列是等差数列,通项 a_n 是 n 的一次式. 如果 $a_{n+1}-a_n$ 等于 n 的一次式,数列的通项 a_n 是 n 的二次式. 不难看出 $a_n=\frac{n(n+1)}{2}$ 满足 $a_{n+1}-a_n=n+1$,所以

$$\sum_{n=1}^{10}\frac{1}{a_n}=\sum_{n=1}^{10}\frac{2}{n(n+1)}=2\sum_{n=1}^{10}\left(\frac{1}{n}-\frac{1}{n+1}\right)=2\left(1-\frac{1}{11}\right)=\frac{20}{11}.$$

第 12 题 在平面直角坐标系 xOy 中,P 为双曲线 $x^2-y^2=1$ 右支上的一个动点. 若点 P 到直线 $x-y+1=0$ 的距离大于 c 恒成立,则实数 c 的最大值为____________.

解析 渐近线 $x-y=0$ 到直线 $x-y+1=0$ 的距离为 $\frac{1}{\sqrt{1^2+1^2}}=\frac{1}{\sqrt{2}}$. 而双曲线与渐近线可任意接近,所以 c 的最大值为 $\frac{1}{\sqrt{2}}$.

第 13 题 已知函数

$$f(x)=|\ln x|,g(x)=\begin{cases}0, & 0<x\leqslant 1,\\ |x^2-4|-2, & x>1.\end{cases}$$

则方程 $|f(x)+g(x)|=1$ 实根的个数为____________.

解析 当 $0<x\leqslant 1$ 时，$|f(x)+g(x)|=|\ln x|=-\ln x$，$-\ln x=1$ 有一个实根 $x=\dfrac{1}{\mathrm{e}}$.

当 $1<x\leqslant 2$ 时，$|f(x)+g(x)|=|\ln x+4-x^2-2|=|\ln x+2-x^2|$. 因为 $(\ln x+2-x^2)'=\dfrac{1}{x}-2x<0$，所以 $\ln x+2-x^2$ 在 $[1,2]$ 上单调递减，值由 1 减至 $\ln 2-2$. 但 1 在 $(1,2]$ 上不能取到；$\ln 2-2<-1$，所以 $\ln x+2-x^2$ 有一次为 -1，$|f(x)+g(x)|$ 有一次为 1.

当 $x>2$ 时，$|f(x)+g(x)|=|\ln x+x^2-6|$. 显然 $\ln x+x^2-6$ 严格递增，由小于 -1 增至无穷. 于是 $\ln x+x^2-6$ 等于 -1 与 1 各有一次，$|f(x)+g(x)|$ 有两次为 1.

综上所述，$|f(x)+g(x)|=1$ 的实根个数为 4.

虽是填空题，却必用到导数，并不容易.

第 14 题 设向量 $\boldsymbol{a}_k=\left(\cos\dfrac{k\pi}{6},\sin\dfrac{k\pi}{6}+\cos\dfrac{k\pi}{6}\right)(k=0,1,\cdots,12)$，则 $\sum\limits_{k=0}^{11}(\boldsymbol{a}_k\cdot\boldsymbol{a}_{k+1})$ 的值为__________.

解析

$$\begin{aligned}\boldsymbol{a}_k\cdot\boldsymbol{a}_{k+1}&=\cos\frac{k\pi}{6}\cos\frac{(k+1)\pi}{6}+\left(\sin\frac{k\pi}{6}+\cos\frac{k\pi}{6}\right)\left(\sin\frac{(k+1)\pi}{6}+\cos\frac{(k+1)\pi}{6}\right)\\&=2\cos\frac{k\pi}{6}\cos\frac{(k+1)\pi}{6}+\sin\frac{k\pi}{6}\sin\frac{(k+1)\pi}{6}+\sin\left(\frac{k\pi}{6}+\frac{(k+1)\pi}{6}\right)\\&=\cos\frac{(2k+1)\pi}{6}+\cos\frac{\pi}{6}+\frac{1}{2}\left(\cos\frac{\pi}{6}-\cos\frac{(2k+1)\pi}{6}\right)+\sin\frac{(2k+1)\pi}{6}\\&=\frac{3\sqrt{3}}{4}+\frac{1}{2}\cos\frac{(2k+1)\pi}{6}+\sin\frac{(2k+1)\pi}{6}.\end{aligned}$$

因为

$$\sum_{k=0}^{11}\mathrm{e}^{\frac{(2k+1)\pi}{6}\mathrm{i}}=\mathrm{e}^{\frac{\pi}{6}\mathrm{i}}\cdot\frac{1-\mathrm{e}^{\frac{\pi}{3}\mathrm{i}\times 12}}{1-\mathrm{e}^{\frac{\pi}{3}\mathrm{i}}}=0,$$

所以

$$\sum_{k=0}^{11}\boldsymbol{a}_k\cdot\boldsymbol{a}_{k+1}=\sum_{k=0}^{11}\left(\frac{3\sqrt{3}}{4}+\frac{1}{2}\cos\frac{(2k+1)\pi}{6}+\sin\frac{(2k+1)\pi}{6}\right)$$

$$=12\times\frac{3}{4}\sqrt{3}+0+0=9\sqrt{3}.$$

注 当 $\sum_{k=0}^{11} z_k=0$ 时,实部之和 $\sum_{k=0}^{11} x_k=0$,虚部之和 $\sum_{k=0}^{11} y_k=0$.

下面讨论解答题. 只讨论与参考答案的解法有所不同的题.

第 17 题 某山区外围有两条相互垂直的直线型公路,为进一步改善山区的交通现状,计划修建一条连接两条公路和山区边界的直线型公路,记两条相互垂直的公路为 l_1、l_2,山区边界曲线为 C,计划修建的公路为 l. 如图 1 所示,M、N 为 C 的两个端点,测得点 M 到 l_1 和 l_2 的距离分别为 5 km 和 40 km,点 N 到 l_1 和 l_2 的距离分别为 20 km 和 2.5 km. 以 l_1、l_2 所在的直线分别为 x、y 轴,建立平面直角坐标系 xOy,假设曲线 C 符合函数 $y=\frac{a}{x^2+b}$(其中 a、b 为常数)模型.

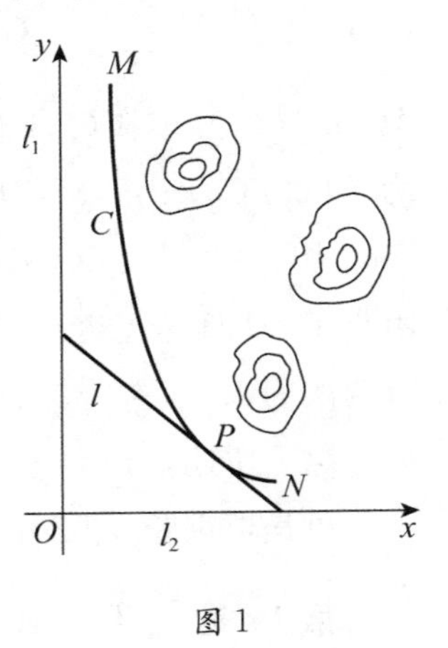

图 1

(1) 求 a、b 的值;

(2) 设公路 l 与曲线 C 相切于点 P,P 的横坐标为 t.

(ⅰ) 请写出公路 l 长度的函数解析式 $f(t)$,并写出其定义域;

(ⅱ) 当 t 为何值时,公路 l 的长度最短? 求出最短长度.

解析 题目冗长——这类“联系实际”的应用题的普遍缺点.

(1) 不难,易知 $a=1000$,$b=0$,$y=\frac{1000}{x^2}(5\leqslant x\leqslant 20)$.

(2) 也不难,依题意有

$$f(t)=\frac{3}{2}\sqrt{t^2+\frac{4\times10^6}{t^4}}\ (t\in[5,20]).$$

但求 $f(t)$ 的最小值,不必用微积分,由平均不等式,有

$$\begin{aligned} f(t)&=\frac{3}{2}\sqrt{\frac{1}{2}t^2+\frac{1}{2}t^2+\frac{4\times10^6}{t^4}} \\ &\geqslant\frac{3}{2}\sqrt{3\sqrt[3]{\frac{1}{2}t^2\times\frac{1}{2}t^2\times\frac{4\times10^6}{t^4}}} \\ &=15\sqrt{3}. \end{aligned}$$

等号当且仅当$\frac{1}{2}t^2=\frac{4\times10^6}{t^4}$，即$t=10\sqrt{2}$时成立.

第18题 如图2所示，在平面直角坐标系xOy中，已知椭圆$\frac{x^2}{a^2}+\frac{y^2}{b^2}=1(a>b>0)$的离心率为$\frac{\sqrt{2}}{2}$，且右焦点$F$到左准线$l$的距离为3.

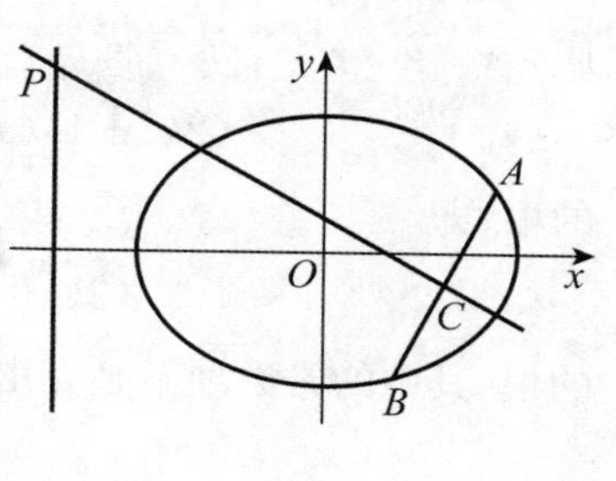

图2

(1) 求椭圆的标准方程；

(2) 过F的直线与椭圆交于A、B两点，线段AB的垂直平分线分别交直线l和AB于点P和C. 若$PC=2AB$，求直线AB的方程.

解析 (1) 不难. 易得$a=\sqrt{2}$，$c=1$，$b=1$. 椭圆的标准方程为

$$\frac{x^2}{2}+y^2=1.$$

(2) 也不难，但计算较多，希望尽可能减少计算量.

设直线AB的方程为$y=k(x-1)$. 点$A(x_A,y_A)$和点$B(x_B,y_B)$满足方程组

$$\begin{cases}y=k(x-1),\\x^2+2y^2=2.\end{cases}\quad①$$

因为$PC\perp AB$，所以直线PC的方程为$k(y-y_C)+x-x_C=0$. 又

$$AB^2=(x_A-x_B)^2+(y_A-y_B)^2=(k^2+1)(x_A-x_B)^2,$$

$$PC^2=(x_P-x_C)^2+(y_P-y_C)^2=\frac{k^2+1}{k^2}(x_P-x_C)^2,$$

条件$PC=2AB$即

$$(x_P-x_C)^2=4k^2(x_A-x_B)^2.\quad②$$

因为$x_P=-\frac{a^2}{c}=-2$，$x_C=\frac{x_A+x_B}{2}$，所以式②即

$$\left(\frac{(x_A+2)+(x_B+2)}{2}\right)^2=4k^2(x_A-x_B)^2.\quad③$$

由方程组①消去y，得

$$(2k^2+1)x^2-4k^2x+2k^2-2=0.\quad④$$

因为x_A、x_B是方程④的根，所以

$$(x_A-x_B)^2=\frac{(4k^2)^2-4(2k^2+1)(2k^2-2)}{(2k^2+1)^2}. \qquad ⑤$$

而 x_A+2、x_B+2 是方程

$$(2k^2+1)(x-2)^2-4k^2(x-2)+2k^2-2=0$$

的根，即

$$(2k^2+1)x^2-4(3k^2+1)x+*=0$$

的根(其中的常数项不必算出，用 * 表示)，所以由韦达定理，有

$$\frac{(x_A+2)+(x_B+2)}{2}=\frac{2(3k^2+1)}{2k^2+1}. \qquad ⑥$$

联立③、⑤、⑥，得

$$(3k^2+1)^2=(16k^4-4(2k^2+1)(2k^2-2))k^2,$$

即

$$k^4-2k^2+1=0,$$

解得 $k^2=1, k=\pm1$. 直线 AB 的方程为 $y=x-1$ 或 $y=-x+1$.

设椭圆与 y 轴的交点为 E_1、E_2(坐标为 $(0,\pm1)$)，则直线 AB 就是直线 E_1F 或 E_2F.

第 19 题 已知函数 $f(x)=x^3+ax^2+b(a、b\in\mathbf{R})$.

(1) 试讨论 $f(x)$ 的单调性；

(2) 若 $b=c-a$(实数 c 是与 a 无关的常数)，当函数 $f(x)$ 有三个不同零点时，a 的取值范围恰好是

$$(-\infty,-3)\cup\left(1,\frac{3}{2}\right)\cup\left(\frac{3}{2},+\infty\right). \qquad ①$$

求 c 的值.

解析 本题的第(1)问很容易. 利用导数 $f'(x)=3x^2+2ax$ 易知 $f(x)$ 可能有两个极值点 $x=0$ 及 $x=-\frac{2a}{3}$.

当 $a=0$ 时，$f(x)$ 单调递增.

当 $a<0$ 时，$f(x)$ 在 $(-\infty,0)\cup\left(-\frac{2a}{3},+\infty\right)$ 上单调递增，在 $\left(0,-\frac{2a}{3}\right)$ 上单调递减(图 3). $x=0$ 为极大值点，极大值 $f(0)=b$；$x=-\frac{2a}{3}$ 是极小值点，极

小值 $f\left(-\frac{2a}{3}\right)=\frac{4}{27}a^3+b$.

当 $a>0$ 时，$f(x)$ 在 $\left(-\infty,-\frac{2a}{3}\right)\cup(0,+\infty)$ 上单调递增，在 $\left(-\frac{2a}{3},0\right)$ 上单调递减(图 4). $x=-\frac{2a}{3}$ 为极大值点，极大值 $f\left(-\frac{2a}{3}\right)=\frac{4}{27}a^3+b$；$x=0$ 为极小值点，极小值 $f(0)=b$.

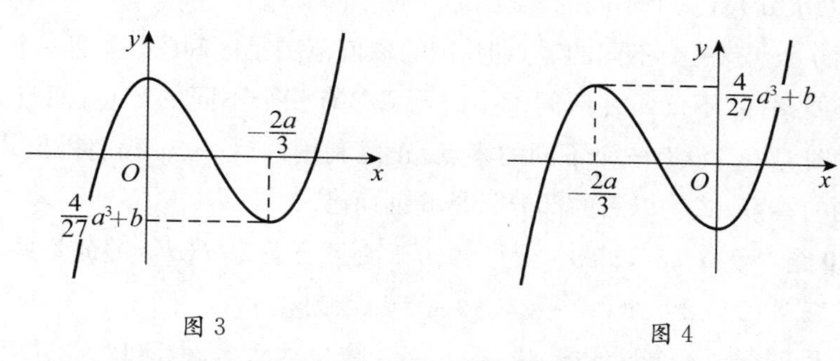

图 3　　　　图 4

第(2)问应当利用第(1)问，其实并不困难，只需要细心分析.

当 $a\in\left(1,\frac{3}{2}\right)$ 时，$f(x)$ 有三个不同零点，所以必有

$$\frac{4}{27}a^3+b=\frac{4}{27}a^3+c-a>0, \tag{②}$$

$$b=c-a<0. \tag{③}$$

由式③得 $c<a$，而 a 可任意接近 1，所以 $c\leqslant 1$. 又由式②得

$$c>a-\frac{4}{27}a^3>1-\frac{4}{27}\left(\frac{3}{2}\right)^3>0.$$

如果 $c<1$，那么取 $a>c$ 但与 c 很接近，这时 $a<1$，而式②、式③均成立，从而 $f(x)$ 有三个不同零点，与 $a\in\left(1,\frac{3}{2}\right)\cup\left(\frac{3}{2},+\infty\right)$ 不合. 所以必有

$$c=1. \tag{④}$$

反过来，当 $c=1$ 时，如果 $a>0$，那么由式③，$a>1$. 对于 $a\in\left(1,\frac{3}{2}\right)\cup\left(\frac{3}{2},+\infty\right)$，显然式②成立，并且

$$\frac{4}{27}a^3+b=\frac{4}{27}a^3-a+1=\frac{4}{27}\left(a-\frac{3}{2}\right)^2(a+3)>0, \tag{⑤}$$

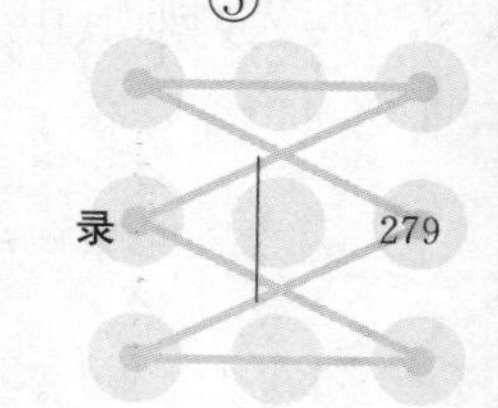

所以 $f(x)$有三个不同的零点.

如果 $a<0$,那么由式⑤,得

$$\frac{4}{27}a^3+b<0 \quad ⑥$$

的解是 $a<-3$. 对于 $a\in(-\infty,-3)$,式⑥与

$$b=c-a>0$$

成立,所以 $f(x)$有三个不同的零点.

本题 $f(x)$有三个不同的零点时,a 的取值范围是区间①. 这是一个极重要的充分必要条件. 不仅 a 在区间①中时,$f(x)$有三个不同的零点;而且 a 不在区间①中时,$f(x)$没有三个不同的零点. 正是利用这后一点,我们得出式④,也就是本题的答案. 式④以后的部分只是验证而已.

第 20 题 设 a_1、a_2、a_3、a_4 是各项为正数且公差为 $d(d\neq0)$的等差数列.

(1) 证明:2^{a_1}、2^{a_2}、2^{a_3}、2^{a_4} 依次构成等比数列;

(2) 是否存在 a_1、d,使得 a_1、a_2^2、a_3^3、a_4^4 依次构成等比数列? 并说明理由.

(3) 是否存在 a_1、d 及正整数 n、k,使得 a_1^n、a_2^{n+k}、a_3^{n+2k}、a_4^{n+3k} 依次构成等比数列? 并说明理由.

解析 (1) 容易.

(2) 不妨设 $a_1=1\left(\text{否则分别用}\frac{a_i}{a_1}、\frac{d}{a_1}\text{代替 } a_i、d,\left\{\frac{a_i}{a_1}\right\}\text{仍构成等差数列,并且 }1、\left(\frac{a_2}{a_1}\right)^2、\left(\frac{a_3}{a_1}\right)^3、\left(\frac{a_4}{a_1}\right)^4\text{ 构成等比数列与 }a_1、a_2^2、a_3^3、a_4^4\text{ 构成等比数列等价}\right)$.

如果 a_2^2、a_3^3、a_4^4 构成等比数列,那么

$$a_2^2a_4^4=(a_3^3)^2, \quad ①$$

即

$$(1+d)(1+3d)^2=(1+2d)^3,$$

化简得

$$d(1+3d+d^2)=0. \quad ②$$

因为 $1+3d+d^2=a_4+d^2>0$,$d\neq0$,所以式②、式①不成立,即 a_1、a_2^2、a_3^3、a_4^4 不构成等比数列.

(3) 同上可设 $a_1=1$,并且 1、$(1+d)^m$、$(1+2d)^{m+k}$、$(1+3d)^{m+2k}$ 构成等比数列,其中 $m=n+k$ 是不小于 2 的整数. 由

$$(1+2d)^{m+k}=(1+d)^{2m}, \quad ③$$

得

$$(1+2d)^k=\left(\frac{(1+d)^2}{1+2d}\right)^m=\left(1+\frac{d^2}{1+2d}\right)^m>1,$$

所以 $1+2d>1, d>0$.

又由式③,得

$$k\ln(1+2d)=m(\ln(1+d)^2-\ln(1+2d)). \quad ④$$

由

$$(1+3d)^{m+2k}=(1+d)^{3m},$$

得

$$2k\ln(1+3d)=m(\ln(1+d)^3-\ln(1+3d)). \quad ⑤$$

由式④、式⑤相除,消去 m、k,得

$$\frac{\ln(1+2d)}{2\ln(1+3d)}=\frac{\ln(1+d)^2-\ln(1+2d)}{\ln(1+d)^3-\ln(1+3d)},$$

整理得

$$4\ln(1+3d)\ln(1+d)-\ln(1+3d)\ln(1+2d)-3\ln(1+d)\ln(1+2d)=0. \quad ⑥$$

式⑥在 $d=0$ 时成立. 我们证明当 $d>0$ 时,式⑥不成立,从而所说的 a_1、d、m、k 不存在. 为此,令

$$g(d)=4\ln(1+3d)\ln(1+d)-\ln(1+3d)\ln(1+2d)$$
$$-3\ln(1+d)\ln(1+2d)(d\geqslant 0).$$

只需证 $g(d)$ 严格递增. 采用导数,得

$$\frac{1}{2}g'(d)=\frac{(1+3d)^2\ln(1+3d)-3(1+2d)^2\ln(1+2d)+3(1+d)^2\ln(1+d)}{(1+d)(1+2d)(1+3d)}.$$

只需要证明 $g'(d)>0(d>0)$,即函数

$$h(d)=(1+3d)^2\ln(1+3d)-3(1+2d)^2\ln(1+2d)+3(1+d)^2\ln(1+d).$$

严格递增($h(0)=0$).

函数 $h(d)$ 比 $g(d)$ 简单多了,后者每项是两个对数相乘,现在每项只乘一个对数式.

继续求导数:

$$h'(d)=6[(1+3d)\ln(1+3d)-2(1+2d)\ln(1+2d)+(1+d)\ln(1+d)],$$
$$h''(d)=6[3\ln(1+3d)-4\ln(1+2d)+\ln(1+d)]$$

$$=6\ln\frac{(1+3d)^3(1+d)}{(1+2d)^4}$$

$$=6\ln\frac{1+10d+36d^2+54d^3+27d^4}{1+8d+24d^2+32d^3+16d^4}$$

$$\geqslant 0.$$

等号仅在 $d=0$ 时成立. 所以 $h'(d)$ 单调递增, $h'(d)\geqslant 0$, 等号仅在 $d=0$ 时成立. 从而 $h(d)$、$g(d)$ 均严格递增. 题中所说的 a_1、d、n、k 不存在.

这一问太难了, 好像除了用求导数法也没有什么好方法, 幸而 $g(d)$、$h(d)$、$h'(d)$、$h''(d)$ 越来越简单($h(d)$ 的每一项是对数式乘以二次式, $h'(d)$ 的每一项是对数式乘一次式, $h''(d)$ 的每一项是对数式乘常数).

当式子越来越简单时, 我们相信路子是正确的. 反之, 如果情况越来越复杂, 那么这样的道路多半是错误的. 赶紧改弦更张, 不要坚持在错误的道路上越走越远.

下面再看看附加题.

第 21(C)题 已知圆 C 的极坐标方程为

$$\rho^2+2\sqrt{2}\rho\sin\left(\theta-\frac{\pi}{4}\right)-4=0. \qquad ①$$

求圆 C 的半径.

解析 将 $\sin\left(\theta-\frac{\pi}{4}\right)$ 用加法定理展开, 是很笨拙的. 应当将极轴绕点 O 逆时针旋转 $45°$, 即令 $\theta'=\theta-\frac{\pi}{4}$, 将式①化为

$$\rho^2+2\sqrt{2}\rho\sin\theta'-4=0. \qquad ②$$

再将 $\rho=x^2+y^2$, $\rho\sin\theta'=y$ 代入, 得

$$x^2+y^2+2\sqrt{2}y-4=0,$$

即

$$x^2+(y+\sqrt{2})^2=6.$$

所以半径为 $\sqrt{6}$.

第 22 题 如图 5 所示, 在四棱锥 $P-ABCD$ 中, 已知 $PA\perp$ 平面 $ABCD$, 且四边形 $ABCD$ 为直角梯形, $\angle ABC=\angle BAD=\frac{\pi}{2}$, $PA=AD=2$, $AB=BC=1$. 求平

面 PAB 与平面 PCD 所成二面角的平面角.

解析 本题可用向量解,但也可以用纯几何的方法.后者有助于培养空间概念和绘图能力.

纯几何的方法首先要作出平面 PAB 与平面 PCD 的交线. P 是它们的一个公共点,还要找出另一个公共点.

找公共点不难.直线 AB、CD 分别在平面 PAB、PCD 上,它们的交点也是平面 PAB 与平面 PCD 的公共点.

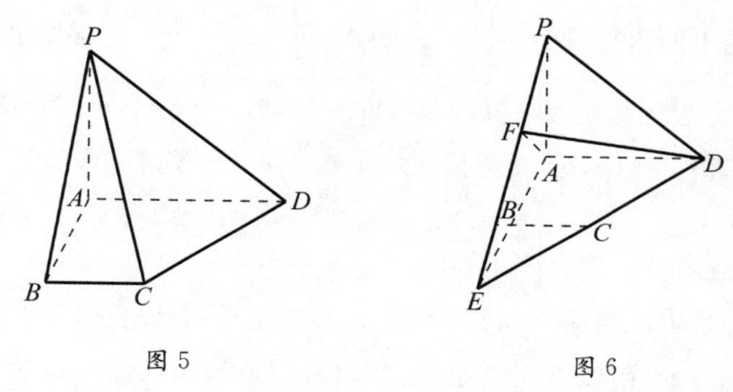

图 5　　　图 6

如图 6 所示,在平面 $ABCD$ 内,延长 AB、DC,相交于 E,PE 就是平面 PAB 与平面 PCD 的交线.

因为 $PA\perp$ 平面 $ABCD$,所以 $PA\perp AD$.又 $\angle BAD=\frac{\pi}{2}$,$AD\perp AE$,从而 $AD\perp$ 平面 PAE,$AD\perp PE$.

在平面 DPE 内作 $DF\perp PE$,F 为垂足.联结 AF,因为 $PE\perp AD$,$PE\perp DF$,所以 $PE\perp$ 平面 DFA,$\angle DFA$ 就是平面 PAB 与平面 PCD 所成二面角的平面角.

因为在梯形 $ABCD$ 中,$BC/\!/AD$,$BC=1=\frac{1}{2}AD$,所以 BC 是 $\triangle EAD$ 的中位线,$EA=2AB=2$.

因为 $PA=AD=2$,$\angle PAE=\angle EAD=\frac{\pi}{2}$,所以 $PE=ED=PD=2\sqrt{2}$,$AF=\frac{1}{2}PE=\sqrt{2}$.

$\triangle PED$ 是正三角形,$DF=\frac{\sqrt{3}}{2}DP=\sqrt{6}$.在 $\triangle FAD$ 中,有

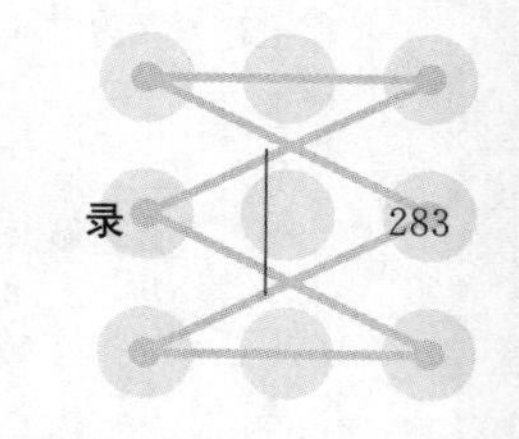

$$\cos\angle DFA=\frac{DF^2+AF^2-AD^2}{2\cdot DF\cdot AF}=\frac{(\sqrt{6})^2+(\sqrt{2})^2-2^2}{2\times\sqrt{6}\times\sqrt{2}}=\frac{1}{\sqrt{3}}.$$

本题中，三面角 $P-EAD$ 的三个面角 $\angle EPA=\angle APD=\frac{\pi}{4}$，$\angle EPD=\frac{\pi}{3}$，从而用球面三角公式(边的余弦定理)

$$\cos a=\cos b\cos c+\sin b\sin c\cos A$$

(其中 $a=\angle APD$，$b=\angle EPA$，$c=\angle EPD$，A 等于平面 PAB 与平面 PCD 所成二面角的平面角)，得 $1=\frac{1}{2}+\frac{\sqrt{3}}{2}\cos A$，即 $\cos A=\frac{\sqrt{3}}{3}$. 这样做也很方便.

第 23 题 已知集合 $X=\{1,2,3\}$，$Y_n=\{1,2,3,\cdots,n\}$，$n\in\mathbf{N}$. 设

$$S_n=\{(a,b)\mid a\text{ 整除 }b\text{ 或 }b\text{ 整除 }a,a\in X,b\in Y_n\}.$$

令 $f(n)=|S_n|$.

(1) 求 $f(6)$；

(2) 当 $n\geqslant 6$ 时，写出 $f(n)$ 的表达式，并用数学归纳法证明.

解析 (1) S_6 由以下元素组成：(2,1)，(3,1)，(1,1,)，(1,2)，(1,3)，(1,4)，(1,5)，(1,6)，(2,2)，(2,4)，(2,6)，(3,3)，(3,6). 故 $f(6)=2+6+3+2=13$.

同样可得 $f(1)=2+1=3$，$f(2)=2+2+1=5$，$f(3)=2+3+1+1=7$，$f(4)=2+4+2+1=9$，$f(5)=2+5+2+1=10$.

(2) S_n 由以下元素组成：

$$(2,1),(3,1),$$
$$(1,1),(1,2),\cdots,(1,n),$$
$$(2,2),(2,4),\cdots,\left(2,2\left[\frac{n}{2}\right]\right),$$
$$(3,3),(3,6),\cdots,\left(3,3\left[\frac{n}{3}\right]\right).$$

故

$$f(n)=2+n+\left[\frac{n}{2}\right]+\left[\frac{n}{3}\right]. \qquad ①$$

归纳法已是多余的. 如果一定要用归纳法，可设 $1\leqslant n\leqslant k$ 时，式①成立. 对于 $n=k+6$，S_{k+6} 比 S_k 多出以下元素：

$$(1,k+1),(1,k+2),(1,k+3),(1,k+4),(1,k+5),(1,k+6),$$

$$\left(2,2\left[\frac{k}{2}\right]+2\right),\left(2,2\left[\frac{k}{2}\right]+4\right),\left(2,2\left[\frac{k}{2}\right]+6\right),$$

$$\left(3,3\left[\frac{k}{3}\right]+3\right),\left(3,3\left[\frac{k}{3}\right]+6\right).$$

所以

$$f(k+6)=f(k)+6+3+2=2+(k+6)+\left[\frac{k+6}{2}\right]+\left[\frac{k+6}{3}\right].$$

于是式①对 $k+6$ 成立.将 k 换成 $k-1,k-2,\cdots,k-5$ 即知式①对 $k+5$, $k+4,\cdots,k+1$ 亦成立. 从而式①对一切 n 成立.

15 Ramanujam 的一个恒等式

2013 年亚冠决赛第二回合恒大俱乐部的海报中出现了两个数学公式. 其中之一是

$$\sqrt{1+2\sqrt{1+3\sqrt{1+4\sqrt{1+\cdots}}}}. \qquad ①$$

它应当等于 3,即

$$3=\sqrt{1+2\sqrt{1+3\sqrt{1+4\sqrt{1+\cdots}}}}. \qquad ②$$

这是印度天才数学家拉马努金(Ramanujam,1887—1920)发现的众多恒等式中最著名的一个. 本文介绍两种证法.

设 $a_n=\sqrt{1+2\sqrt{1+3\sqrt{1+4\sqrt{1+\cdots+(n-1)\sqrt{1+n}}}}}$ $(n=1,2,\cdots)$. 问题即证明

$$\lim_{n\to+\infty}a_n=3. \qquad ③$$

第一种证法

$3-a_n$

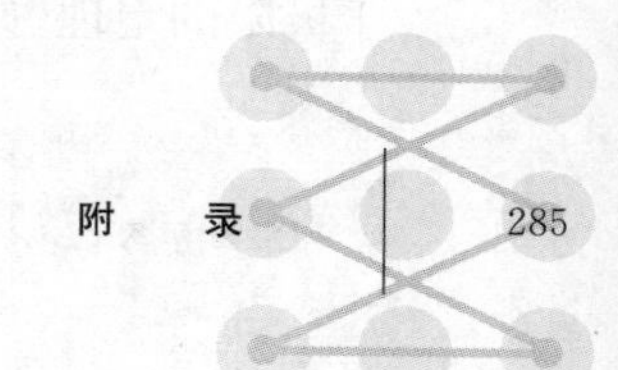

$$=\frac{3^2-1-2\sqrt{1+3\sqrt{1+\cdots+(n-1)\sqrt{1+n}}}}{3+\sqrt{1+2\sqrt{1+3\sqrt{1+\cdots+(n-1)\sqrt{1+n}}}}}$$

$$=\frac{4-\sqrt{1+3\sqrt{1+\cdots+(n-1)\sqrt{1+n}}}}{\frac{1}{2}\left(3+\sqrt{1+2\sqrt{1+3\sqrt{1+\cdots+(n-1)\sqrt{1+n}}}}\right)}$$

$$=\frac{4^2-1-3\sqrt{1+4\sqrt{1+\cdots+(n-1)\sqrt{1+n}}}}{\frac{1}{2}\left(3+\sqrt{1+2\sqrt{1+3\sqrt{1+\cdots+(n-1)\sqrt{1+n}}}}\right)\left(4+\sqrt{1+3\sqrt{1+\cdots+(n-1)\sqrt{1+n}}}\right)}$$

$$=\frac{5-\sqrt{1+4\sqrt{1+\cdots+(n-1)\sqrt{1+n}}}}{\frac{1}{2}\left(3+\sqrt{1+2\sqrt{1+3\sqrt{1+\cdots+(n-1)\sqrt{1+n}}}}\right)\frac{1}{3}\left(4+\sqrt{1+3\sqrt{1+\cdots+(n-1)\sqrt{1+n}}}\right)}$$

$=\cdots\cdots$

$$=\frac{(n+1)-\sqrt{1+n}}{\frac{1}{2}\left(3+\sqrt{1+2\sqrt{1+3\sqrt{1+\cdots+(n-1)\sqrt{1+n}}}}\right)\cdots\frac{1}{n-1}\left(n+\sqrt{1+(n-1)\sqrt{1+n}}\right)}$$

$$=\frac{n+1}{\frac{1}{2}\left(3+\sqrt{1+2\sqrt{1+3\sqrt{1+\cdots+(n-1)\sqrt{1+n}}}}\right)\cdots\frac{1}{n}\left(n+1+\sqrt{1+n}\right)}>0. \quad ④$$

并且因为

$$\frac{1}{2}(3+\sqrt{1+2})\geqslant 1+\frac{1}{2}+\frac{1}{\sqrt{2}}=\left(1+\frac{1}{\sqrt{2}}\right)^2,$$

$$\frac{1}{3}(4+\sqrt{1+3})\geqslant 1+\frac{1}{\sqrt{3}}\geqslant\cdots\geqslant\frac{1}{n}(n+1+\sqrt{1+n})\geqslant 1+\frac{1}{\sqrt{n}},$$

所以

$$3-a_n\leqslant\frac{n+1}{\left(1+\frac{1}{\sqrt{n}}\right)^n}\leqslant\frac{n+1}{C_n^3}(\sqrt{n})^3\leqslant\frac{24}{\sqrt{n}}\to 0(n\to+\infty). \quad ⑤$$

由式④、式⑤，知式③成立.

注意上面的证明只用到极限的定义，直接估计差 $3-a_n$. 并没有用到任何关于极限的定理（如单调递增且有上界的数列必有极限之类的定理）.

第二种证法 因为

$$1+n(n+2)=(n+1)^2,$$

所以

$$3=\sqrt{1+2\times 4}=\sqrt{1+2\sqrt{1+3\times 5}}=\cdots$$
$$=\sqrt{1+2\sqrt{1+3\sqrt{1+4\sqrt{1+\cdots+(n-1)\sqrt{1+n(n+2)}}}}}. \quad ⑥$$

由式⑥,显然

$$3>a_n. \quad ⑦$$

另一方面,对任意 $t>1$,有

$$\sqrt{1+nt}\leqslant\sqrt{t}\sqrt{1+n}, \quad ⑧$$

所以在式⑥的最右边取 $t=n+2$,并利用式⑧,对层层根号逐步提取出 $t^{\frac{1}{2}}$, $t^{\frac{1}{4}}$,…,直至

$$3\leqslant t^{\frac{1}{2^{n-1}}}\sqrt{1+2\sqrt{1+3\sqrt{1+4\sqrt{1+\cdots+(n-1)\sqrt{1+n}}}}}, \quad ⑨$$

因此

$$3>a_n\geqslant\frac{3}{(n+2)^{\frac{1}{2^{n-1}}}}\to 3(n\to+\infty). \quad ⑩$$

从而③成立.

第二种证法用了所谓的"夹逼定理". 有趣的是它给出了一个等式⑥.

这类求数列极限的问题,一般分为两步,一是证明这个数列的极限存在,二是求出这个极限(当然,有时两步并作一步走). 有些文章没有证明极限的存在性,就令 $y=\sqrt{1+2\sqrt{1+3\sqrt{1+4\sqrt{1+\cdots}}}}$,然后再形式地建立起关于 y 的关系并从而求出 y. 这种做法是不严密的. 不应提倡. 我们再举一个例子:

设 $x>0$, $a_1=\sqrt{2+x}$, $a_2=\sqrt{2+\sqrt{2+x}}$, …, $a_n=\sqrt{2+\sqrt{2+\cdots+\sqrt{2+x}}}$ (n 个根号). 求 $\lim\limits_{n\to\infty}a_n$.

不正确的解法是"设 $y=\sqrt{2+\sqrt{2+\cdots}}$,从而 $y=\sqrt{2+y}$,解得 $y=2$. "这是刚学数学分析(微积分)的大学一年级学生易犯的错误.

正确的解法如下：

在 $x\geqslant 2$ 时，$a_n=\sqrt{2+\sqrt{2+\cdots+\sqrt{2+x}}}\geqslant\sqrt{2+\sqrt{2+\cdots+\sqrt{2+2}}}=2$ 并且

$$x^2\geqslant 2x\geqslant x+2,$$

所以 $x\geqslant\sqrt{2+x}$，$a_n\leqslant a_{n-1}$. 数列 $\{a_n\}$ 单调递减，有下界 2，所以 $\lim\limits_{n\to\infty}a_n$ 存在. 这时再令 $\lim\limits_{n\to\infty}a_n=y$，则 $y=\sqrt{2+y}$. 解得 $y=2$.

在 $0<x\leqslant 2$ 时，类似地，数列 $\{a_n\}$ 单调递增，有上界 2，所以 $\lim\limits_{n\to\infty}a_n$ 存在并且等于 2.

或许有人会说："Ramanujam 也没有证明数列极限的存在". 这不能作为理由. 因为 Ramanujam 是一位天才的数学家，能够凭着他的直觉得出很多重要的公式. 但即使是 Ramanujam 的这些公式，如果没有严格的证明，就不能确保它的正确性，同样不能被数学界认可.

16 解第 30 届中国数学奥林匹克试题

2014 年的试题粗看似比去年难一些，细看也不尽然.

第 1 题 给定实数 $r\in(0,1)$. 证明：若 n 个复数 $z_1,z_2,\cdots,z_n$ 满足 $|z_k-1|\leqslant r(k=1,2,\cdots,n)$，则

$$|z_1+z_2+\cdots+z_n|\cdot\left|\frac{1}{z_1}+\frac{1}{z_2}+\cdots+\frac{1}{z_n}\right|\geqslant n^2(1-r^2). \quad ①$$

解析 如果 z_k 是正实数 $x_k(1\leqslant k\leqslant n)$，那么由 Cauchy 不等式，

$$(x_1+x_2+\cdots+x_n)\left(\frac{1}{x_1}+\frac{1}{x_2}+\cdots+\frac{1}{x_n}\right)$$

$$\geqslant\left(\sqrt{x_1\cdot\frac{1}{x_1}}+\sqrt{x_2\cdot\frac{1}{x_2}}+\cdots+\sqrt{x_n\cdot\frac{1}{x_n}}\right)^2=n^2. \quad ②$$

现在 z_k 是复数，不能直接利用 Cauchy 不等式，所得结果式①不及式②强，而且还需要条件

$$|z_k-1|\leqslant r(k=1,2,\cdots,n),r\in(0,1). \quad ③$$

先看看条件③的意义.

如图1,式①表明 z_k 都在以1为圆心、以 r 为半径的圆内. 而由于 $r\in(0,1)$,这个圆在右半平面内(y 轴右方). 从而 z_k 也都在 y 轴右方,即 z_k 的实部 $x_k>0(1\leqslant k\leqslant n)$.

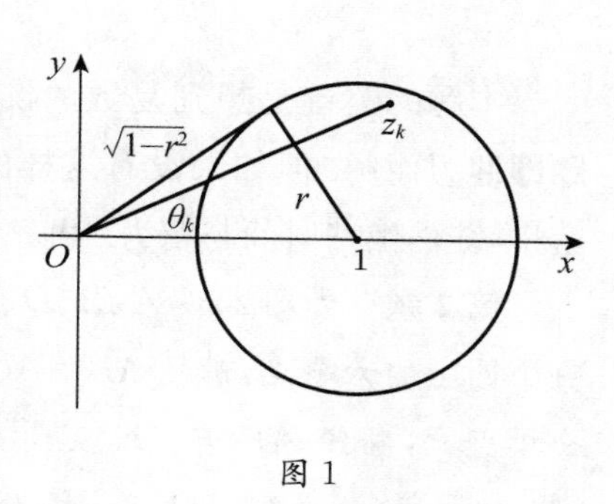

图 1

注意:我们说到了复数 z_k 的实部 x_k. 熟知复数 z 的模 $|z|\geqslant z$ 的实部 x,并且实部有比模有利得多的性质:若干个复数的和的实部,等于这些复数的实部的和. 其中"实部"显然不能改为"模".

因此,本题的关键就是将模改为实部.

$$|z_1+z_2+\cdots+z_n|\geqslant \mathrm{Re}(z_1+z_2+\cdots+z_n)=x_1+x_2+\cdots+x_n.$$

$\frac{1}{z_k}$的实部是什么呢? 我们有

$$\mathrm{Re}\,\frac{1}{z_k}=\mathrm{Re}\,\frac{\overline{z_k}}{|z_k|^2}=\frac{x_k}{|z_k|^2}=\frac{x_k}{x_k^2}\cos^2\theta_k=\frac{\cos^2\theta_k}{x_k},$$

其中 θ_k 是 z_k 的辐角.

注意图1中辐角的绝对值 $|\theta_k|\leqslant \arccos\sqrt{1-r^2}$,即 $\cos\theta_k\geqslant\sqrt{1-r^2}$,所以

$$\mathrm{Re}\,\frac{1}{z_k}\geqslant\frac{1-r^2}{x_k}(k=1,2,\cdots,n).$$

因此

$$\begin{aligned}\left|\frac{1}{z_1}+\frac{1}{z_2}+\cdots+\frac{1}{z_n}\right|&\geqslant \mathrm{Re}\left(\frac{1}{z_1}+\frac{1}{z_2}+\cdots+\frac{1}{z_n}\right)\\&=\mathrm{Re}\,\frac{1}{z_1}+\mathrm{Re}\,\frac{1}{z_2}+\cdots+\mathrm{Re}\,\frac{1}{z_n}\\&\geqslant(1-r^2)\left(\frac{1}{x_1}+\frac{1}{x_2}+\cdots+\frac{1}{x_n}\right).\end{aligned}$$

于是,

$$|z_1+z_2+\cdots+z_n|\cdot\left|\frac{1}{z_1}+\frac{1}{z_2}+\cdots+\frac{1}{z_n}\right|$$

$$\geqslant (x_1+x_2+\cdots+x_n)\cdot(1-r^2)\left(\frac{1}{x_1}+\frac{1}{x_2}+\cdots+\frac{1}{x_n}\right)$$

$$\geqslant n^2(1-r^2).$$

本题的关键是想到复数的实部. 想到了它,问题即迎刃而解. 但如果没有这样的"好想法",一味蛮拼,徒然浪费时间与精力.

第 2 题 如图 2,设 A、B、D、E、F、C 依次是同一个圆上的六个点,满足 $AB=AC$. 直线 AD 与 BE 交于点 P,直线 AF 与 CE 交于点 R,直线 BF 与 CD 交于点 Q,直线 AD 与 BF 交于点 S,直线 AF 与 CD 交于点 T. 点 K 在线段 ST 上,使得 $\angle SKQ=\angle ACE$.

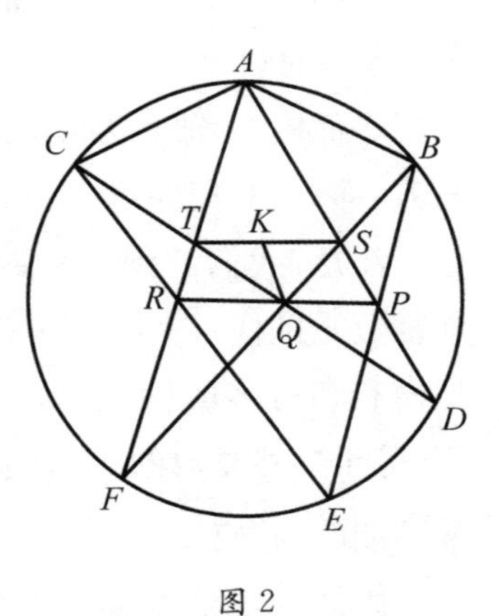

图 2

求证:$\dfrac{SK}{KT}=\dfrac{PQ}{QR}$.

解析 因为 $AB=AC$,所以 $\overset{\frown}{AB}=\overset{\frown}{AC}$,$\angle AFB=\angle ADC$,从而 T、F、D、S 四点共圆,$\angle KSQ=\angle TDF=\angle CAR$.

又已知 $\angle SKQ=\angle ACE$,所以 $\triangle SKQ\backsim\triangle ACR$,则

$$\frac{SK}{QK}=\frac{AC}{RC}. \quad ①$$

同理,由 $\angle TKQ=180^\circ-\angle SKQ=180^\circ-\angle ACE=\angle ABE$,得 $\triangle TKQ\backsim\triangle ABP$,所以

$$\frac{KT}{QK}=\frac{BA}{PB}. \quad ②$$

由式①、式②,得

$$\frac{SK}{KT}=\frac{PB}{RC}. \quad ③$$

于是只需证明

$$\frac{PQ}{QR}=\frac{PB}{RC}. \quad ④$$

为此,可以先改变一下 Q 的定义(后面可以看出现在定义的 Q 就是原来的 Q):设 BF 与 PR 的交点为 Q(即不要求 Q 在 CD 上,而改为 Q 在 PR 上),则由 $\triangle FQR$ 与 $\triangle BPQ$ 的正弦定理(注意 $\angle FQR$ 与 $\angle BPQ$ 现在是对顶角,相等),得

$$\frac{PQ}{QR}=\frac{PB\sin\angle QBP}{RF\sin\angle RFQ}. \tag{⑤}$$

在圆中，仍由正弦定理，得

$$\frac{\sin\angle QBP}{\sin\angle RFQ}=\frac{FE}{AB}=\frac{FE}{AC}. \tag{⑥}$$

而$\triangle REF\backsim\triangle RAC$，有

$$\frac{FE}{RF}=\frac{CA}{RC}. \tag{⑦}$$

所以，由式⑤、式⑥、式⑦，得

$$\frac{PQ}{RQ}=\frac{PB}{RF}\cdot\frac{FE}{AC}=\frac{PB}{RC}. \tag{⑧}$$

同样，设CD与PR相交于Q'，也有

$$\frac{PQ'}{RQ'}=\frac{PB}{RC}. \tag{⑨}$$

式⑧和式⑨表明Q'与Q重合. 因此BF、CD、PR三线共点，这点就是题中原来定义的点Q. 并且也就证明了式④成立.

题中给出的三点P、Q、R共线. 这结论不需要条件$AB=AC$也可证出. 一般地，对圆内接六边形$AFBECD$，三对对边的交点P、Q、R共线. 这就是著名的帕斯卡(Pascal)定理. 证法很多，例如见《数学竞赛研究教程》(单墫著，江苏教育出版社第三版)下册第32讲例4，证法与上面有类似之处. 现在有条件$AB=AC$，证明当然简单许多(而且式⑧正是我们需要的).

第3题 给定整数$n\geqslant5$. 求最小的整数m，使得存在两个由整数构成的集合A、B，同时满足下列条件：

(1) $|A|=n$，$|B|=m$，且$A\subseteq B$；

(2) 对B中任意两个不同的元素x、y有：$x+y\in B$当且仅当x、$y\in A$.

解析 先取一个五元整数集$\{1,2,3,4,5\}$作为A试试.

这时由$x\in A$，$y\in A$相加得出新元素6、7、8、9，它们及A中的元素都应当属于B. 但$3\in B$，$6\in B$，$3+6\in B$，而$6\notin A$. 与性质(2)不合，所以A并不能任取.

如果将A改成一个公差略大的等差数列(当然不是非等差数列不可，只是为了简单，在尝试而已)，例如$\{1,3,5,7,9\}$. 仍然出现矛盾的情况(例如$4+10=14$，而4、10均不在A中).

如果将首项取大一些，就不会如此了. 例如$A=\{11,12,13,14,15\}$，这时任

两个 A 的不同元素相加得集

$$C=\{23,24,25,26,27,28,29\}.$$

令

$$B=A\cup C,$$

则 $m=|B|=12$. 这时 B 的任两个不同数的和,如果仍在 B 中,那么和小于 30,只能是 A 中两个数的和,所以现在的 A、B 合乎要求.

一般地,令

$$A=\{a,a+1,a+2,\cdots,a+(n-1)\},a>2n,$$

则任两个 A 的不同元素相加得集

$$C=\{2a+1,2a+2,\cdots,2a+(2n-3)\},$$

$B=A\cup C$ 符合要求($a+(2a+1)=3a+1>2a+(2n-3)$,所以条件(2)满足).

这时 $m=|B|=3n-3$.

另一方面,设整数集合

$$A=\{a_1,a_2,\cdots,a_n\}(a_1<a_2<\cdots<a_n),$$

这时和 $a_i+a_j(1\leqslant i<j\leqslant n)$ 共 C_n^2 个(当然其中可能有相等的),即

$$\begin{aligned}&a_1+a_2,a_1+a_3,\cdots,a_1+a_n,\\&\quad a_2+a_3,\cdots,a_2+a_n,\\&\qquad\cdots,\\&\qquad\quad a_{n-1}+a_n.\end{aligned}$$

组成集 C. 这些数都应当在 B 中,即由条件(1)、(2),显然

$$B\supseteq A\cup C.$$

此外,当然可任意放一些大的数,例如 $q,q^2,q^3,\cdots$(正整数 q 远大于 $|a_1|$ 与 $|a_n|$)到 B 中,而不影响性质(2). 但本题要求最小的 m,所以应将 B 限定为

$$B=A\cup C. \tag{①}$$

如果上面的 C_n^2 个和均不相同,且与 A 中的数不同,那么 m 可以取到(式①成立时的)最大值 $n+C_n^2$(例如 $a_1=1,a_2=q,\cdots,a_n=q^{n-1}$,$q$ 为大于 1 的整数,则由 q 进制的表示唯一,即知 $m=n+C_n^2$).

最小值呢? 当然希望和中有很多(尽可能多)相同的. 换句话说,看看"和中至少有多少不同的". 显然 B 中的数

$$a_1+a_2<a_1+a_3<\cdots<a_1+a_n<a_2+a_n<a_3+a_n<\cdots<a_{n-1}+a_n \tag{②}$$

(即前面所列出的 C_n^2 个和中,第一行与最后一列的 $2n-3$ 个数),所以 $m\geqslant 2n-3>n$(B 真包含 A).

如果这 $2n-3$ 个数与 A 中的数互不相同,那么 $m\geqslant n+(2n-3)=3n-3$,等号在我们前面构造的例子中正好成立.

我们证明当条件(2)成立时,式②中的数均不在 A 中.

首先 A 中的数均不为 0. 否则取 $b\in B\backslash A$, $0+b=b\in B$,但 $b\notin A$,矛盾.

假设 $a_1+a_j\in A(2\leqslant j\leqslant n-1)$,那么 $a_1+a_j\geqslant a_1$,所以 $a_j>0$.

当 $a_1+a_j\neq a_n$ 时,$(a_1+a_j)+a_n\in B$,所以 $a_1+(a_j+a_n)\in B$. 因为 $a_1\in B$, $a_j+a_n\in B$,所以由条件(2),$a_j+a_n\in A$,但 $a_j+a_n>a_n$,矛盾.

因此,只能是 $a_1+a_j=a_n$. 这时取 a_i 不同于 a_1、a_j、a_n,

$$(a_1+a_j)+a_i=a_n+a_i\in B,$$

即 $a_1+(a_i+a_j)\in B$,从而 $a_i+a_j\in A$. 但

$$a_i+a_j>a_1+a_j=a_n,$$

仍然矛盾. 所以 $a_1+a_j\notin A(2\leqslant j\leqslant n-1)$.

类似地,$a_n+a_j\in A(2\leqslant j\leqslant n-1)$也导致矛盾(这时 $a_j<0$, $a_n+a_j\notin a_1$ 时,$a_1+(a_n+a_j)\in B$,导致 $a_1+a_j\in A$,与 $a_1+a_j<a_1$ 矛盾;$a_n+a_j=a_1$ 时,同上取 a_i, $a_i+(a_n+a_j)\in B$,导致 $a_i+a_j\in A$,与 $a_i+a_j<a_n+a_j=a_1$ 矛盾).

最后 $a_1+a_n\in A$ 时,设 $a_1+a_n=a_k$,则 $k\notin 1$、n. 取 a_i 不同于 a_1、a_k、a_n,则

$$a_i+(a_1+a_n)=(a_i+a_1)+a_n=(a_i+a_n)+a_1\in B,$$

从而 a_i+a_1、$a_i+a_n\in A$. 但 a_i 为正时,$a_i+a_n\notin A$, a_i 为负时,$a_i+a_1\notin A$,矛盾.

从而所求最小值为 $m=3n-3$.

本题要点是考虑形如 $a_1+a_j+a_n$ 的数,利用条件(2)证明 a_1+a_j、$a_n+a_j(2\leqslant j\leqslant n-1)$及 a_1+a_n 均不在 A 中. 这从开始所举的、成功的实例 $A=\{11,12,13,14,15\}$即可看出端倪. 但证明需要细致、周密,不可有疏漏. $n\geqslant 5$ 可改为 $n\geqslant 4$.

第 4 题 求具有下述性质的所有整数 k:存在无穷多个正整数 n,使得 $n+k$ 不整除 C_{2n}^n.

解析 答案是 $k\neq 1$.

若 $k=1$,则因为对所有正整数 n,

$$C_{2n}^{n+1}=\frac{n}{n+1}C_{2n}^n$$

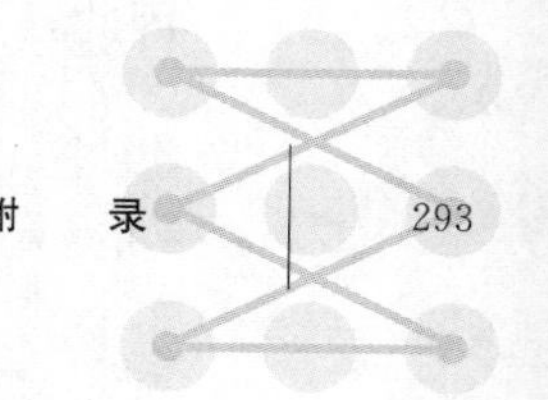

是整数，所以 $n+1|nC_{2n}^n$，而 $n+1$ 与 n 互质，所以 $n+1|C_{2n}^n$.

事实上，$\frac{1}{n+1}C_{2n}^n$ 是著名的卡塔兰(Catalan)数，熟知它是整数，而且有很多组合意义.

若 $k\leqslant 0$，取 n，使得 $n+k=2^h$，h 为正整数(即取 $n=2^h-k$).

用 $s(n)$ 表示 n 在二进制中的数字和，则 $n!$ 中 2 的幂指数为 $n-s(n)$(例如见单墫著，江苏教育出版社第三版《数学竞赛研究教程》上册第 12 讲例 6). 因此，C_{2n}^n 中 2 的次数为

$$(2n-s(2n))-2(n-s(n))=s(n).$$

因为 $n=2^h+(-k)$，在 h 足够大($2^h>-k+1$)时，$s(n)=1+s(-k)<h$，所以 $n+k$ 不整除 C_{2n}^n.

若 $k>1$，同上，取 n 使 $n+k=2^h$(h 为充分大的正整数). $n=2^k-k<2^h-1$. 所以 $s(n)<h$.

因此，总有 $n+k$ 不整除 C_{2n}^n.

在 $k_1\neq 1$ 时，上面的 h 有无穷多个取法，所以有无穷多个正整数 n，使得 $n+k$ 不整除 C_{2n}^n.

$n!$ 中，质因数 2 的幂指数公式是解决本题的主要工具.

第 5 题 某次会议共有 30 人参加，其中每个人在其余人中至多有 5 个熟人；任意 5 个人中存在两人不是熟人. 求最大的正整数 k，使得满足上述条件的 30 个人中总存在 k 个人，两两不是熟人.

解析 任取一个人 A_1，在 A_1 不认识的人(至少 $30-5-1=24$ 人)中取 A_2，在 A_1、A_2 不认识的人(至少 $24-5-1=18$ 人)中取 A_3，在 A_1、A_2、A_3 不认识的人(至少 $18-6=12$ 人)中取 A_4，在 A_1、A_2、A_3、A_4 不认识的人(至少 $12-6=6$ 人)中取 A_5. 那么，A_1、A_2、A_3、A_4、A_5 互不认识.

如果 A_1、A_2、A_3、A_4、A_5 中至少有 2 个人有共同的熟人，那么至少被他们中一个认识的人不少于 $5\times 5=25$ 人. 从而还有一个 A_6 与他们均不认识.

如果 A_1、A_2、A_3、A_4、A_5 中任意两个人都没有共同的熟人，那么在 A_1 认识的 5 个人中有两个人互不相识. 用他们代替 A_1，与 A_2、A_3、A_4、A_5 组成互不相识的 6 个人.

因此，$k\geqslant 6$.

另一方面，将人用点表示，点相连表示人相识．我们构造一个 30 个点的图，图中每点至多引出 5 条线，并且任 5 点中有两个点不相连．而在图中任 7 个点之间必有相连的线．

构造方法如下：考虑五边形 $A_1A_2A_3A_4A_5$ 与 $B_1B_3B_5B_2B_4$（如图 3）．

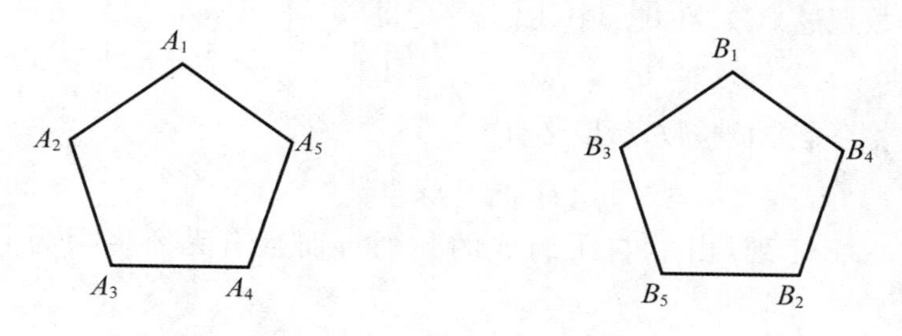

图 3

将 A_1 与 B_3、B_4、B_5 相连，A_2 与 B_4、B_5、B_1 相连，A_3 与 B_5、B_1、B_2 相连，A_4 与 B_1、B_2、B_3 相连，A_5 与 B_2、B_3、B_4 相连．

这样的 10 个点 A_i、$B_i(1\leqslant i\leqslant 5)$，每点次数为 5；每 5 个点中有 3 个在同一个五边形上（五边形 $A_1A_2A_3A_4A_5$、$B_1B_3B_5B_2B_4$），其中有 2 个互不相连．

对其他的 20 个点也做同样处理（五边形 $C_1C_2C_3C_4C_5$、$D_1D_3D_5D_2D_4$ 按上述方式相连；五边形 $E_1E_2E_3E_4E_5$、$F_1F_3F_5F_2F_4$ 也按上述方式相连）．这样的 3 个连通图（每个图 10 个点）组成一个合乎要求的图．

图中，任意 7 个点中，必有 3 个点在同一个连通图中．不妨设在第一个连通图中，而且有两个在五边形 $A_1A_2A_3A_4A_5$ 中．

若这两个不相连，可设它们为 A_1、A_3，但这时其他 7 个点 A_2、A_4、A_5、B_1、B_2、B_3、B_4、B_5 均与 A_1 或 A_3 相连．

因此 $k\leqslant 6$．

综上所述，$k=6$．

本题是一个图论问题，要点是构造一个合乎要求的图，不太难．

第 6 题　设非负整数的无穷数列 $a_1, a_2, \cdots$ 满足：对任意正整数 m、n，均有

$$\sum_{i=1}^{2m} a_{in}\leqslant m. \qquad ①$$

证明：存在正整数 k、d，满足 $\sum_{i=1}^{2k} a_{id}=k-2014$．

解析　2014 当然可以改为任一个正整数 A，即我们证明：存在正整数 k、d，

满足

$$\sum_{i=1}^{2k} a_{id} = k - A. \quad ②$$

式①表明 $a_n, a_{2n}, \cdots, a_{2mn}$ 中至少有一半为 0，而式②则要求 $a_d, a_{2d}, \cdots, a_{2kd}$ 中，0 的个数超过半数. 在式①中，取 $m=1$，得

$$a_n + a_{2n} \leqslant 1. \quad ③$$

因为 a_n、a_{2n} 都是非负整数，所以必有

$$a_n = 0 \text{ 或 } 1,$$

即$\{a_n\}$是 0、1 序列(由 0 与 1 组成的数列)，而且有无穷多项为 0($a_n \neq 0$ 时，$a_{2n}=0$).

我们证明有无穷多个 n，使得

$$a_n + a_{2n} = 0. \quad ④$$

假设不然，则对于充分大的 n(即有正整数 n_0，在 $n > n_0$ 时)，恒有

$$a_n + a_{2n} = 1. \quad ⑤$$

设 $h > n_0$，并且 $a_h = 0$，则由式①，有

$$\sum_{i=1}^{2m} a_{ih} + \sum_{i=1}^{2m} a_{2ih} \leqslant m + m = 2m. \quad ⑥$$

另一方面，由式⑤，有

$$\sum_{i=1}^{2m} a_{ih} + \sum_{i=1}^{2m} a_{2ih} = \sum_{i=1}^{2m} (a_{ih} + a_{2ih}) = \sum_{i=1}^{2m} 1 = 2m. \quad ⑦$$

结合式⑥、式⑦得对一切 m，有

$$\sum_{i=1}^{2m} a_{ih} = m. \quad ⑧$$

于是由式④及 $a_h=0$ 得 $a_{2h}=1, a_{4h}=0, a_{8h}=1$，又由式⑧，$a_h + a_{2h} + a_{3h} + a_{4h} = 2$，所以 $a_{3h}=1$，从而 $a_{6h}=0, a_{12h}=1$.

同样，由式⑧，

$$\sum_{i=1}^{6} a_{ih} = 3, \sum_{i=1}^{8} a_{ih} = 4, \sum_{i=1}^{10} a_{ih} = 5,$$

所以 $a_{5h}=1, a_{7h}=0, a_{10h}=0, a_{9h}=1$. 但这时，

$$\sum_{i=1}^{4} a_{i\times 3h} = 1 + 0 + 1 + 1 = 3 > 2,$$

与式①矛盾. 因此有无穷多个 n，使得式④成立.

取正整数 t，使得式③至少对 $2A$ 个正整数 $n\leqslant t$ 成立. 这时

$$\sum_{i=1}^{2t}(a_i+a_{2i})\leqslant 2t-2A. \tag{9}$$

从而

$$\sum_{i=1}^{2t}a_i\leqslant t-A \tag{10}$$

或

$$\sum_{i=1}^{2t}a_{2i}\leqslant t-A. \tag{11}$$

不妨设为前者(否则用$\{a_{2n}\}$代替$\{a_n\}$进行讨论).

令 $S_m=\sum\limits_{i=1}^{2m}a_i$，$f_m=m-S_m$，则 f_m 为非负整数，并且

$$S_{m+1}=S_m+a_{2m+1}+a_{2m+2}=\begin{cases}S_m+2, & 若\ a_{2m+1}=a_{2m+2}=1;\\ S_m+1, & 若\ a_{2m+1}、a_{2m+2}恰有一个为1;\\ S_m, & 若\ a_{2m+1}=a_{2m+2}=0;\end{cases}$$

$$f_{m+1}=(m+1)-S_{m+1}=\begin{cases}f_m-1, & 若\ a_{2m+1}=a_{2m+2}=1;\\ f_m, & 若\ a_{2m+1}、a_{2m+2}恰有一个为1;\\ f_m+1, & 若\ a_{2m+1}=a_{2m+2}=0.\end{cases}$$

即$\{f_m\}$是非负整数序列，而且下标增加 1 时，f_m 值的增减不超过 1.

因为 $f_1=1-(a_1+a_2)=1$ 或 0，$f_t=t-S_t\geqslant t-(t-A)=A$，所以必有 $1\leqslant k\leqslant t$，使得 $f_k=A$（“离散介值定理”，k 就是在不超过 t 的下标 m 中，使 $f_m\leqslant A$的最后一个），即

$$S_k=k-f_k=k-A.$$

这道题难度较大，据说只有 6 名同学给出了完整的解答.

我开始也想得过于复杂，以为会与著名的范德瓦尔登(Van der Waerden)定理有关，其实并无关联.

本题的条件(1)对所有的 m、n 都成立，是个很强的条件，应当充分利用. 其中 $m=1$ 的情况最为简单，却是本题的第一个关键. 由此可得$\{a_n\}$是 0、1 数列，并且有无穷多个 n，使得 $a_n+a_{2n}=0$，进而导出$\{a_n\}$或$\{a_{2n}\}$的部分和中有比较小的(即式⑩或式⑪). 再利用介值定理导出有部分和使等号成立.

17 简评第二届“学数学”数学奥林匹克邀请赛(秋季赛)

总的看来,题目的难度比全国高中数学联赛稍高.第一试第6题求极限与第7题解析几何均比较难,第11题颇为有趣.第二试试题似旧题改造较多,解法也比较单一.命出好题,还是要多费功夫才行,更希望能从数学研究中汲取一些营养(试题附后).

具体意见如下.

第一试第6题的极限需用所谓“夹逼定理”,即找一个数列$\{b_n\}$满足

$$0\leqslant a_n-\sqrt{n}\leqslant b_n, \qquad ①$$

并且$\lim\limits_{n\to\infty}b_n=0$.这时当然有$\lim\limits_{n\to\infty}(a_n-\sqrt{n})=0$.

因为

$$a_n^2=a_{n-1}^2+\frac{1}{4a_{n-1}^2}+1, \qquad ②$$

所以,

$$a_n^2=n+\sum_{k=1}^{n-1}\frac{1}{4a_k^2},$$

从而,$a_n\geqslant\sqrt{n}$,并且

$$a_n-\sqrt{n}=\frac{a_n^2-n}{a_n+\sqrt{n}}=\frac{\sum\limits_{k=1}^{n-1}\frac{1}{4a_k^2}}{a_n+\sqrt{n}}\leqslant\frac{\sum\limits_{k=1}^{n-1}\frac{1}{8k}+\frac{1}{8}}{2\sqrt{n}}=\frac{1}{8\sqrt{n}}\sum_{k=1}^{n-1}\frac{1}{k}.$$

因此只要$\sum\limits_{k=1}^{n-1}\frac{1}{k}$的“阶”小于分母$\sqrt{n}$的阶$\frac{1}{2}$,则$b_n=\frac{1}{8\sqrt{n}}\sum\limits_{k=1}^{n-1}\frac{1}{k}\to 0$.

用归纳法易知

$$3n^{\frac{1}{3}}-3(n-1)^{\frac{1}{3}}=\frac{3}{n^{\frac{2}{3}}+(n-1)^{\frac{2}{3}}+(n(n-1))^{\frac{1}{3}}}\geqslant\frac{1}{n^{\frac{2}{3}}},$$

$$\sum_{k=1}^{n-1}\frac{1}{k^{\frac{2}{3}}}\leqslant 3(n-1)^{\frac{1}{3}},$$

所以

$$\sum_{k=1}^{n-1}\frac{1}{k}\text{的阶}\leqslant\sum_{k=1}^{n-1}\frac{1}{k^{\frac{2}{3}}}\text{的阶}$$

$$\leqslant 3(n-1)^{\frac{1}{3}}\text{的阶}$$

$$\leqslant \frac{1}{3} < \frac{1}{2}.$$

还可得到更精确的估计

$$\sum_{k=1}^{n-1} \frac{1}{k} \leqslant \log_2 n + 1.$$

设 $2^{h-1} \leqslant n < 2^h$，则

$$1 + \left(\frac{1}{2} + \frac{1}{3}\right) + \left(\frac{1}{4} + \frac{1}{5} + \frac{1}{6} + \frac{1}{7}\right)$$

$$+ \cdots + \left(\frac{1}{2^{h-1}} + \frac{1}{2^{h-1}+1} + \cdots + \frac{1}{2^h - 1}\right) \leqslant h \leqslant \log_2 n + 1,$$

而$\frac{\log_2 n}{\sqrt{n}} \to 0$（著名的 Euler 公式指出 $1 + \frac{1}{2} + \cdots + \frac{1}{n} = \ln n + 0.57721\cdots + \varepsilon_n$，$\varepsilon_n \to 0$）.

求 $\lim\limits_{n\to\infty} \frac{x_n}{y_n}$ 还有一个方法（当然需要一些条件），即

$$\lim_{n\to\infty} \frac{x_n}{y_n} = \lim_{n\to\infty} \frac{x_n - x_{n-1}}{y_n - y_{n-1}}.$$

所以本题

$$\lim_{n\to\infty} \frac{\sum\limits_{k=1}^{n-1} \frac{1}{k}}{\sqrt{n}} = \lim_{n\to\infty} \frac{\frac{1}{n}}{\sqrt{n+1} - \sqrt{n}}$$

$$= \lim_{n\to\infty} \frac{\sqrt{n+1} + \sqrt{n}}{n}$$

$$= \lim_{n\to\infty} \frac{2}{\sqrt{n}} = 0.$$

总之，求极限的方法很多. 如果预先学一点大学课程，处理这类问题就更能够应付自如.

第 7 题中$\angle QFO$ 与$\angle QFA$ 的具体数值并不重要. 一般地，设$\angle QFO = \alpha$，$\angle QFA = \beta$（$0 < \alpha$、$\beta < 90°$），则离心率

$$e = \frac{\cos\alpha}{\cos\beta}. \quad ①$$

利用原参考答案即可得到式①. 下面我们给出一个几何证明.

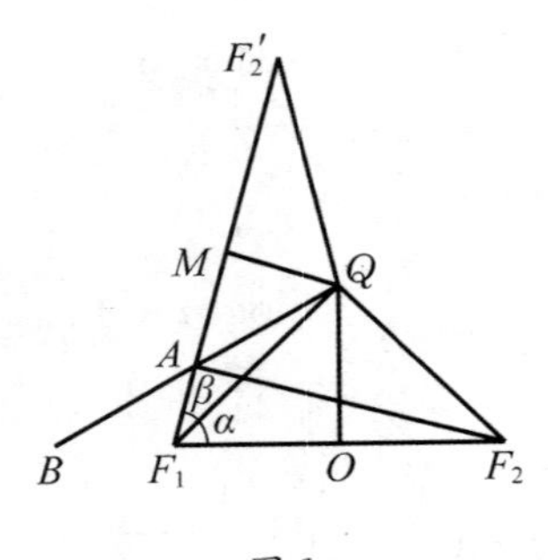

图 1

如图 1,设椭圆的焦点为 $F_1(=F)$、F_2,延长 F_1A 到点 F_2',使得 $AF_2'=AF_2$,则

$$F_1F_2'=F_1A+AF_2'=F_1A+AF_2=2a, \quad ②$$

因为 QA 为椭圆的切线,所以设 B 在 QA 的延长线上,则

$$\angle BAF_1=\angle QAF_2. \quad ③$$

在$\triangle QAF_2$ 与$\triangle QAF_2'$ 中,

$$\angle QAF_2=\angle BAF_1=\angle QAF_2',$$
$$AF_2=AF_2',QA=QA,$$

所以

$$\triangle QAF_2\cong\triangle QAF_2',$$

故

$$QF_2'=QF_2=QF_1.$$

过 Q 作 F_1F_2' 的垂线,垂足为 M,则 M 也是 F_1F_2' 的中点,$F_1M=a$,

$$\frac{\cos\alpha}{\cos\beta}=\frac{QF_1\cos\alpha}{QF_1\cos\beta}=\frac{F_1O}{F_1M}=\frac{c}{a}. \quad ④$$

第 9 题中当 P 的纵坐标为 y_0 时,直线 CD 即 $y=y_0$,斜率为 0.

当 P 的纵坐标不为 y_0 时,设 P、C、D 的坐标分别为 $P(2pt^2,2pt)$、$C(2pt_1^2,2pt_1)$、$D(2pt_2^2,2pt_2)\left(t\neq\frac{y_0}{2P}\right)$,由两点式,$PC$ 的方程为

$$y-2pt=(x-2pt^2)\cdot\frac{2pt-2pt_1}{2pt^2-2pt_1^2},$$

即

$$(t+t_1)y-2ptt_1-x=0.$$

同样 PD 的方程为

$$(t+t_2)y-2ptt_2-x=0.$$

A,B 的坐标是方程组

$$\begin{cases}y=y_0,\\((t+t_1)y-x-2ptt_1)\cdot((t+t_2)y-x-2ptt_2)=0\end{cases}$$

的解. 因此,A,B 的横坐标是

$$((t+t_1)y_0-x-2ptt_1)\cdot((t+t_2)y_0-x-2ptt_2)=0$$

的两个根.

由韦达定理,两根之和

$$x_0+\left(\frac{y_0^2}{p}-x_0\right)=(t+t_1)y_0-2ptt_1+(t+t_2)y_0+2pt_2,$$

即

$$y_0^2=p(2t+t_1+t_2)y_0-2p^2t(t_1+t_2)$$

分解成

$$(y_0-p(t_1+t_2))(y_0-2pt)=0.$$

因为 $y_0-2pt\neq0$,所以

$$y_0=p(t_1+t_2),$$

直线 CD 的斜率为

$$\frac{2pt_2-2pt_1}{2pt_2^2-2pt_1^2}=\frac{1}{t_2+t_1}=\frac{y_0}{p},$$

因此 CD 的斜率为定值.

直线 CD 的方程没有必要求出,利用韦达定理,C 与 D、A 与 B 更显得对称(地位平等).

第 10 题中两个小题,(1)是不等式,(2)是数论. 两者毫无关系,不必硬捏合在一起. 第(2)题的模 2014 不被 3 整除,因此 2014 与 3^k 互质,而对 mod m(现在 $m=2014$)的任一完全剩余系 M(现在 $M=\{0,1,2,\cdots,2013\}$,当 $(a,m)=1$ 时(现在 $a=3^k$),映射 $x\mapsto ax$ 是单射(即 $x\not\equiv y\pmod m$ 时,$ax\not\equiv ay$(mod

m)),因而也是满的(有限集合上的单映射一定是满映射),所以 M 的像仍是完系,即 M 本身. 从而有一个唯一的 $x\in\{0,1,2,\cdots,2013\}$,使得

$$f_k(x)=3^k(x+1)-1\equiv 0 \pmod{2014}$$

本题 k 只需是正整数,$k\geqslant 7$ 并没用处,故意障人耳目吧?

第 11 题是一道很有趣的题. 两个数列 $\{a_n\}$、$\{b_n\}$ 互相关联,像一对孪生兄弟.

题中的叙述"对任意 $n\in\mathbf{N}$,$\{a_n\}$ 中不大于 n 的项数恰为 b_n",同一个字母 n 既作为一个给定数,又作为 $\{a_n\}$ 的下标,似不太妥当,可改为"对任意 $m\in\mathbf{N}$,$\{a_n\}$ 中不大于 m 的项数恰为 b_m".

$\{a_n\}$、$\{b_n\}$ 的项均为非负整数,而且单调递增.

第(2)小问中,显然 $\{a_n\}$ 的项均不小于 2014,所以

$$b_1=b_2=\cdots=b_{2013}=0,$$
$$a_1=2014+b_1=2014,$$

所以 $b_{2014}\geqslant 1$. 又 $\{b_n\}$ 中不大于 1 的项共有 $a_1=2014$ 个,所以 $b_{2014}\leqslant 1$,从而 $b_{2014}=1$.

令

$$a'_n=a_n-2013,$$
$$b'_n=b_{n+2013},$$

则

$$a'_1=b'_1=1,$$

并且 a'_m 是 $\{b_n\}$ 中不大于 m 的项的个数减去 2013,也就是 $b_{2014},b_{2015},\cdots$ 中不大于 m 的项的个数,即 $\{b'_n\}$ 中不大于 m 的项的个数. b'_m 是 $\{a_m\}$ 中不大于 $m+2013$ 的项的个数,也就是 $\{a'_n\}$ 中不大于 m 的项的个数.

于是 $\{a'_n\}$、$\{b'_n\}$ 即(1)中的 $\{a_n\}$、$\{b_n\}$,从而由(1),$a'_n=b'_n=n$,即

$$a_n=n+2013,$$

$$b_n=\begin{cases}0, & 1\leqslant n\leqslant 2013,\\ n-2013, & n\geqslant 2014.\end{cases}$$

这就将(2)化归为(1).

第二试第一题其实是由一个老题改造而得.

这道题证法很多，除已公布的参考答案外，下面也是一种.

如图 2，首先设直线 EF 与 MN 相交于 S. 我们证明 SD' 是 $\odot I$ 的切线. 设 IA 交 EF 于 P，IN 交 AD' 于 Q，则

$$\angle APS=\angle AQS=90^\circ,$$

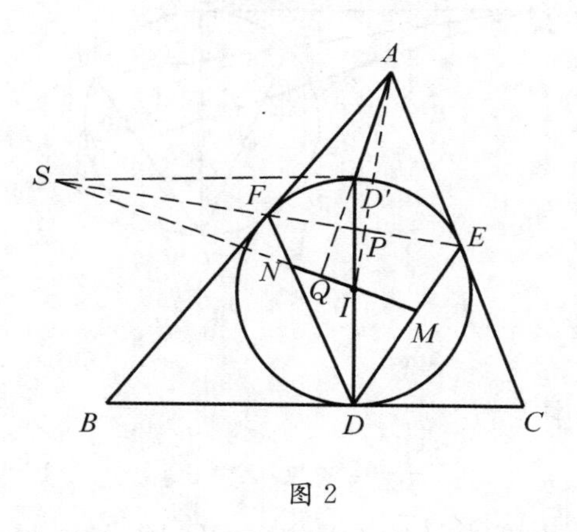

图 2

所以 A、S、Q、P 四点共圆，

$$IQ \cdot IS=IP \cdot IA=IF^2=ID'^2.$$

从而

$$\triangle IQD' \backsim \triangle ID'S,$$

$$\angle ID'S=\angle IQD'=90^\circ,$$

SD' 为切线. 上面的结论是极点，极线理论的基本定理.

现在就变成一个老问题：如图 3，DD' 是 $\odot I$ 的直径，SD' 为切线，过 S 任作一割线交 $\odot I$ 于 E、F，DE、DF 分别与 SI 相交于 M、N，求证：$NI=IM$.

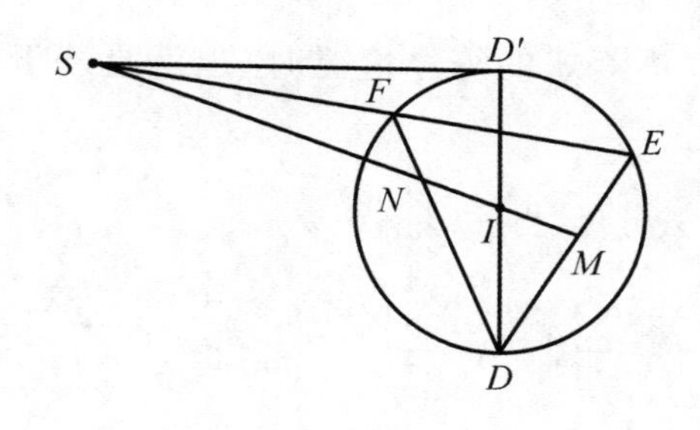

图 3

这道题原载梁绍鸿《初等数学复习与研究》，在《解析几何的技巧》(单墫著，中国科学技术大学出版社 1989 年第 1 版)中作了很多的推广.

本题可用四点共圆证明如下.

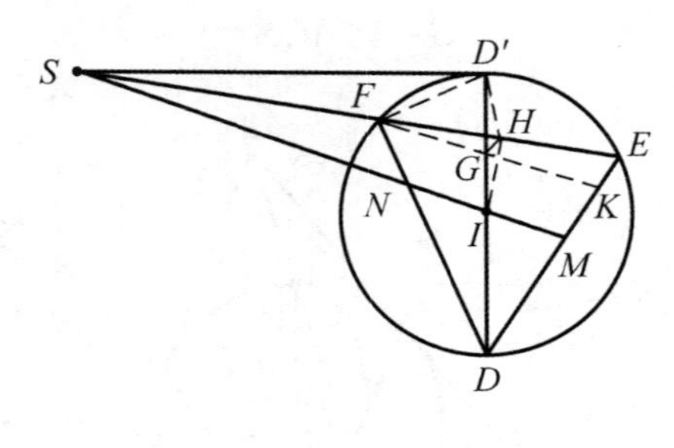

图 4

如图 4，取 EF 的中点 H，则

$$\angle IHS=\angle ID'S=90^{\circ},$$

所以 I、H、D'、S 四点共圆. 作 $FG /\!/ SM$，交 DD' 于 G，交 DE 于 K. 联结 HG、HD'、FD'，则

$$\angle GFH=\angle ISH=\angle ID'H,$$

所以 G、H、D'、F 四点共圆，

$$\angle GHF=\angle GD'F=\angle DEF,$$

所以 $GH /\!/ KE$.

因为 H 为 EF 的中点，所以 G 为 FK 的中点. 因为 $MN /\!/ FK$，所以 I 为 MN 的中点.

第二题中仅一个方程，要求出 n 个实根 $x_1, x_2, \cdots, x_n$，通常是办不到的. 这只有在原方程是一个不等式的等号情况时(也就是若干个非负数的和为 0 时)才有可能.

由柯西不等式，“去分母”得

$$\begin{aligned}4\sum_{i=1}^{n}\lambda_i\sum_{i=1}^{n}x_{i+1}&=\sum_{i=1}^{n}x_{i+1}\cdot\sum_{i=1}^{n}\frac{(x_i+\lambda_i)^2}{x_{i+1}}\\&\geqslant\Big(\sum_{i=1}^{n}(x_i+\lambda_i)\Big)^2\end{aligned}$$

$$=\left(\sum_{i=1}^{n} x_i+\sum_{i=1}^{n} \lambda_i\right)^2$$

$$\geqslant 4 \sum_{i=1}^{n} x_i \sum_{i=1}^{n} \lambda_i.$$

所以不等式全为等号,导出

$$\sum_{i=1}^{n} x_i=\sum_{i=1}^{n} \lambda_i,$$

并且

$$\frac{x_1+\lambda_1}{x_2}=\frac{x_2+\lambda_2}{x_3}=\cdots=\frac{x_n+\lambda_n}{x_1}=\frac{\sum_{i=1}^{n}\left(x_i+\lambda_i\right)}{\sum_{i=1}^{n} x_{i+1}}=2.$$

从而得出 $x_i(i=1,2,\cdots,n)$.

第三题的关键是知道前 n 个正整数的立方和

$$1^3+2^3+\cdots+n^3=\left(\frac{n(n+1)}{2}\right)^2,$$

从而连续正整数的立方和

$$(i+1)^3+(i+2)^3+\cdots+j^3=\left(\frac{j(j+1)}{2}\right)^2-\left(\frac{i(i+1)}{2}\right)^2.$$

本题可将 2^n 推广为 p^n(p 为质数),即当且仅当 n 为 3 的倍数时,p^n 可表示成连续正整数的立方和. 证明如下.

设 p 为奇质数,并且

$$p^n=\left(\frac{j(j+1)}{2}\right)^2-\left(\frac{i(i+1)}{2}\right)^2=\frac{j^2+j+i^2+i}{2} \cdot \frac{j-i}{2} \cdot(j+i+1). \quad ①$$

若 $j-i>2$,则 $p \mid j-i$,$j \equiv i(\bmod p)$,

$$\frac{j^2+j+i^2+i}{2} \equiv j^2+j=j(j+1) \equiv 0(\bmod p),$$

所以 $j \equiv 0(\bmod p)$或 $j+1 \equiv 0(\bmod p)$,但无论哪一种情况,$p \nmid j^2+i+1$,这表明式①不成立.

若 $j-i=2$,则由式①,

$$j+i+1 \equiv 0(\bmod p),$$

$$\frac{j^2+j+i^2+i}{2}\equiv 0 (\bmod\ p).$$

从而

$$2j-1\equiv 0(\bmod\ p),$$

$$\frac{j^2+j+i^2+i}{2}=j^2-j+1\equiv j(j+1)(\bmod\ p)$$

与前一种情况类似,仍产生矛盾.

所以 $j-i=1$,即只有 $3|n$ 时,p^n 等于连续正整数的立方和.

正整数可改成整数.

第四题也是一个老问题,即完全图 K_{2n} 的色指数为 $2n-1$,K_{2n-1} 的色指数为 $2n-1$(例如见《趣味的图论问题》,单墫著,中国科学技术大学出版社 1980 年第 1 版,习题 4 的 18、19 题).

在本题的 n 为偶数时,任一顶点引出 $n-1$ 的条边颜色不同,所以 $m\geqslant n-1$. 另一方面 $m=n-1$ 是可能的,只需考虑一个圆,圆心代表顶点 1,圆周上 $n-1$ 个点 $2,3,\cdots,n$ 等距离地分布.

将 1 与 2 相连,其余的点分别与它关于直线 12 的对称点相连,即 3 与 n,4 与 $n-1$,…这些线染第一种颜色.

将对称轴改为直线 $13,14,\cdots,1n$,同样得出相应的 $n-2$ 组连线,相应地染上第 $2,3,\cdots,n-1$ 种颜色.

这样的染色合乎要求,所以 $m=n-1$.

n 是奇数时,第 1 种颜色至多染 $\frac{n-1}{2}$ 条线段,至少有一个点引出的线段没有染成第 1 种颜色,因而需要另用 $n-1$ 种颜色染它们. 从而 $m\geqslant 1+(n-1)=n$.

另一方面,仍用前面的图,但在圆周上增加一个点 $n+1$,凡与 $n+1$ 相连的线视为没有连,所得的染法合乎要求.

本题可解释为 n 个球队循环赛,每队每天至多赛一场,至少要赛多少天?答案即 n 为偶数时,需要 $n-1$ 天;n 为奇数时,需要 n 天(其中与 $n+1$ 比赛即相当于轮空).

2014年第二届“学数学”数学奥林匹克邀请赛（秋季赛）

第一试

（2014年8月30日　8:00～9:20）

一、填空题（每小题8分，共64分）

1. 在Rt$\triangle ABC$中，$\angle C=90^\circ$，$AB=1$，点E是边AB的中点，CD是边AB上的高. 则$(\overrightarrow{CA}\cdot\overrightarrow{CD})\cdot(\overrightarrow{CA}\cdot\overrightarrow{CE})$的最大值为________.

2. 方程$\sqrt{2x+2-2\sqrt{2x+1}}+\sqrt{2x+10-6\sqrt{2x+1}}=2$的解集为________.

3. 若函数$f(x)=\cos nx\cdot\sin\dfrac{4}{n}x\ (n\in\mathbf{Z})$的周期为$3\pi$，则$n$的取值集合为________.

4. 若方程$\sqrt{ax^2+ax+2}=ax+2$恰有一个实根，则实数a的取值范围是________.

5. 随机地投掷四颗骰子，则这四颗骰子所示数字中的最小数恰等于3的概率为________.

6. 已知数列$\{a_n\}$满足$a_1=1$，$a_{n+1}=a_n+\dfrac{1}{2a_n}$，则$\lim\limits_{n\to\infty}(a_n-\sqrt{n})=$________.

7. 设椭圆C：$\dfrac{x^2}{a^2}+\dfrac{y^2}{b^2}=1(a>b>0)$的左焦点为点$F$，过椭圆$C$上的一点$A$做椭圆的切线交$y$轴于点$Q$. 若$\angle QFO=45^\circ$，$\angle QFA=30^\circ$，则椭圆的离心率为________.

8. 两个腰长都是1的等腰直角$\triangle ABC_1$和等腰直角$\triangle ABC_2$所在的半平面构成60°的二面角，则线段C_1C_2的长的取值集合为________.

二、解答题（共56分）

9. （16分）设点$A(x_0,y_0)$、$B\left(\dfrac{y_0^2}{p}-x_0,y_0\right)(p>0)$是平面上的两个定点，点$P$是抛物线$y^2=2px$上的一个动点，直线$PA$、$PB$分别与抛物线交于另一点$C$、$D$.

求证：直线CD的斜率为定值.

10. （20分）已知m、$n\in\mathbf{N}^*$，$\ln g_m(x)=x+m\ln 3$，$f_{n+1}(x)=f_1(f_n(x))$，其中

$f_1(x)=3x+2$. 证明：

(1) 对任意的 $x\geqslant 2$，$\sum\limits_{i=1}^{2014}\dfrac{1}{g_i(x)-f_i(x)}<\dfrac{1}{2}$；

(2) 对于任意的整数 $k\geqslant 7$，必存在一个由 k 唯一确定的 $\delta_k\in\{0,1,2,\cdots,2013\}$，使得 $f_k(\delta_k)$ 是 2014 的倍数.

11. (20 分)已知数列 $\{a_n\}$、$\{b_n\}$ 满足：对任意 $n\in\mathbf{N}^*$，$\{a_n\}$ 中不大于 n 的项数恰为 b_n，$\{b_n\}$ 中不大于 n 的项数恰为 a_n.

(1) 若 $a_1=b_1$，求 $\{a_n\}$ 与 $\{b_n\}$；

(2) 若 $a_1=b_1+2014$，求 $\{a_n\}$ 与 $\{b_n\}$.

第二试

(2014 年 8 月 30 日　9:40～12:10)

一、(40 分)如图 1，$\triangle ABC$ 的内切圆 $\odot I$ 分别与边 BC、CA、AB 相切于点 D、E、F，DD' 为 $\odot I$ 的直径，过圆心 I 作直线 AD' 的垂线 l，直线 l 分别与 DE、DF 相交于点 M、N. 证明：$IM=IN$.

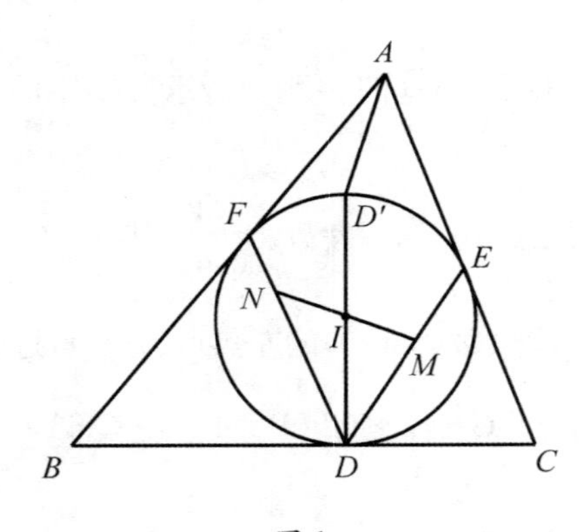

图 1

二、(40 分)已知 $\lambda_i\in\mathbf{R}^+(i=1,2,\cdots,n)$. 试求方程

$$\sum_{i=1}^{n}\frac{(x_i+\lambda_i)^2}{x_{i+1}}=4\sum_{i=1}^{n}\lambda_i$$

(其中 $x_{n+1}=x_1$)的所有正实数解 $x_1,x_2,\cdots,x_n$.

三、(50 分)对给定的正整数 n，试求所有的正整数 k，使得 2^n 可以表示成 k 个(包括 1 个)连续整数的立方和.

四、(50 分)将正 $n(n\geqslant 3)$ 边形的每条边和对角线都染成 m 种颜色之一，使得每个

顶点所连出的 $n-1$ 条线段(边或对角线)的颜色两两不同,试求正整数 m 的最小可能值.

18 谈第55届国际数学奥林匹克试题的解法

第55届(2014年)IMO在南非开普敦举行,这届题目较为容易,但得分却并不高.中国第一,总分201.美国第二,总分193.台湾仅差美国1分,获得第三.俄罗斯又比台湾少1分.

第1题 设 $a_0<a_1<a_2<\cdots$ 是一个正整数的无穷数列.证明:存在一个唯一的整数 $n\geqslant 1$,使得

$$a_n<\frac{a_0+a_1+\cdots+a_n}{n}\leqslant a_{n+1}.$$

(奥地利 供题)

解析 先看一个简单的例子.对正整数数列 $1,2,3,\cdots(a_0=1,a_n=n+1,n=1,2,3,\cdots)$,这时

$$a_0+a_1+\cdots+a_n=1+2+\cdots+(n+1)=\frac{(n+1)(n+2)}{2}.$$

题目中的不等式成为

$$2(n+1)n<(n+1)(n+2)\leqslant 2(n+2)n,$$

从而 $1\leqslant n<2$,因此只有 $n=1$ 满足要求.

一般情况当然不是这样简单,满足要求的 n 也未必是1.但将题目中的不等式变形(去分母,移项),却是相同的.

对于 $n=1,2,\cdots$,定义

$$d_n=a_0+a_1+\cdots+a_n-na_n, \quad ①$$

它是由题目中左边的不等式去分母,移项相减产生的.而

$$d_{n+1}=a_0+a_1+\cdots+a_{n+1}-(n+1)a_{n+1}=a_0+a_1+\cdots+a_n-na_{n+1} \quad ②$$

正好也是由题目中右边的不等式去分母,移项产生的.

要证明存在一个唯一的 $n\geqslant 1$，使得

$$d_n>0, d_{n+1}\leqslant 0. \quad ③$$

注意 d_n 是整数，并且由于 $a_{n+1}>a_n$，式①、②表明

$$d_n>d_{n+1},$$

即$\{d_n\}$严格递减，每次至少减少 1.

显然 $d_1=a_0+a_1-a_1=a_0>1$，由于$\{d_n\}$严格递减，每次至少减少 1，$\{d_n\}$中一定出现非正的项，以后各项全部为负. 设 d_k 是最后一个正项，则 $n=k$ 时式③成立（显然 $k\leqslant a_0$），而且由单调性，在 d_k 之前的项都是正的，d_k 之后的项都不是正的，所以满足式③的 n 只有 k 一个.

第 2 题 设 $n\geqslant 2$ 是一个整数. 考虑由 n^2 个单位正方形组成的一个 $n\times n$ 棋盘. 一种放置 n 个棋子"车"的方案被称为是"和平的"，如果每一行和每一列上都恰好有一个"车". 求最大的正整数 k，使得对于任何一种和平放置 n 个"车"的方案，都存在一个 $k\times k$ 的正方形，它的 k^2 个单位正方形里都没有"车".

（克罗地亚　供题）

解析 先看一些简单的情形.

当 $n=1$（虽然题中 $n\geqslant 2$，但我喜欢从 $n=1$ 开始）时，显然 $k=0$.

当 $n=2$ 时，$k=1$.

当 $n=3$ 时，$k=1$.

当 $n=4$ 时，图 1 有一个 2×2 的正方形里面无车（图中的圆点代表车，下同），但图 2 中，每个 2×2 的正方形中都有车，所以仍是 $k=1$.

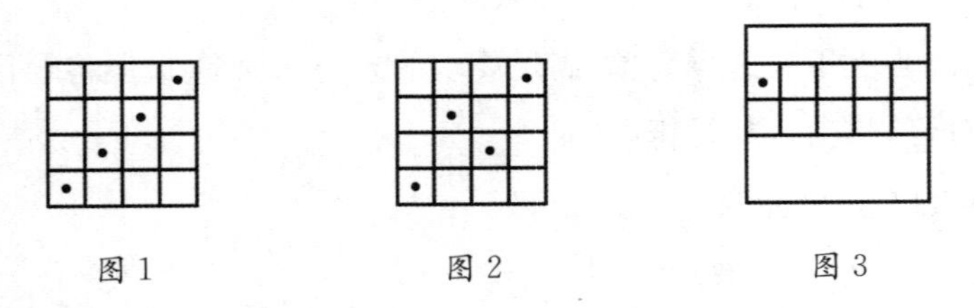

图 1　　图 2　　图 3

当 $n=5$ 时，空格更多了. 有可能 $k=2$. 果真如此：如图 3，第一列有一只车，考虑这一只车所在的行及这行相邻的行，它们构成一个两行的带形. 去掉第一列后，可分成两个 2×2 的正方形，但这两行的带形中只有两只车. 去掉第一列

后，只剩一只车，所以两个 2×2 的正方形中，有一个没有车.

这个证明立即可以推广到 $n\geqslant h^2+1$ 的情况.

第一列有一只车，考虑含有这只车的连续的 h 行，它们构成 h 行的带形. 去掉第一列后，带形中只有 $h-1$ 只车. 而去掉第一列后，带形可以分为 h 个 $h\times h$ 的正方形(可能还有剩余部分)，其中至少有一个没有车，所以 $k\geqslant h$.

我们已经证明 $k\geqslant[\sqrt{n-1}]$.

下面证明 $k\leqslant[\sqrt{n-1}]$.

设 $(h-1)^2<n\leqslant h^2$ (这时 $[\sqrt{n-1}]=h-1$).

先考虑 $n=h^2$ 的情况. 要给出一种和平的放法，使得任一个 $h\times h$ 的正方形中都有一只车.

自下而上，将行记为第 $0,1,\cdots,h^2-1$ 行. 自左而右，将列记为第 $0,1,\cdots,h^2-1$ 列. 第 r 列第 c 列的方格可记为 (r,c) $(0\leqslant r、c\leqslant h^2-1)$.

$ih+j$ $(0\leqslant i、j\leqslant h-1)$ 正好表示 $0,1,\cdots,h^2-1$ 这 h^2 个不同的数($\{ih+j,0\leqslant i、j\leqslant h-1\}$ 是 mod h^2 的一个完全剩余类). 因此 h^2 个方格 $(ih+j,jh+i)$ $(0\leqslant i、j\leqslant h-1)$ 中，每两个不同行，也不同列. 在这些方格中放车，是一种和平的放法.

对任一个 $h\times h$ 的正方形 A，设 A 在宽为 h 的带形($h\times n$ 的长方形)中，该带形的最下面一行是第 $ih+j$ 行，则这个带形中的 h 只车所在列的号码是

$$jh+i,(j+1)h+i,\cdots,(h-1)h+i \qquad ①$$

及

$$i+1,h+(i+1),\cdots,(j-1)h+i+1 \qquad ②$$

(当 $j=0$ 时，只有①没有②，$i=h-1$ 时，$j=0$).

①中后一项比前一项多 h，最后一项距第 n 列不到 h. ②中第一项距第 0 列不到 h，后一项比前一项多 h. ②的最后一项比①的第一项少 $h-1$，因此该带形中，不可能有连续 h 列没有车. 即 A 中一定有车.

对于 $n<h^2$ 的情况，可用上面的 $h^2\times h^2$ 棋盘的和平放法，然后去掉最下面的 h^2-n 行与最右面的 h^2-n 列. 这时剩下的 $n\times n$ 棋盘中，每个 $h\times h$ 的正方形都有车.

但这个 $n\times n$ 的棋盘中可能只有 $n-t$ 只车，即有 t 行无车，也有 t 列无车. 将这些无车的行与无车的列两两搭配成对，在每队行列交叉处放进一只车. 这样，$n\times n$ 的棋盘就有了一种和平的放法，而且每个 $h\times h$ 的正方形都有车.

因此，$k\leqslant h-1=[\sqrt{n-1}]$.

综上所述，k 的最大值为$[\sqrt{n-1}]$.

注 上面设计的放法，在$(ih+j,jh+i)(0\leqslant i、j\leqslant h-1)$中放车，可与图 2 比较. 那里的两只相邻的车差一个“马步”，现在仍是“马步”. 只不过，图 2 是普通的马步(“马走日”)，现在是超级马步.

所作的设计，关于从左下到右上的对角线对称.

第 3 题 在凸四边形 $ABCD$ 中，$\angle ABC=\angle CDA=90^\circ$，点 H 是 A 向 BD 引的垂线的垂足，点 S、T 分别在边 AB、AD 上，使得 H 在$\triangle SCT$ 内部，且

$$\angle CHS-\angle CSB=90^\circ,$$
$$\angle THC-\angle DTC=90^\circ. \quad ①$$

证明：直线 BD 和$\triangle TSH$ 的外接圆相切.

（伊朗　供题）

解析 由已知易得 A、B、C、D 四点共圆，

$$\angle HAD=90^\circ-\angle ADB=90^\circ-\angle ACB=\angle BAC. \quad ②$$

我们将本题的一些条件(限制)去掉，将它推广为一个新题目：点 C、H 在$\angle PAQ$ 的内部，并且

$$\angle HAQ=\angle PAC, \quad ③$$

点 S、T 分别在 AP、AQ 上，并且

$$\angle CHS-\angle CSP=90^\circ,\quad \angle THC-\angle QTC=90^\circ. \quad ④$$

证明：$\triangle CST$ 的外心在 AH 上.

新题目中注式④即式①，式③即式②，B、D 两点隐没了，少了许多不必要的限制，原题的求证是 BD 与$\odot(TSH)$相切，也就是$\odot(TSH)$的圆心在 AH 上(因为已有 $AH\perp BD$). 所以新题是原题的推广.

原来的条件①(即式④)不便画图，可改成

$$\angle CHS=90^\circ+\angle CSB,\quad \angle THC=90^\circ+\angle DTC. \tag{⑤}$$

如果作$CP\perp CS$,$CQ\perp CT$,分别交直线AS、AT于P、Q,那么

$$\angle CPS=90^\circ-\angle CSB,\quad \angle TQC=90^\circ-\angle DTC. \tag{⑥}$$

由式⑤、⑥,得

$$\angle CHS+\angle CPS=180^\circ,\quad \angle THC+\angle TQC=180^\circ,$$

即C、H、S、P四点共圆,C、H、T、Q四点共圆,并且PS、QT分别为这两个圆的直径(图4).

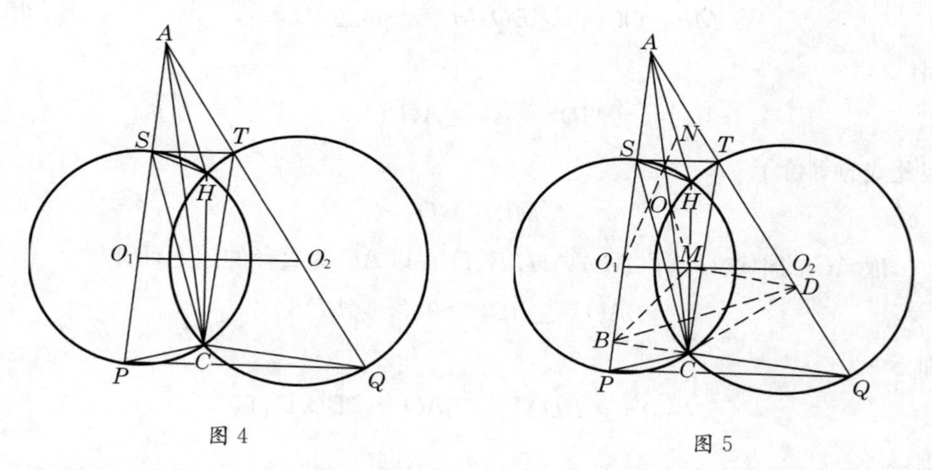

图 4　　　　图 5

新题又可改为等价的形式如下:$\odot O_1$、$\odot O_2$相交于C、H,直径PS、QT延长后相交于A. 已知$\angle HAQ=\angle PAC$,求证:$\triangle SHT$的外心在AH上.

$\triangle SHT$的外心在SH的垂直平分线上,因而也在$\angle SO_1H$的平分线上(因为$O_1S=O_1H$). 如图5,设该角平分线交AH于N,则

$$\frac{AN}{AH}=\frac{AO_1}{O_1H}. \tag{⑦}$$

如果又有

$$\frac{AN}{AH}=\frac{AO_2}{O_2H}, \tag{⑧}$$

那么N也在HT的垂直平分线上,因而就是$\triangle SHT$的外心. 为了证明式⑧成立,需且只需证明

$$\frac{AO_1}{r_1}=\frac{AO_2}{r_2}, \tag{⑨}$$

其中 $r_1=O_1H$，$r_2=O_2H$ 分别为$\odot O_1$、$\odot O_2$ 的半径.

因为$\frac{AO_1}{AO_2}=\frac{\sin\angle AO_2O_1}{\sin\angle AO_1O_2}$，所以式⑨等价于

$$r_1\sin\angle AO_1O_2=r_2\sin\angle AO_2O_1. \quad ⑩$$

设 O_1O_2 交 CH 于 M，则 M 为 CH 中点，并且 $O_1O_2\perp CH$.

过 C 作 PA、QA 的垂线，垂足分别为 B、D，则 B，M 在以 CO_1 为直径的圆上(原题有这样的 B、D，但现在 H 并不一定在 BD 上)，

$$MB=OC_1\sin\angle BO_1M=r_1\sin\angle AO_1O_2. \quad ⑪$$

同样

$$MD=r_2\sin\angle AO_2O_1. \quad ⑫$$

因此式⑩等价于

$$MB=MD. \quad ⑬$$

取 AC 的中点 O，则 $OM/\!/AH$. B、D 在以 AC 为直径的圆上，所以

$$\angle BAO=\angle BDC=90°-\angle BDA,$$

即

$$\angle NAD+\angle BDA=\angle BAO+\angle BDA=90°,$$

则

$$AN\perp BD,$$

从而

$$OM\perp BD.$$

因为 O 是$\triangle ABD$ 的外心，所以 OM 是 BD 的垂直平分线，从而式⑬成立.

注 (1) 式⑨表明已知条件$\angle HAQ=\angle PAC$ 与 $ST/\!/O_1O_2/\!/PQ$ 等价，而后者宜于作图. 我们作图正是从两相交圆及 $ST/\!/O_1O_2/\!/PQ$ 开始的，再由 PS、QT 相交定出的 A 满足式③.

由对称性，$\triangle CST$ 的外心在 AC 上.

(2) 本题还有如下解法.

设两圆圆心分别为 O_1、O_2，半径分别为 r_1、r_2.

如图 6，作$\angle O_1AO_2$ 的平分线交 O_2O_2 于 N，则 A 在 O_1、O_2 的过 N 的阿波罗尼斯(Apollonius)圆(简称阿氏圆)上. 这圆也就是过 A、N 两点，并且圆心

在 O_1O_2 上的唯一的圆. 又 N 在线段 CH 的垂直平分线 O_1O_2 上,所以 $NC=NH$.

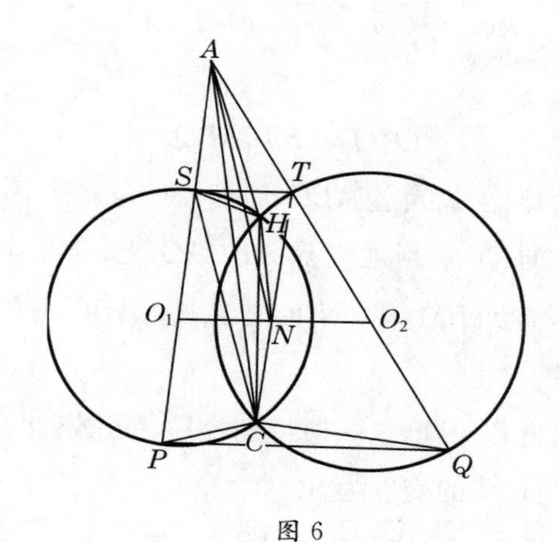

图 6

如果 $PQ/\!/ST$,那么它们也与梯形 $PQTS$ 的中位线 O_1O_2 平行,则

$$\frac{AO_1}{r_1}=\frac{AO_2}{r'_2}.$$

从而 A、B 都在上述阿氏圆上. 因为 $NC=NH$,所以

$$\angle CAN=\angle NAH, \angle CAS=\angle QAH.$$

反之,如果

$$\angle CAS=\angle QAH,$$

那么

$$\angle ACN=\angle NAH.$$

从而

$$\frac{NA}{\sin\angle ACN}=\frac{NC}{\sin\angle CAN}=\frac{NH}{\sin\angle NAH}=\frac{NA}{\sin\angle AHN},$$

故

$$\angle ACN=\angle AHN. \quad ①$$

或

$$\angle ACN+\angle AHN=180°. \quad ②$$

式①导致 $AN\perp CH$,$AN/\!/O_1O_2$,矛盾. 所以式②成立. G、A、N、B 四点共圆. 这圆圆心在线段 AB 的垂直平分线 O_1O_2 上,因此就是前面说的那个阿氏

圆. 从而

$$\frac{AO_1}{AO_2}=\frac{CO_1}{CO_2}=\frac{r_1}{r_2}=\frac{O_1S}{O_2T}=\frac{O_1P}{O_2Q},$$

故

$$O_1O_2 /\!/ ST /\!/ PQ.$$

第 4 题 点 P、Q 在锐角$\triangle ABC$ 的边 BC 上，满足$\angle PAB=\angle BCA$，$\angle CAQ=\angle ABC$. 点 M、N 分别在直线 AP、AQ 上，使得 P 是 AM 的中点，Q 是 AN 的中点. 证明：直线 BM 与 CN 的交点在$\triangle ABC$ 的外接圆上.

（格鲁吉亚 供题）

解析 今年有两道几何题，这一道特别容易，证法甚多.

如图 7，设 BM 与 CN 的交点为 S.

$$\begin{aligned}\angle APB&=180^\circ-\angle ABC-\angle PAB\\&=180^\circ-\angle ABC-\angle ACB\\&=\angle BAC.\end{aligned}$$

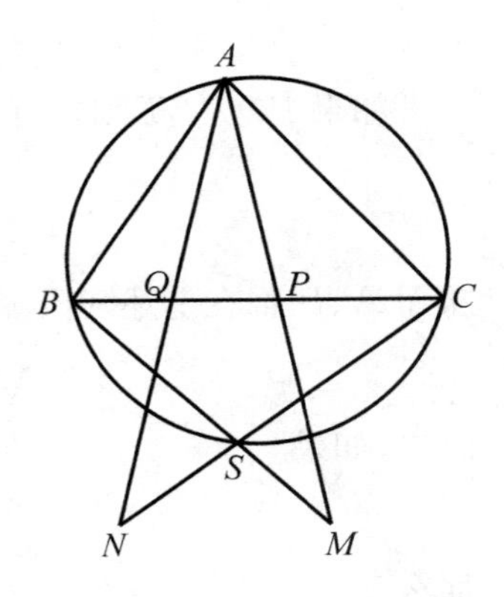

图 7

同理，

$$\angle AQC=\angle BAC=\angle APB.$$

又$\angle CAQ=\angle ABC$，所以

$$\triangle QAC\backsim\triangle ABC,$$

则

$$\frac{AQ}{QC}=\frac{AB}{AC}.$$

因为 $QN=AQ$，所以

$$\frac{QN}{QC}=\frac{AB}{AC}.$$

同理，

$$\frac{PM}{PB}=\frac{AC}{AB}.$$

因为

$$\angle CQN=\angle MPB,\ \frac{QN}{QC}=\frac{PB}{PM},$$

所以

$$\triangle CQN \backsim \triangle MPB,$$

故

$$\angle QCN = \angle PMB,$$

P、C、M、S 四点共圆,

$$\angle MSC = \angle MPC = \angle APQ = \angle BAC,$$

所以 S 在$\odot(ABC)$上.

第5题 对每一个正整数 n,开普敦银行都发行面值为$\frac{1}{n}$的硬币.给定总额不超过 $99+\frac{1}{2}$ 的有限多个这样的硬币(面值不必两两不同),证明可以把它们分为至多 100 组,使得每一组中的硬币的面值之和最多是 1.

(卢森堡 供题)

解析 本题可以推广:证明对任一正整数 N,总额不超过 $N-\frac{1}{2}$ 的有限多个上述硬币,可以分为至多 N 组,每一组中面值之和最多为 1.

当 $N=1$ 时,结论显然.

当 $N=2$ 时,总额不超过 $2-\frac{1}{2}$.如果其中有若干枚硬币的面值的和为 1,将它们放在一组,其余的放在另一组即满足要求.因此设可形成的和都不为 1.从而面值为$\frac{1}{2}$的至多 1 枚,面值为$\frac{1}{3}$的至多 2 枚.将面值为$\frac{1}{2}$的(如果有的话)放入第一组,面值为$\frac{1}{3}$的(如果有的话)放入第二组,其他的硬币则随便放,只要放进去后,所在组的面值的和不大于 1.

这一过程总可进行下去,直至硬币全部放完,理由很简单.

已放入两组中的硬币面值的和不超过 $2-\frac{1}{2}$,因此其中至少有一组的硬币的面值的和不超过 $1-\frac{1}{4}$,而剩下的欲放进的硬币,面值不超过$\frac{1}{4}$,所以一定能放进其中一组,使得和仍不大于 1.

对一般的 N，总额不超过 $N-\frac{1}{2}$. 同样可设其中可形成的和都不为 1. 而且如果若干个单位分数$\left(\text{即形如}\frac{1}{n}\text{的分数}\right)$的和仍为单位分数，那么就可以将这些硬币合并成一枚硬币再考虑. 如果合并后的硬币可以按要求分组，那么原来的硬币也可以按要求分组. 因此，可设面值为 $\frac{1}{2k}$ 的硬币至多有 1 枚$\left(\text{否则用}\frac{1}{k}\text{代替 2 枚}\frac{1}{2k}\right)$，面值为$\frac{1}{2k-1}$的硬币至多 $2k-2$ 枚.

第一组放入面值为$\frac{1}{2}$的硬币（如果有的话）.

第 k 组放入面值为$\frac{1}{2k-1}$与$\frac{1}{2k}$的硬币（如果有的话），$k=2,3,\cdots,N$. 因为面值$\frac{1}{2k-1}$的至多 $2k-2$ 枚，面值$\frac{1}{2k}$的至多 1 枚，而

$$\frac{1}{2k-1}\times(2k-2)+\frac{1}{2k}\times 1\leqslant\frac{1}{2k-1}\times 2k-1=1.$$

所以以上 N 组均可按上面的放法放.

剩下的硬币，面值小于$\frac{1}{2N}$. 而上述 N 组中硬币面值的和不超过 $N-\frac{1}{2}$，至少有一组的和不超过 $1-\frac{1}{2N}$，所以可将剩下的硬币，放 1 枚到这组中. 这一过程可以不断继续下去，直到硬币放完.

本题的结论可加强为："对任一正整数 N，总额不超过 $N-\frac{1}{3}$的有限多个上述硬币，可以分为 N 组，每一组中面值之和最多为 1. "但需要更细致的分析. 面值为

$$\underbrace{1,1,\cdots,1}_{N-2\text{个}},\frac{1}{2},\frac{1}{3},\frac{1}{3},\frac{1}{4},\frac{1}{5},\frac{1}{5},\frac{1}{7},\frac{1}{25}$$

的硬币，不能分成 N 组，每组的和不超过 1. 因此 $N-\frac{1}{2}$不能改成 $N-\frac{1}{2100}$.

第 6 题 平面上的一族直线被称为是"处于一般位置"的，如果其中没有两

条直线平行，没有三条直线共点．一族处于一般位置的直线把平面分割成若干区域，我们把其中面积有限的区域称为这族直线的有限区域．证明：对于充分大的 n 和任意处于一般位置的 n 条直线，我们都可以把其中至少$\sqrt{n}$条直线染成蓝色，使得每一个有限区域的边界都不全是蓝色的．

（奥地利　供题）

解析　我们将这 n 条直线中的 k 条染成蓝色，使得每一个有限区域的边界不全为蓝色．k 至少可取 2，因为每个有限区域都是凸多边形，边数至少为 3．记 k 的最大值为 K．我们证明 $K\geqslant\sqrt{n}$．实事上，在 $k=K$ 时，对每一条无色（未染蓝色）的直线 l，如果每个有限区域均有一条无色的边不在 l 上，那么可将 l 染为蓝色，与 K 的最大性矛盾．因此，每条无色的直线 l，都有一个有限区域，它只有一条无色的边，而且在直线 l 上（这种区域可以多于一个，我们任取其中之一），记这个区域为 $A(l)$．

从无色边开始，沿着 $A(l)$的周界顺时针前进，无色边走过后，接下去是两条蓝色的边，它们有一个公共顶点，记为 b_l．

因为没有三线共点，所以 b_1 只在上述两条蓝边所在的直线上．b_l 的个数$\leqslant \mathrm{C}_K^2=\dfrac{K(K-1)}{2}$．

每一条无色的直线 l，都有一个点 b_l 与它对应，每个 b_l 至多对应于两条无色直线：设 b 对应于三条无色直线 l_1、l_2、l_3，沿无色直线 l_i 上的边顺时针绕行，经过的蓝色的边为 $r_ib(i=1,2,3)$，如图 8 所示（图中的虚线代表蓝色直线，实线代表无色直线）．因为过 b 的直线只有两条，所以可设 r_1b，br_3 在同一条直线上．设 l_2 的对应区域为 A，绕 A 顺时针前行时，行到 r_3，应当进入另一条边．而在这点已有的两条直线 l_3 及 br_3，所以不能再有另一条蓝边，A 又只有一条无色的边，从而直线 l_3 与 l_2 只能是同一条直线．

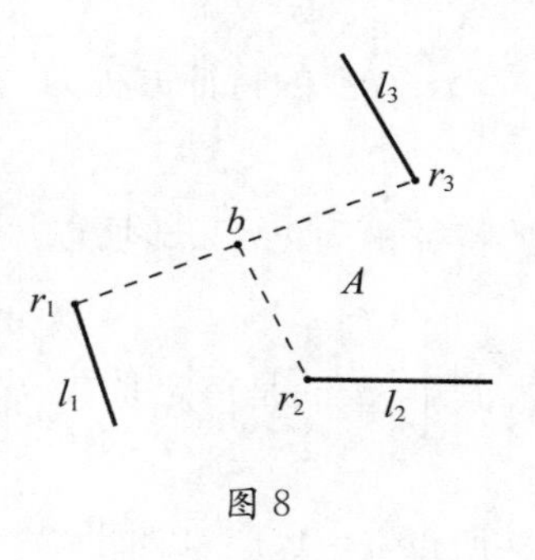

图 8

因此，无色直线条数

$$n-K\leqslant 2\times \mathrm{C}_K^2=K(K-1),$$

即$\sqrt{n}\leqslant K$.

本题利用对应(无色直线 $l\to$点 b_l)解决问题. 其中"无两条直线平行"是多余的条件.

19 做第三届"学数学"邀请赛(春季赛)的试题

今年的题颇为新颖. 我做了一下,有些体会,有些地方与参考答案不同,写在下面,供读者参考.

第 1 题 已知数列$\{a_n\}$满足 $a_0=3,a_1=9$,

$$a_n=4a_{n-1}-3a_{n-2}-4n+2(n\geqslant 2). \quad ①$$

试求出所有的非负整数 n,使得 a_n 能被 9 整除.

解析 本题的关键是定出$\{a_n\}$的通项公式.

令 $a_n=b_n+n^2$,则 $b_0=3,b_1=8$,

$$b_n=4b_{n-1}-3b_{n-2}-6(n\geqslant 2). \quad ②$$

再令 $b_n=c_n+3n$,则 $c_0=3,c_1=5$,

$$c_n=4c_{n-1}-3c_{n-2}(n\geqslant 2). \quad ③$$

$\{c_n\}$的特征方程为

$$\lambda^2-4\lambda+3=0,$$

特征根为 $\lambda=1$、3,所以

$$c_n=u\cdot 3^n+v\cdot 1,$$

其中,u、v 是待定系数. 由 $c_0=3,c_1=5$ 得

$$3=u+v,5=3u+v.$$

所以 $u=1,v=2,c_n=3^n+2,b_n=3^n+3n+2$,

$$a_n=3^n+n^2+3n+2.$$

当 $n\geqslant 2$ 时,$9|3^n$,所以 $9|a_n\Leftrightarrow 9|n^2+3n+2$,即 $9|(n+1)(n+2)$. 因为 $n+1$和 $n+2$ 互质,所以 $9|a_n\Leftrightarrow 9|n+1$ 或 $9|n+2$. 于是本题结论是 $n=1,9k+7,9k+8(k=0,1,\cdots)$.

在递推公式为式③时,用熟知的方法便得到$\{c_n\}$的通项公式. 而在递推公

式为式①时，需用$a_n-f(n)$代替a_n，其中$f(n)$是n的二次（比$-4n+2$高1次）多项式，系数待定. 上面的做法是分两步，先去掉$-4n$，再去掉常数（式②中的-6）. 这样，可以心算，不一定用待定系数.

第2题 对正整数n，用$\varphi(n)$表示不超过n且与n互素的正整数的个数，$f(n)$表示大于n且与n不互素的最小正整数. 若$f(n)=m$且$\varphi(m)=n$，则称正整数对(n,m)为“友好对”.

试求所有“友好对”.

解析 设(n,m)为友好对，p为n的最小素因数，$n=ap$，a为正整数，则

$$m=f(n)=n+p=(a+1)p.$$

因为$p,2p,\cdots,ap,(a+1)p$均不与m互质，所以

$$n=\varphi(m)\leqslant(n+p)-(a+1)=(a+1)(p-1),$$

即

$$ap\leqslant(a+1)(p-1),$$

化简得

$$a\leqslant p-1<p.$$

但p是n的最小素因素，a是n的因数，所以$a=1$，$n=p$，$m=n+p=2p$. 而$\varphi(m)=\varphi(2p)=n=p$，所以，$p=2$（否则$\varphi(2p)=p-1$），$n=2$，$m=4$.

本题不难，其中n的最小素因数，在整除问题中经常用到，是一种常用技巧. 此外设$n=ap$比设$n+p=ap$要好，前者有$a=1$或$a\geqslant p$可以利用.

第3题 已知$\triangle ABC$的外心为O，外接圆为圆Γ，射线AO、BO、CO分别与圆Γ交于点D、E、F，X为$\triangle ABC$内一点，射线AX、BX、CX分别与圆Γ交于点A_1、B_1、C_1，射线DX、EX、FX分别与圆Γ交于点D_1、E_1、F_1.

证明：三条直线A_1D_1、B_1E_1、C_1F_1共点.

解析 设A_1D_1与OX相交于点K. 如果K是一个定点（只与X有关），与A的位置无关，那么在A变为B（或C时），相应的A_1D_1变为B_1E_1（或C_1F_1），而B_1E_1（或C_1F_1）仍过点K. 因而A_1D_1、B_1E_1、C_1F_1三线共点.

为了证明K为定点，我用解析几何.

如图1，设O为原点，X的坐标为$(a,0)$，$\odot O$的方程为$x^2+y^2=1$，$A(\cos\alpha,\sin\alpha)$，则$D(-\cos\alpha,-\sin\alpha)$.

AX的方程为

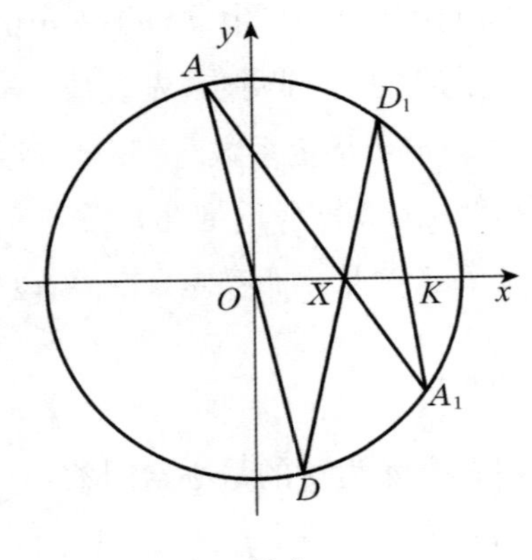

图 1

$$y=\frac{a-\cos\alpha}{-\sin\alpha}(x-a),$$

即

$$(a-\cos\alpha)(x-a)+y\sin\alpha=0.$$

DX 的方程为

$$(a+\cos\alpha)(x-a)-y\sin\alpha=0.$$

AX、DX 合成一个二次曲线

$$((a-\cos\alpha)(x-a)+y\sin\alpha)((a+\cos\alpha)(x-a)-y\sin\alpha)=0.$$

直线 AD、A_1D_1 在二次曲线束

$$((a-\cos\alpha)(x-a)+y\sin a)((a+\cos\alpha)(x-a)-y\sin\alpha)+\lambda(x^2+y^2-1)=0 \quad ①$$

中，它与 x 轴的交点为 $O(0,0)$、$K(k,0)$，所以二次方程

$$(a-\cos\alpha)(x-a)(a+\cos\alpha)(x-a)+\lambda(x^2-1)=0 \quad ②$$

的两个根为 0、k，从而式②的常数项为 0，即

$$\lambda=a^2(a-\cos\alpha)(a+\cos a),$$

而式②的一次项系数除以二次项系数的相反数，即另一根

$$k=\frac{2a(a+\cos\alpha)(a-\cos\alpha)}{\lambda+(a-\cos\alpha)(a+\cos\alpha)}=\frac{2a}{1+a^2}.$$

k 与 α 无关，即 K 为一定点，所以 A_1D_1、B_1E_1、C_1F_1 均过点 $K\left(\frac{2a}{1+a^2},0\right)$.

解题的主要技巧在二次曲线束①，计算并不复杂.

又解 先考虑如下的问题.

如图 2,在$\triangle ABC$中,AD、BE、CF为高,H为垂心,M为BC中点,直线MH交EF于K. 已知$BC=a$,$MH=m$,求MK.

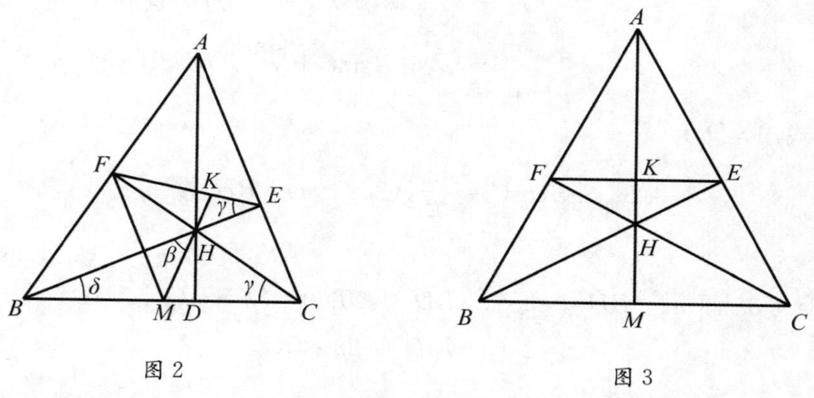

图 2　　　　图 3

HK是多少?先用一个特殊情况算一算. 如图 3,$\triangle ABC$是等腰三角形,$AB=AC$. 易知此时B、C、E、F共圆,圆心为M,半径$\rho=\dfrac{a}{2}$,

$$\frac{KH}{HM}=\frac{EH}{BH}=\frac{EH\cdot BH}{BH^2}=\frac{\rho^2-m^2}{\rho^2+m^2},$$

所以

$$\frac{MK}{HM}=\frac{2\rho^2}{\rho^2+m^2},$$

即

$$MK=\frac{2\rho m}{p^2+m^2}. \qquad ③$$

一般情况的结论也应当是式③. 于是,"求MH"变为"证明式③成立".

在$\triangle MKF$中,由正弦定理,得

$$\frac{MK}{\sin\angle MFK}=\frac{MF}{\sin\angle HKF}.$$

因为

$$\angle MFK=\angle BFK-\angle BFM=180°-\angle ACB-\angle ABC=\angle BAC,$$

所以

$$MK=\frac{\rho\sin A}{\sin(\beta+\gamma)}.$$

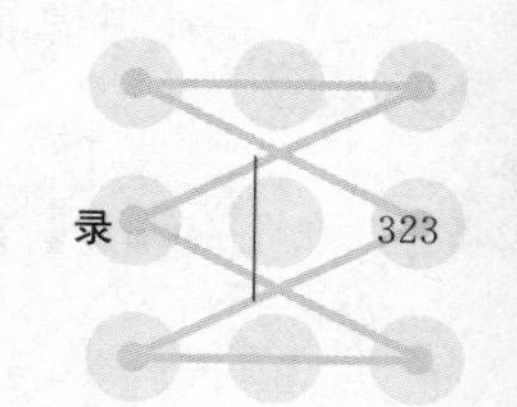

于是式③等价于 $2\rho m\sin(\beta+\gamma)=(\rho^2+m^2)\sin A$.

因为 $m\sin\beta=\rho\sin\delta$，$2\rho\sin\gamma=BH\sin\angle BHC=BH\sin A$，所以

$$\begin{aligned}2\rho m\sin(\beta+\gamma)&=2\rho m(\sin\beta\cos\gamma+\cos\beta\sin\gamma)\\&=2\rho^2\sin\delta\cos\gamma+m\cdot BH\cos\beta\sin A\\&=2\rho^2\sin B\sin C+\frac{\sin A}{2}(BH^2+m^2-\rho^2).\end{aligned}$$

于是，式③等价于

$$2\rho^2\sin B\cos C=\frac{\sin A}{2}(3\rho^2+m^2-BH^2).$$

因为

$$\begin{aligned}3\rho^2+m^2-BH^2&=3\rho^2-(BD^2-MD^2)=3\rho^2-\rho(\rho+2MD)\\&=2\rho(\rho-MD)=2\rho\cdot DC,\end{aligned}$$

所以

$$\frac{\sin A}{2}(3\rho^2+m^2-BH^2)=\rho\sin A\cdot DC=\rho\sin A\cdot AC\cos C=2\rho^2\sin B\cos C,$$

即式③成立.

回到原先的问题，我们实际上证明了图1中，OK（即 MK）为定长，K 为定点，从而 A_1D_1、B_1E_1、C_1F_1 共点.

上面的运算如果能更简单一些更好.

发现两个问题之间有联系，甚至就是同一个问题，颇为有趣.

第4题 某次运动会有来自5个城市的运动员参加比赛，每个城市都派出若干名运动员参加一共49个项目的比赛，每人只参加一个项目. 对其中任何一个城市代表队，每个项目都至少有一人参加比赛. 证明：可以从中找到9个同性别的运动员，他(她)们分别来自3个不同的城市，参加3个不同项目的比赛.

解析 题意有点模糊，每个项目实际上男女均可参加（即既有男子1500人，也有女子1500米）.

作一个 5×49 的方格表，5行表示5个城市，49列表示49个项目. 因为对任一城市，每个项目均有人参加，我们可设恰有1人参加（多于1人时只保留1人），并且在这人为男时，将相应方格涂蓝；在这人为女时，将相应方格涂红.

要证明有3行3列，它们交成的9个方格同色.

考虑前3行，每列3格有 $2^3=8$ 种涂色法，因为 $49>6\times8$，所以必有7列的

涂法完全相同. 不妨设前 7 列涂法完全相同.

如果这 3 行 7 列全红或全蓝,那么结论已经成立.

不妨设这 7 列的前两行红,第 3 行蓝. 若第 4 行的前 7 列有 3 个红格,结论已经成立. 设第 4 行前 7 列的红格不超过 2 个. 同样,设第 5 行前 7 列的红格不超过 2 个. 这时 4、5 两行有不少于 $7-2-2=3$ 列全蓝,它们与第三行组成合乎要求的 9 个方格.

这类问题当然要用抽屉原理. $49=6\times2^3+1$ 启示我们得出 3×7 的如上表格.

第 5 题 某国有 n 个城市,任意两个城市之间或者有一条直通道路,或者没有直通道路. 如果这 n 个城市中的任意一个城市均可通过它们之间的直通道路通往另外任一城市,则称这些道路构成一个"连通网". 设 n 个城市可构成的有奇数条道路的连通网的个数为 $g_1(n)$,有偶数条道路的连通网的个数为 $g_0(n)$. 例如,当 $n=3$ 时,可构成的连通网共有如图 4 所示的 4 个,故 $g_1(3)=1$,$g_0(3)=3$.

证明:$|g_1(n)-g_0(n)|=(n-1)!$.

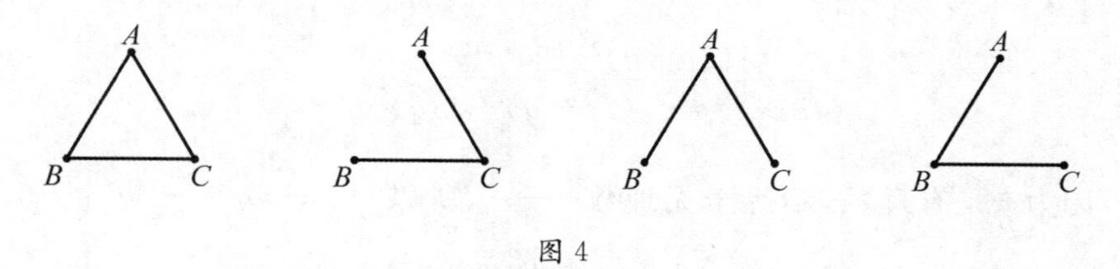

图 4

本题的参考答案做得很好,毋庸赘言.

第 6 题 证明:(1) 存在无穷多个有理数 $\frac{q}{p}$(p、$q\in\mathbf{Z}$,$p>0$,$(p,q)=1$),使得

$$\left|\frac{q}{p}-\frac{\sqrt{5}-1}{2}\right|<\frac{1}{p^2};$$

(2) 对任意有理数 $\frac{q}{p}$(p、$q\in\mathbf{Z}$,$p>0$,$(p,q)=1$),均有

$$\left|\frac{q}{p}-\frac{\sqrt{5}-1}{2}\right|>\frac{1}{\sqrt{5}+1}\cdot\frac{1}{p^2}.$$

解析 (1) 更一般地，对任一无理数 α，均有无穷多个有理数 $\frac{q}{p}$（p、$q\in\mathbf{Z}$，$p>0$，$(p,q)=1$），使得

$$\left|\frac{q}{p}-\alpha\right|<\frac{1}{p^2}.$$

这可用连分数去证. 例如见拙著《初等数论的知识与问题》（哈尔滨工业大学出版社 2011 年版）第 79 页.

(2) 当 $q\leqslant 0$ 时，

$$\left|\frac{q}{p}-\frac{\sqrt{5}-1}{2}\right|\geqslant\frac{\sqrt{5}-1}{2}=\frac{2}{\sqrt{5}+1}>\frac{1}{\sqrt{5}+1}\cdot\frac{1}{p^2}.$$

当 $q\geqslant p$ 时，

$$\left|\frac{q}{p}-\frac{\sqrt{5}-1}{2}\right|\geqslant 1-\frac{\sqrt{5}-1}{2}=\frac{3-\sqrt{5}}{2}>\frac{\sqrt{5}-1}{4}=\frac{1}{\sqrt{5}+1}\geqslant\frac{1}{\sqrt{5}+1}\cdot\frac{1}{p^2}.$$

以下设 $0<q<p$.

$$\left|\frac{q}{p}-\frac{\sqrt{5}-1}{2}\right|=\left|\frac{q}{p}-\frac{2}{\sqrt{5}+1}\right|=\frac{|(\sqrt{5}+1)q-2p|}{(\sqrt{5}+1)p}=\frac{|(2p-q)-\sqrt{5}q|}{(\sqrt{5}+1)p}$$

$$=\frac{|(2p-q)^2-5q^2|}{(\sqrt{5}+1)p\cdot|(2p-q)+\sqrt{5}q|}. \quad ①$$

因为 $\frac{q}{p}$ 是有理数，不等于无理数 $\frac{\sqrt{5}-1}{2}$，所以 $|(2p-q)^2-5q^2|\neq 0$，而 $(2p-q)^2-5q^2=4(p^2-pq-q^2)$ 被 4 整除，所以

$$|(2p-q)^2-5q^2|\geqslant 4. \quad ②$$

又

$$|(2p-q)+\sqrt{5}q|=2p+(\sqrt{5}-1)q<2p+2q<4p. \quad ③$$

所以由式①～③，得

$$\left|\frac{q}{p}-\frac{\sqrt{5}-1}{2}\right|>\frac{4}{(\sqrt{5}+1)p\cdot 4p}=\frac{1}{\sqrt{5}+1}\cdot\frac{1}{p^2}.$$

有理数 $\frac{q}{p}$ 不等于无理数 $\frac{\sqrt{5}-1}{2}$，从而得式②，这一步乃是关键. 又瞄准结果先得出 $\frac{1}{\sqrt{5}+1}$ 较为简单.